アナログICの
機能回路設計入門

回路シミュレータSPICEを使ったIC設計法

青木英彦 著

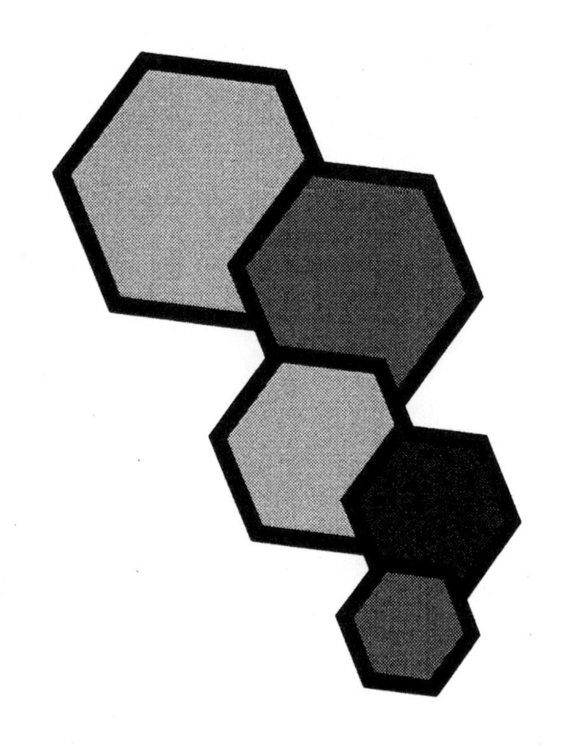

CQ出版社

まえがき

これまでASICというとディジタルICに限られていましたが，今ではアナログのASIC(リニア・アレイ)も用意されています．自社の用途にあったICを半導体メーカにカスタムICとして作ってもらうとかなりの費用と時間がかかりましたが，アナログASICを使えば安い費用でしかも短期間で作ってもらえるという，よいことずくめの特徴があります．

ところがただひとつだけ問題があります．それはバイポーラICの回路を知らないと，回路設計ができないということです．ディジタルASICでしたらゲート・レベルまでの設計をすれば十分ですが，アナログASICでは最終的な個々のトランジスタ・レベルまでの回路設計をする必要があり，それはいくらディスクリートのアナログ回路を知っていてもかなり難しいものがあります．これはIC特有の考え方が存在することによるものです．そこでこの考え方を学んでいこうというのが本書の内容です．

IC特有の考え方として知っておく必要のあることは，ひとつはIC内で使われる素子の特性，もうひとつはIC回路特有の考え方です．これらのことを知らずに回路設計をすると，非常にむだの多い回路や特性がとれない回路，最悪の場合は動作不能になってしまうような回路を設計してしまいかねません．

そこで本書では，第1章ではIC内で使われるトランジスタ，抵抗，コンデンサについてその形状や特性について説明し，第2章ではトランジスタの特性の中で特にIC回路を設計するうえで知っておく必要がある一般的な事柄と，もっとも基本的な回路としてカレント・ミラー回路と差動増幅回路の詳細な動作説明を行っています．そして第3章以降は具体的な回路例をジャンルごとに分けて，その回路の動作説明をし，その後でシミュレーションで動作の確認を行っています．シミュレータは一般的にも広く使われているPSpiceを用いました．

本書はアナログASICを設計しようとする人やバイポーラICの回路設計をしようという人を対象としたものですが，ディスクリート回路に応用できる面もあり，IC設計をしようという人以外の方が読んでも，決して得られるところは少なくないと思います．

最後になりましたが，本書を刊行するに当たり，企画，構成，編集やハード，ソフトの準備などでたいへんお世話になったCQ出版㈱山形孝雄氏に，この場を借りてお礼を申し上げたいと思います．

1992年　夏

目　　次

第8章 演算回路

第9章 ロジック回路

本書中でシミュレーションのために作成した PSpice用CIRファイルの入ったフロッピ・ディスクを頒布します

本書の第3章～第9章で機能回路作成のために作成した回路シミュレータPSpice用CIRファイルなどの入ったフロッピ・ディスク(PC9801用MS-DOSフォーマット)を頒布します．内容は，下記の回路図(図番参照)用に作成したファイル(*.CIR, *.CMD, *.CFG, *.DAT, *.OUT)が入っています．ただし，解析結果のファイル(*.DAT, *.OUT)はPSpice(CQ版)のものです．&マークのものについては，PSpice(CQ版)では回路規模が大きすぎるため(メモリ不足)解析できなかったもので，OUT, DATファイルはありません．

ご希望の方は，下記の申し込み用紙(申し込み用紙はコピー可)に必要事項をご記入のうえお申し込みください．価格は5,000円(税・送料込み)で，現金書留にて下記の宛先までご送付ください．ディスクの発送は，お申し込み受け付け後2週間程度かかります．なお，申し込み期限は1993年12月末日までとさせていただきます．

■宛先　〒170　東京都豊島区巣鴨1-14-2　CQ出版㈱
アナログICの機能回路設計入門　ディスク頒布係

〈フロッピ・ディスクの内容(回路図番号)〉

第3章	第4章	図4-30A	図5-23	第7章	図8-6	図9-2
図3-2	図4-1	図4-30B	図5-25	図7-1	図8-9	図9-5
図3-4	図4-3		図5-27	図7-3	図8-11	図9-6
図3-7	図4-5	第5章	図5-29	図7-4	図8-15	図9-9
図3-8	図4-8	図5-1		図7-7&	図8-17	図9-10
図3-10	図4-11	図5-3	第6章	図7-7B&	図8-21A	図9-13
図3-10B	図4-13A	図5-4	図6-1	図7-11&	図8-21B	図9-16
図3-14	図4-13B	図5-6	図6-3	図7-11B&	図8-21C	図9-18
図3-15	図4-16A	図5-8	図6-4	図7-14	図8-23	図9-20
図3-16	図4-16B	図5-10	図6-7&	図7-14B	図8-27	
図3-18	図4-19	図5-14	図6-10		図8-29	
	図4-21	図5-17	図6-12&	第8章		
	図4-24	図5-20	図6-14	図8-1	第9章	
	図4-27	図5-20B	図6-16	図8-3	図9-1	

切りとり線

● PSpice用回路ファイル申し込み用紙

PSpice-F

(アナログICの機能回路設計入門)

送り先ご住所：〒

お名前：

☎：

フロッピ・ディスクの頒布は終了しました

▶希望メディア(√を入れてください)

□5インチ2HD

□3.5インチ2HD

第1章　バイポーラICの基礎

1.1　バイポーラICの概要

● ICの分類

現在市場に出回っているICの数は，その型名だけでも数千あるいはそれ以上あるかもしれません．これをどのように分類するかというのは，何を基準に分類するかで変わってきます．

▶マクロ的な分類

数あるICをどのように分類できるか，見方を変えて説明していきましょう．ここでは「構造」，「プロセス」，「動作」という3点から見て図1.1のように分類してみましたが，ここに述べた以外にもいろいろな見方があると思います．

① 構造による分類

たとえばICの構造から分類すると，

図1.1　ICの分類

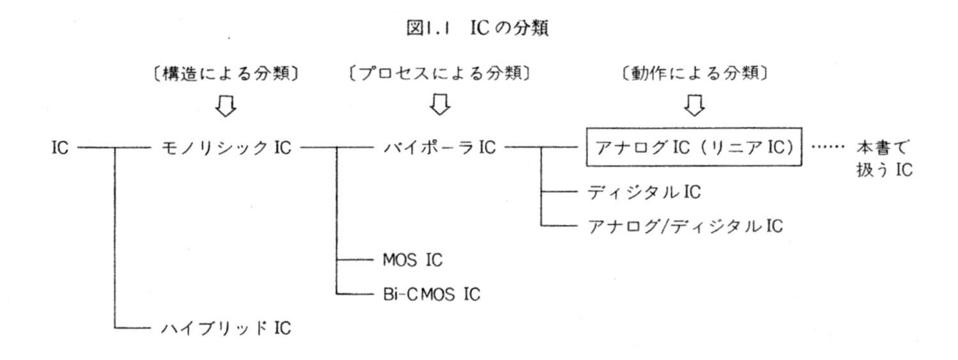

(1) モノリシックIC
(2) ハイブリッドIC
の2種類に分けることができます．

モノリシックICとは，回路を一つのチップ上に作り，それをパッケージに入れたものです．現在ICと言われているもののほとんどはモノリシックICで，大量生産に適しています．

これに対してハイブリッドICは，チップ・トランジスタやチップ抵抗，あるいはそれよりもさらに小さな部品で回路を作り，これをパッケージに入れたものと考えて差し支えありません．すなわちハイブリッドICは，ディスクリート回路を非常に小さく作って，必要な端子だけを外に出したものと考えることもできます．

② プロセスによる分類

モノリシックICをプロセス面から分類すると，
(1) バイポーラIC
(2) MOS IC
(3) Bi-CMOS IC
と分けることができます．

バイポーラICは，本書で扱っているように，バイポーラ・トランジスタ(*1)や抵抗から回路が構成されているICです．構造が複雑なためMOS(Metal Oxided Semiconductor) ICのような高集積化は難しいのですが，微妙な動作をさせることができるのでアナログ(リニア)回路に適しています．

MOS ICはMOS FETや抵抗で回路が構成されるICで，ディジタル回路に適しています．N-MOS FETだけが使われるN-MOS IC，P-MOS FETだけが使われるP-MOS IC，N-MOS/P-MOS FETの両方が使われるCMOS ICがありますが，現在はCMOS ICが主流です．

Bi-CMOS ICは，バイポーラ・トランジスタとMOS FETの両方で回路が構成されるICで，最新のプロセスです．バイポーラ・トランジスタの高速性，大電流性と，CMOS ICの低消費電力，高集積性とを兼ね備えているのが特徴です．

③ 動作による分類

“動作”と言ってもいろいろな意味がありますが，ここではマクロ的な分類ということで，つぎの三つに分けてみました．
(1) アナログIC(リニアIC)

図1.2 バイポーラ・リニアICの分類

- バイポーラ・リニアIC
  - 汎用
    - OPアンプIC
    - コンパレータIC
    - 電源用IC
    - ドライバIC
    - その他
  - 専用
    - TV用IC
    - VTR用IC
    - オーディオ用IC
    - 電話用IC
    - その他

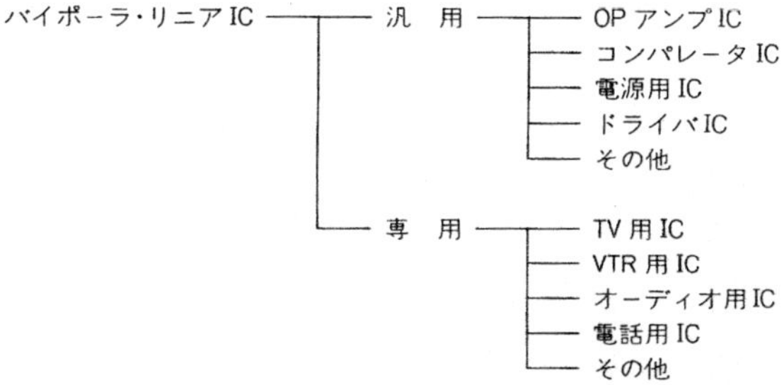

(2) ディジタルIC

(3) アナログ/ディジタルIC

こう分類すると，とくに説明はいらないかと思いますが，アナログICはOPアンプや3端子レギュレータのようにアナログ動作をするIC，ディジタルICはロジックICやCPU，メモリのようにディジタル動作をするIC，アナログ/ディジタルICはADC(*2)やDAC(*3)のように一つのICでアナログとディジタルの両方の動作をするものです．

▶バイポーラ・リニアICの分類

ここまでICを大きく分類したらどのようになるかということを見てきましたが，本書で取り上げるバイポーラ・リニアICについて，機能面から見たときの分類を**図1.2**に示します．なおバイポーラICにはリニアICのほかにTTLのようなディジタルICもありますが，ここではリニアICに限っています．

まず大きく汎用/専用に分けることができます．汎用とはOPアンプに代表されるように機能的に合ってさえいれば用途はとくに限定されないもの，いっぽう専用は××用ICというように特定の用途に特化して作られているものです．専用ICは用途が限定されているので，ほかの用途にはまったく使えないか使えるとしても非常に使いにくいという欠点がありますが，本来の用途には汎用ICを使うよりもはるかに使いやすくなっています．

(＊1) バイポーラ・トランジスタ：電子と正孔(ホール)の両極性の電荷がキャリアとして動作することから，通常ただたんにトランジスタと言われているのをこのように言うこともある．FETはバイポーラ・トランジスタに対してユニポーラ・トランジスタである．

(＊2) ADC：A-D Converter(アナログ・ディジタル変換器)

(＊3) DAC：D-A Converter(ディジタル・アナログ変換器)

図1.3　ICの構造

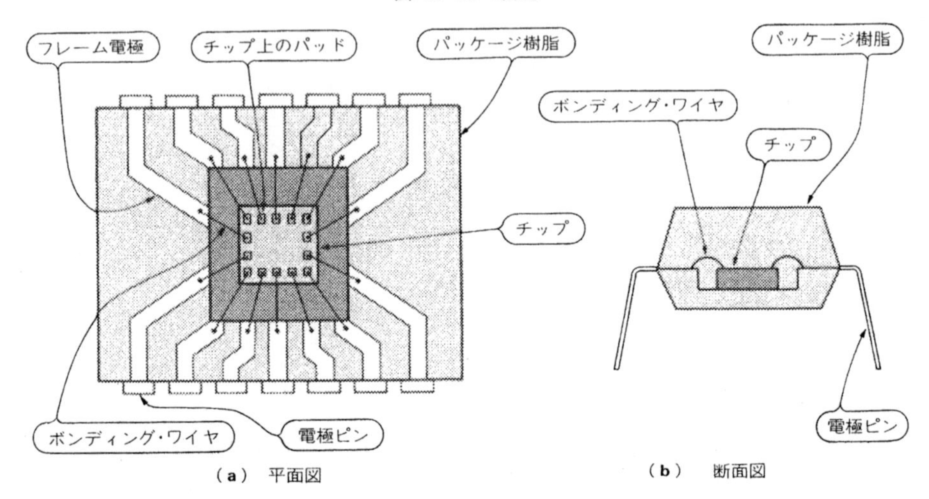

(a)　平面図　　(b)　断面図

まず汎用ICですが，下記のようなものがあります．

(1) OPアンプIC………アナログICの代表とも言えるもので，非常に多岐にわたる使い方がある．RC4558，OP07，LF356，TL072など．

(2) コンパレータIC………二つの入力の大小を比較するもので，基本的にはOPアンプと同じだが，スピードや使いやすさなどの面で配慮されている．LM339，LM393など．

(3) 電源IC………3端子レギュレータや基準電圧源ICなどがある．μA 78シリーズ，μA79シリーズ，LM399，LM3999など．

(4) ドライバIC………リレー・ドライバなどのように，アレイになっているものが多い．

いっぽう専用ICはその名の示すとおりの用途です．ここに示したのは代表的なものですが，それ以外にも種々のものがあります．

● ICの構造

通常私達が目にするICは，プラスチック樹脂やセラミック樹脂に電極が出ている形でしか目にすることはありませんが，その中はどうなっているのでしょうか．好奇心の強い人ならば，電気的に壊してしまったICやトランジスタを，パッケージを壊して中を見たことがあるかもしれませんが，ほとんどの人は中までは見たことはないと思います．

ICの内部構造を**図1.3**に示します．図(a)がICを上(型名が書いてある面)から透視したときにどう見えるかということを表しており，図(b)は横から見たときのものです．

パッケージ樹脂の中の中央部分にICチップがあります．また電極ピンからは内部のフレーム電極で，チップの近くまでつながっています．そしてボンディング・ワイヤで，フレーム電極とチップ上のパッド(*4)が配線されることにより，チップと電極ピンがつながっていることになります．

① チップ

図1.3のなかでいちばん重要なのはチップの部分で，この中に回路が形成されているわけです．したがって電気的にだけ考えるならば，IC＝チップと考えても誤りではなく，それ以外の部分はチップだけでは基板に実装することができないので，その面からくる付属部分と考えることができます．

このチップ・サイズ(*5)は，通常1 mm×1 mm～5 mm×5 mm程度ですが，ものによってはそれよりも小さいもの，あるいは大きいものもあります．ただこれよりも小さいとチップ上にパッドを置くスペースがなくなったり，ボンディング・ワイヤが長くなりすぎるという不具合を生じ，また大きすぎるとチップが乗らないとか，乗るにしてもボンディング・ワイヤが短すぎるなどの不具合が生じるので，この大きさの範囲よりも極端にはずれることはありません．このチップ・サイズというのは，プロセスによって大幅に違いますが，素子数(*6)で言うと数十素子～数千素子になります．

② ボンディング・ワイヤ

ボンディング・ワイヤは直径が数十μmしかないのに対して長さは数mmあるので，その電気抵抗は0.1 Ω前後あります．このため，パワーICのように大電流が流れるような用途には，太めのワイヤを使っていたり，複数のワイヤをパラに使ったりするのが普通です．

③ 隣接ピン間容量について

パッドから電極ピンに至るまでの経路は，パッド→ボンディング・ワイヤ→フレーム電極→電極ピンとなっているので，その電気抵抗もありますが，隣合った電極間の容量も決して無視できるものではありません．パッケージの種類によっても異なりますが，隣接ピン間容量は1 pF程度は見ておいたほうがよいでしょう．

DCや低周波ではまったく問題ありませんが，高周波を扱うようなピンでは，この隣接ピ

(＊4) パッド：電気的にIC内部回路から外にピンを出すところに設けてあるチップ上の電極であり，ボンディング・ワイヤを接続できるようにチップの周囲に配置してある．

(＊5) チップ・サイズ：チップの大きさのこと．

(＊6) 素子数：チップ上で作られる回路を構成するトランジスタ，抵抗，コンデンサの総数を言う．ただしコンデンサについてはその容量により，面積が大幅に変わることから，分けて表示する場合もある．

写真1.1 シングル・インライン・パッケージ(SIP, 原寸)

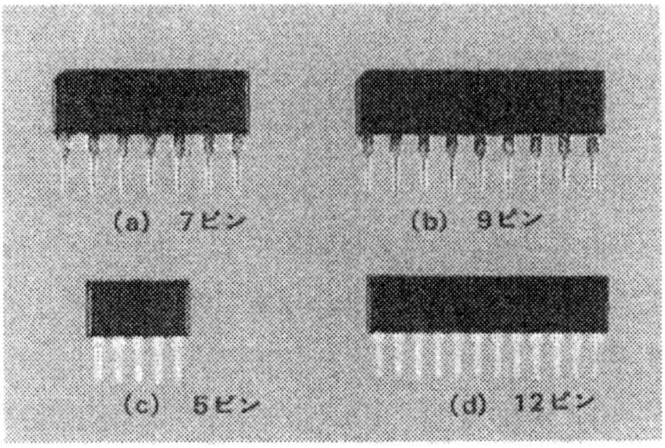

(a) 7ピン (b) 9ピン
(c) 5ピン (d) 12ピン

ン間容量が原因となって，特性がとれないとか，発振などの異常現象が起こる場合もあります．このためピン配置はこのようなことのないように，配置されている必要があります．

● ICに使われるパッケージ

ICといってまず頭に思い浮かぶのは，機能とか特性というよりも，まずその外形ではないでしょうか．外形というのは要するにパッケージのことで，ICには実に多くの種類のパッケージがあります．ここではパッケージについて説明しましょう．

▶パッケージ形状

外形すなわち形状は大きく分けると，

(1) SIP(Single Inline Package)
(2) ZIP(Zigzag Inline Package)
(3) DIP(Dual Inline Package)
(4) SOP(Small Outline Package)
(5) QFP(Quad Flat Packge)

の5種類があります．このなかで(1) SIPと(2) ZIPはピンの曲げ方が違うだけで，パッケージとしては同じものなので，同じ種類と考えることもできます．

これらがさらにピン数の違いやピン・ピッチの違い，あるいは熱抵抗(*7)からくる形状の違いなどで何種類ものパッケージ形状になるわけです．

以下これらについて説明しますが，メーカによりパッケージのラインアップが異なるの

(*7) 熱抵抗：熱の伝わりにくさを表すもので，単位電力当たりの温度上昇をいう．単位は［℃/W］．

写真1.2 放熱フィン付きパッケージ(原寸)

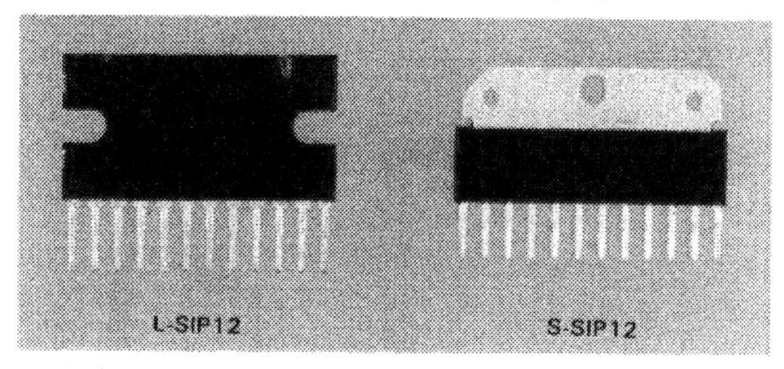

写真1.3 ジグザグ・インライン・パッケージ(ZIP, 原寸)

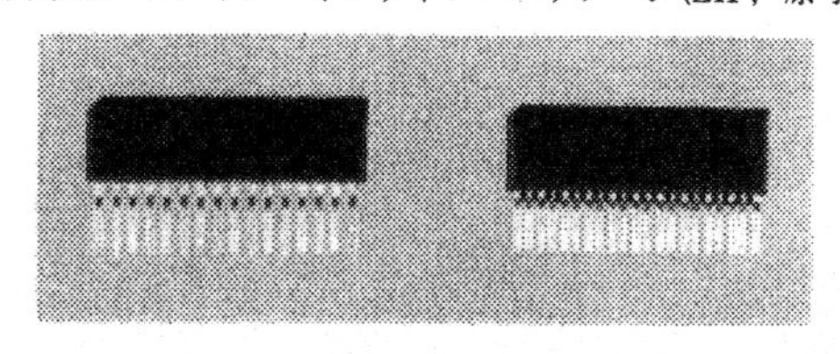

で，ここで説明しているパッケージ以外のものもあると考えて差し支えありません.

① SIP

写真1.1，**写真1.2**のように，パッケージの一方からだけピンが出ている形のものをSIPといいます．高さ方向はさほど低くなりませんが，実装面積という面から見ると，DIPにくらべてSIPのほうが小さくて済むという利点があります．ただし，あまり多いピン数のものはありません.

写真1.1はSIPとしてはもっとも一般的な形状のものです．(a)が7ピン，(b)が9ピン，(c)が5ピン，(d)が12ピンで，(a)，(b)は2.54 mmのピン・ピッチ，(c)，(d)は1.78 mmのピン・ピッチです.

写真1.2は熱抵抗を小さくするために，放熱フィンを取り付けていたり，あるいは放熱器に取り付けて使えるような形状になっているものです．このようなパッケージは，パワーICのようにICが電力を多く消費して，熱がたくさん発生するICに使われます．ここでは両方とも12ピンでピン・ピッチ2.54 mmですが，これとは異なったピン数/ピン・ピッチのものもあります.

② ZIP

写真1.3，**写真1.4**のように，基本的にSIPと同じ形状で，隣接するピンを互い違いに出

写真1.4　放熱器取り付け用パッケージ(原寸)

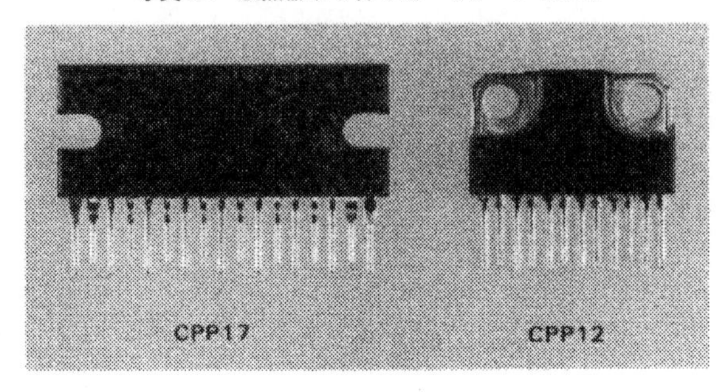

写真1.5　デュアル・インライン・パッケージ(DIP，ピン・ピッチ2.54 mm)

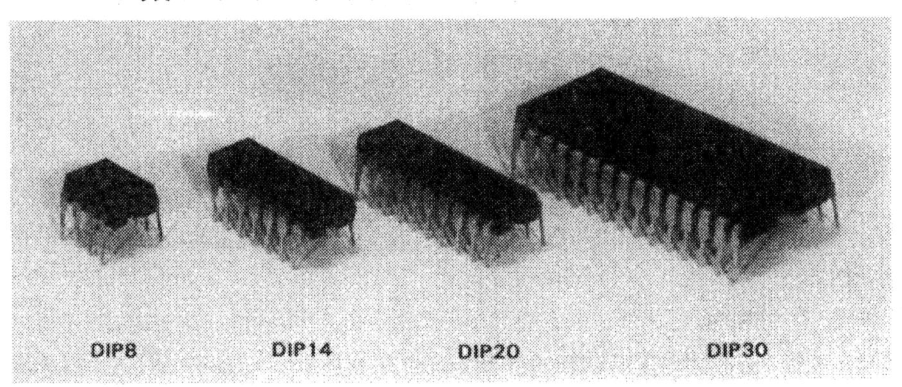

写真1.6　デュアル・インライン・パッケージ(DIP，ピン・ピッチ1.78 mm)

写真1.7 放熱器付きデュアル・インライン・パッケージ(DIP)

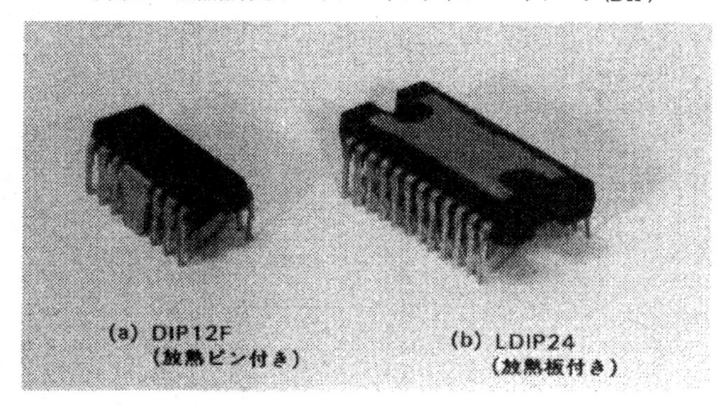

写真1.8 スモール・アウトライン・パッケージ(SOP. ピン・ピッチ1mm, 原寸)

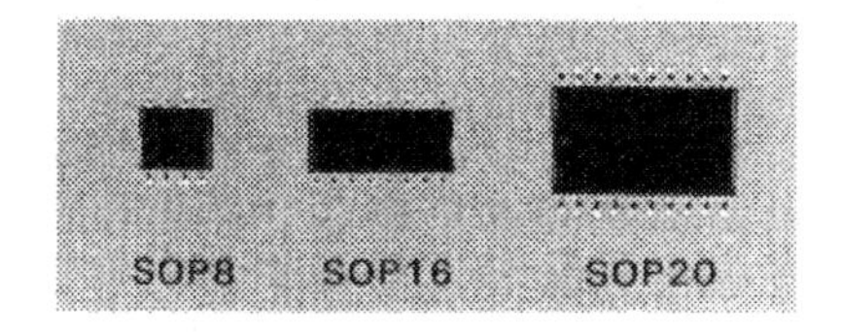

写真1.9 スモール・アウトライン・パッケージ(SOP. ピン・ピッチ0.8mm, 原寸)

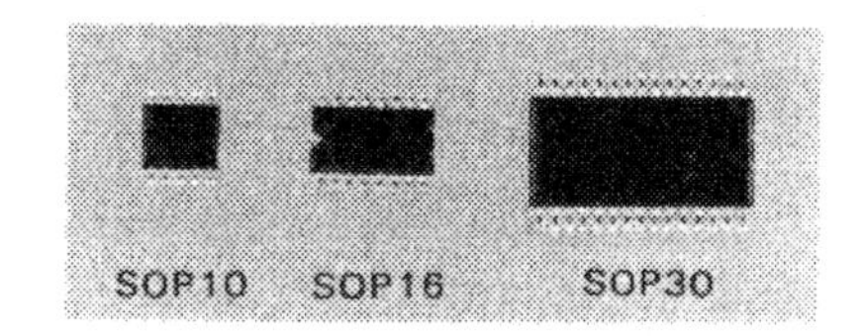

したものをZIPと言います. ZIPの利点はSIPと同じですが, SIPよりも多くのピン数のパッケージが用意されているので, 実装密度として考えるとZIPのほうがSIPよりも上です.

写真1.3は16ピン(ピン・ピッチ1.27mm)と21ピン(ピン・ピッチ0.89mm)のZIPです. **写真1.4**は放熱器に取り付けて使えるような形状になっているものです.

③ DIP

ICの中でもっとも一般的なのがこのDIPです. もっともピン数の少ないもので8ピン, もっとも多いものでは64ピンまであります. 形状的にも通常のものから, 熱抵抗を小さくするために放熱フィンを設けたものや, 放熱器を取り付けられるようになっているものもあります.

写真1.5はピン・ピッチが2.54mmで, 8/14/20/30ピンのパッケージです. また**写真1.6**はピン・ピッチが1.78mmで, 30/48/64ピンのパッケージです. このほかにも種々のピン数のものがあります.

写真1.10　スモール・アウトライン・パッケージ
(SOP．ピン・ピッチ0.65 mm，原寸)

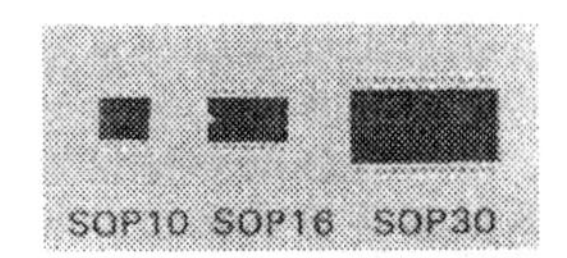

写真1.11　クワッド・フラット・パッケージ
(QFP，原寸)

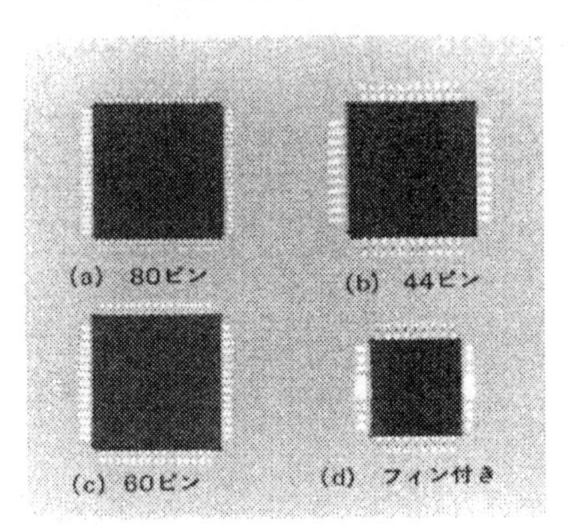

写真1.7は熱抵抗を小さくしたもので，(a)はピン・ピッチが2.54 mmで12ピン〔放熱のための太いピンは除く(以下同様)〕ですが，通常のピンのほかに太いピンがあり，これが放熱フィンを兼ねています．通常はここはパターン面積の広いGNDに接続して熱を逃がすようにします．また(b)は放熱器を付けられるように，上面が金属でできています．

④ SOP

高密度実装を実現するために，DIPを小さく薄くしたのがこのSOPです．面実装となっているため，基板に穴を開ける必要はありません．このパッケージができたときはピン・ピッチは1.27 mmあるいは1 mmというのが普通でしたが，その後の技術の進歩で0.8 mmや0.65 mmあるいはそれ以下のものが出てきています．

写真1.8はピン・ピッチ1 mmのもので，8/16/20ピンのパッケージです．**写真1.9**はピン・ピッチ0.8 mm，**写真1.10**はピン・ピッチ0.65 mmのもので，10/16/30ピンのパッケージです．ピン・ピッチが1 mmで8ピンのパッケージと，ピン・ピッチが0.8 mmの10ピンのパッケージがほぼ同じ大きさであり，さらにピン・ピッチが0.65 mmの10ピンではこれよりも小さくなっています．

⑤ QFP

SOPをさらに進めて，4方向からピンを出したのがこのQFPです．4方向からピンを出しているため，ピン数は少なくても30本程度はあります．多い方は100ピンくらいまであります．

写真1.11は，(a)80ピン(ピン・ピッチ0.65 mm)，(b)44ピン(ピン・ピッチ1 mm)，(c)60

ピン(ピン・ピッチ 0.8 mm)，(d)放熱のために太いピンを設けた30ピン(ピン・ピッチ 1 mm)です．

▶パッケージに求められる機能

ICに限らず半導体はかならずなんらかのパッケージに入っています(*8)．LEDなどでは，限られた光出力を効率よく定められた方向に発するという機能が求められるのはだれでもわかりますが，ICの場合はどのような機能が求められるのでしょうか．

これを列挙すると以下のようなものが考えられます．

(1) 遮光性がよいこと
(2) 熱伝導率がよいこと
(3) 熱ストレスに強いこと
(4) 熱膨張率が小さいこと
(5) 密閉性がよいこと
(6) 吸湿性がないこと
(7) 機械的強度があること
(8) その他

(1)，(2)はICの動作に直接関係するもので，(3)～(7)は耐環境性や信頼性に関するものです．

まず(1)の遮光性ですが，これは外部の光がICチップに届くことにより，特性が変わってしまうのを防ぐためです．最悪の場合は動作不能に陥ることもあります．参考までに，この光電効果を積極的に利用したのが，フォト・トランジスタやフォト・ダイオードです．

(2)の熱伝導性については，回路で消費される電力でチップが発熱しますが，この熱をすみやかに外部に逃がすために必要なものです．とくに熱を大量に発生するパワーICでは，非常に重要になってきます．

(3)の熱ストレスというのは，樹脂の耐熱性ということもできます．ICの外部温度は低温側は－20～－50℃程度から高温側では＋60～90℃程度まで変化する可能性があり，さらにチップに接する部分では＋150℃程度までなることが考えられます．したがってパッケージに使用する樹脂は，この範囲の温度変化に対して十分に耐え得る必要があるわけです．

(＊8) 最近では高密度実装を実現するために，チップをそのまま使っている場合もあるが，これは例外的な使い方である．

(4)の熱膨張率は熱ストレスにも関係しますが，外部の温度が変化したときに，樹脂の形が変形するのを防ぐものです．熱膨張率が大きいと温度変化による変形で，外部の水分や汚れが内部に浸入したり，樹脂にクラックが入ったり，あるいはチップに応力がかかり特性変化を招いたりします．

(5)の密閉性は，外部の水分や水滴あるいは汚れ(油分，塵など)などが内部に入り込まないために必要なものです．こうしたものがIC内部に入り込むと，樹脂にクラックが入ったり，チップのアルミ配線を腐食して動作不能に陥らせたりすることがあります．

(6)の吸湿性は，パッケージ樹脂それ自身の問題ですが，この樹脂に吸湿性があると，いくら密閉性を高めても水分が内部に浸入してきます．

(7)の機械的強度についてはとくに説明の必要はないと思いますが，少なくとも机の上からICを落としたくらいでICが壊れるようでは使いものになりません．

(8)にはここまで述べた以外で，たとえばはんだ付け性がよいこと，基板への実装性がよいこと，電気絶縁性が優れていること，などがあります．

● 最大定格について

最大定格というのは，そのICに与えられる種々の要因(電圧，電流など)で，一瞬たりとも越えてはいけないものです．これを越えた場合，そのICは破壊に至るか，あるいは破壊とまではいかなくとも特性劣化を招いたりする可能性があります．したがってICを使用する際は，どのようなことがあっても最大定格を越えないような使い方が必要です．

一般的なバイポーラICの最大定格には，つぎのようなものがあります．なおとくにことわりのない限り周囲温度 $T_a=25$℃で規定されており，温度がそれよりも高い場合は定格値は低下するのが普通です．

▶最大電圧

電圧定格はそのICに印加できる最大の電圧です．これ以上の電圧を印加した場合，ICには急激に電流が流れて壊れてしまいます．

この電圧定格はプロセスから決まってくるものなので，とくに電源ピンとGNDピン間というわけではなく，すべてのピンの対GNDピン電圧に適用されるはずです．しかし実際には回路構成によって電源以外のピンで電圧定格以下でICが壊れることもある[*9]ので，この最大電圧が適用できるのは電源ピンとGNDピン間だけと考えたほうが安全です

(＊9)　たとえばエミッタが接地されたトランジスタのベースが直接ピンに出ている場合は，そこに1Vが加わっただけで壊れてしまう．

図1.4 ICに印加できる電圧

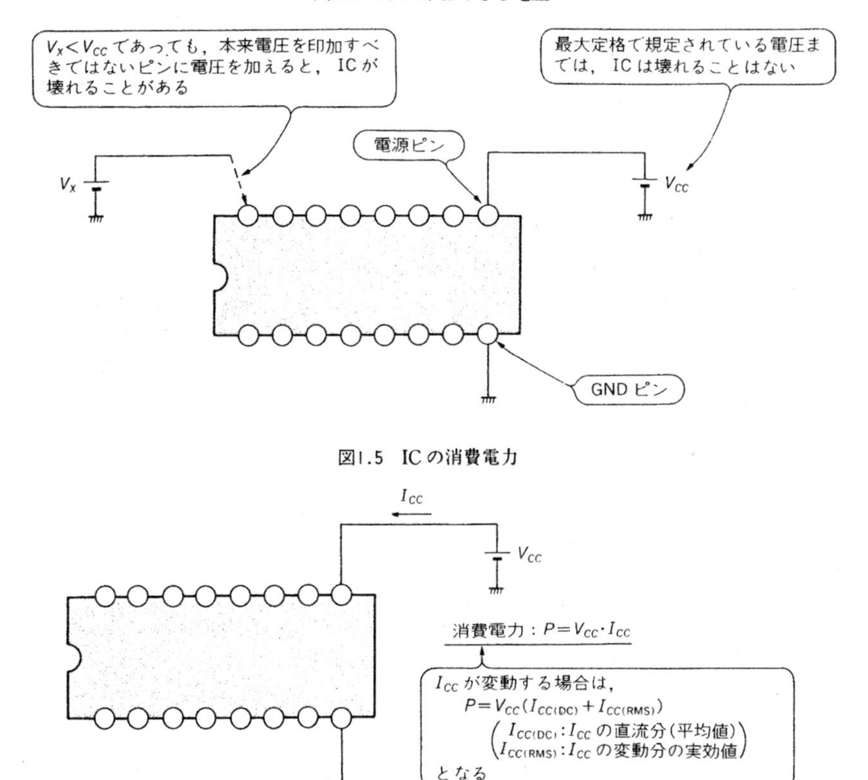

図1.5 ICの消費電力

(図1.4参照).

なお最大電圧とは別に動作電源電圧範囲という規定がなされている場合もありますが，これはICが正常に動作する電源電圧の範囲のことです．

▶最大電流

ディスクリート・トランジスタなどと異なり，ICの場合最大電流が規定されていないことがよくあります．これは通常の使い方をする限り，電流が流れすぎて壊れるということはないようなICの場合です．

しかしパワー・アンプICの出力短絡のように，条件によっては異常な大電流が流れる可能性があるというピンには，最大電流が規定されています．この場合も最大電流が規定されているのは特定のピンだけで，それ以外のピンは規定されていません．

図1.6　周囲温度と最大消費電力の関係

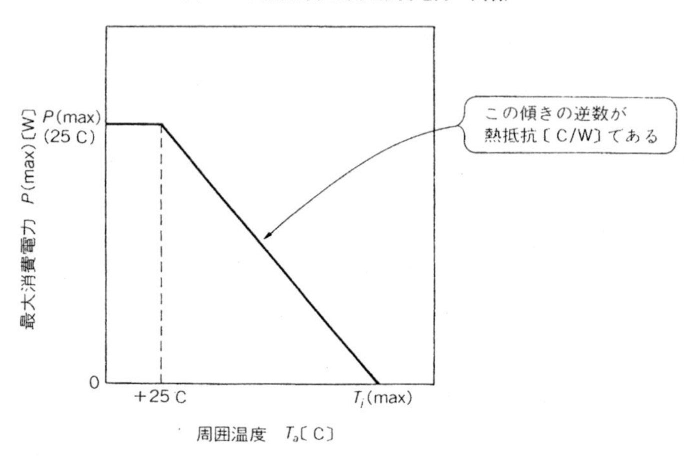

▶最大消費電力

図1.5に示すように, ICに印加されている電圧と流れる電流の積が消費電力です. この消費電力の最大値が規定されているわけですが, 最大消費電力は周囲温度に大きく依存し, **図1.6**に示すように周囲温度が25℃を越えると直線的に低下していきます. $P(\mathrm{max})=0$ となる温度がチップの許容される最高温度〔$T_j(\mathrm{max})$〕ということになります.

この低下していく直線の傾きの逆数が熱抵抗で, この傾きが急なほど熱抵抗は小さく, 大電力まで扱えるということになります. というのは, 25℃における最大消費電力というのは, チップの最高温度と熱抵抗で決まってくるからです.

なおフラット・パッケージのようにパッケージの熱抵抗が大きい場合は, ピンを通じてプリント基板のパターンに逃げる熱が多いので, パターンによって実質的な熱抵抗がかなり変わってきます. このため消費電力の多いICではGNDなどのパターンを大きく取って, 熱抵抗を下げる必要があります.

▶保存温度/動作温度

保存温度はICを動作させない状態での周囲温度の範囲を規定するもので, 低温側は－40～－20℃, 高温側で＋150℃程度が一般的です.

また動作温度はICを動作させた状態での周囲温度の範囲を規定するもので, 低温側は－35～－15℃, 高温側は＋65～85℃程度が一般的です.

▶定格にはない注意事項

最大定格ではとくに規定されていなくてもICを使ううえでの常識で，いくつか守らなければならないことがあります．それはとくに明記されていない限り，GND以外のピンにGNDよりも低い電圧を加えないこと(2電源の場合は負電源電圧よりも低い電圧を加えないこと)，および V_{CC} 以外のピンに V_{CC} よりも高い電圧を加えてはいけないということです．

もしもこのようなことをした場合，異常電流が流れてICが壊れたり，壊れないまでも特性劣化をきたすことがあります．これは本来IC内部でかならず逆バイアスされて使われる接合部分が順バイアスされることによるものです．

また静電気によるIC破壊もあります．通常はとくに何の注意をしなくても大丈夫ですが，ICによっては壊れやすいものもあるので，静電気の起きやすい状況，たとえば空気が乾燥しているときに化学繊維の服を着て作業をするとか，AC電源からの漏れ電流の多いはんだごてを使うとか，このようなことはできるだけ避けたほうがよいでしょう．

1.2 バイポーラICで使われる素子の構造と特性

バイポーラICで使われる素子は，一般的なディスクリート回路で使われる素子に準じますが，インダクタンスのように使えないものもあります．通常のバイポーラICで使えるのは，バイポーラ・トランジスタ，ダイオード，抵抗，コンデンサで，プロセスによってはJ-FETが使える場合もあります．MOS FETはBi-CMOSプロセスでなければ使えません．

使える素子であっても，ディスクリート回路のようなわけにはいきません．それは，IC化することにより一つの素子の大きさがきわめて小さくなっていたり，あるいは構造がまったく違ってきているために，ディスクリート素子にくらべて特性面で劣っていたり，*CR*では使える値が限られているからです．

このような点をよく理解していないと，設計したICが必要な特性が得られなかったり，動作しないということになってしまいます．ここではこれらの点について，各素子ごとに説明していきましょう．ただし説明している特性や構造はあくまで一般的なもので，プロセスによってはこれよりも優れた特性のもの，違った構造のものもあります．

▶寄生素子について

IC回路では同一ウエハ上に複数の素子が存在していることによって，回路図に現れない素子が知らず知らずのうちにできてしまいます．このような本来の素子とは別に，ICの構造上必然的にできてしまう素子を寄生素子と言います．寄生素子として代表的なものは寄

表1.1 トランジスタの種類による特徴

特性項目＼トランジスタの種類	NPNトランジスタ	PNPトランジスタ		
		横型PNP	縦型PNP	サブストレートPNP
電流容量(I_C)	大	小	大	中
電流増幅率(h_{FE})	中～大	小～中	中～大	中～大
コレクタ-ベース間容量(C_{CB})	中	小	小	大
コレクタ-サブ間容量(C_{CS})	中～大	小	大	－
ベース-サブ間容量(C_{BS})	小	大	小	大
トランジション周波数(f_T)	高	低	中～高	低
素子サイズ	小	大	中～大	大
プロセス・コスト	低	低	高	低

生トランジスタですが，ほかに寄生容量もあります．

ディスクリート回路ではこのようなことはなかったので，最初にIC回路を設計する場合はとまどうかもしれませんが，寄生素子を抜きにしてIC回路を設計すると，思わぬトラブルが生じることがあります．

● **トランジスタ**

ディスクリート・トランジスタ同様にNPNトランジスタとPNPトランジスタがありますが，PNPトランジスタにはその構造の違いにより，L(Lateral；横型)-PNP，V(Vertical；縦型)-PNP，Sub(Substrate；サブストレート)-PNPトランジスタの3種類があります．

特性的にもそれぞれ異なり，詳しくは以下に述べますが，**表1.1**にこれらをまとめておきます．ただしこの表の中の感覚はプロセスによってけっこう異なるものなので，おおよその目安と考えてください．またこれは基本サイズのトランジスタのものなので，サイズを大きくすることにより値が変わってくるものもあります．

▶ NPNトランジスタ

[構造]

NPNトランジスタの構造を**図1.7**に示します．平面的に見ると，一つのトランジスタはアイソレーションのP^+で囲まれて，他の素子と分離されていますが，この囲まれた部分を“島”といいます．一辺の長さは数十μmというのが普通です．この島の中にN^+によるコレクタとPによるベースがあり，さらにこのベースのPの中にN^+によるエミッタがあります．

また断面図で見ると，いちばん下はサブストレート(P型基板)で，この基板の上にトラン

図1.7　NPNトランジスタの構造

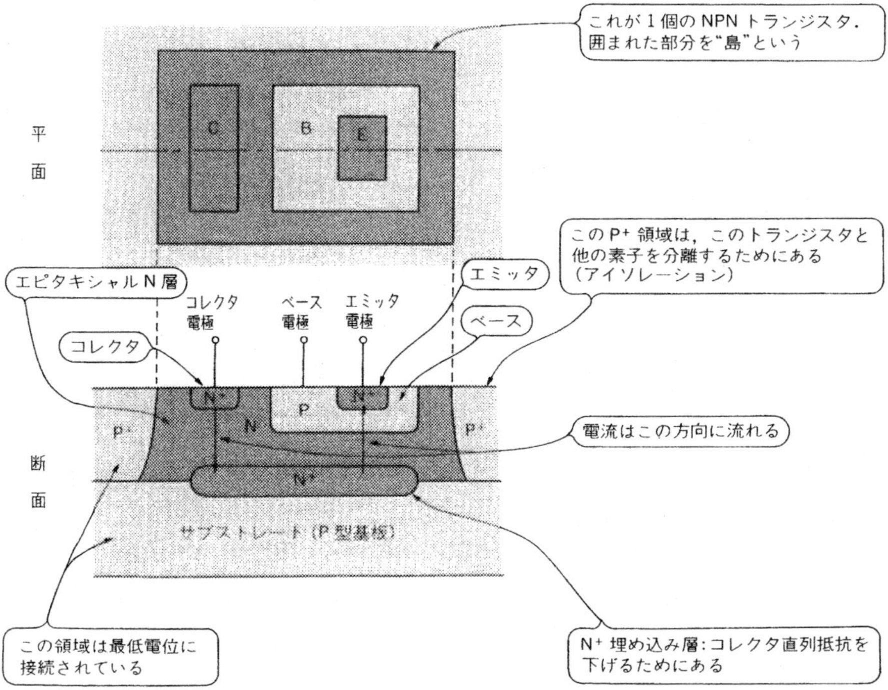

ジスタが形成されています．このアイソレーションのP^+の部分とサブストレートはともに最低電位に接続されているので，PN接合の形成される部分が逆バイアスされてほかの素子と分離されます．P領域よりもN領域のほうが抵抗値が小さく，とくにN^+領域は低抵抗となっています．

コレクタからエミッタへの電流は，コレクタ電極→N^+(コレクタ)→N→N^+埋め込み層→N→P(ベース)→N^+(エミッタ)→エミッタ電極となります．N^+埋め込み層は，コレクタ直列抵抗を小さくするためにあるものです．

[特性]

ディスクリート・トランジスタでは，小信号トランジスタでもコレクタ電流を100 mA程度は流せるのが普通ですが，IC内のNPNトランジスタでは1 mAから数mA程度[*10]がせいぜいです．これはひとえにサイズが小さいことによるものですが，そのためにベース-エミッタ間容量C_{BE}やベース-コレクタ間容量C_{BC}は1 pF以下と小さくなっています．

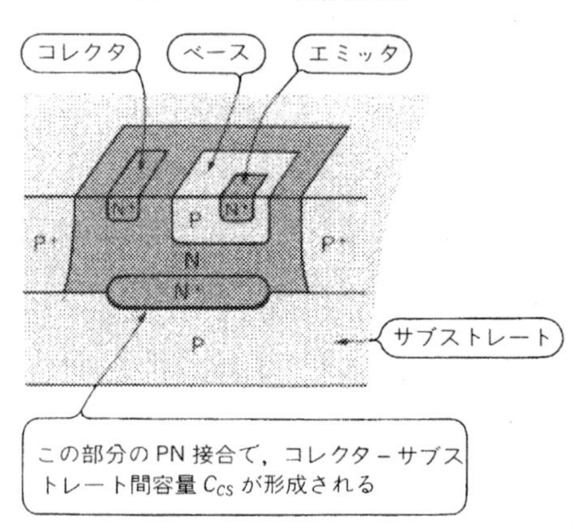

図1.8　NPNトランジスタにおけるコレクタ-サブストレート間容量 C_{CS}

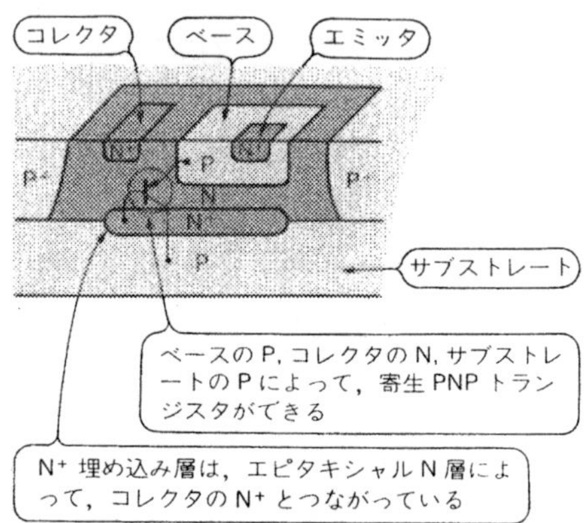

図1.9　NPNトランジスタにできる寄生PNPトランジスタ(構造)

エミッタの面積を大きくすることにより大電流を流せるようになりますが，それにともなって容量も大きくなります．

いっぽうこれとは別に，ディスクリート素子にはなかった容量として，コレクタ-サブストレート間容量 C_{CS} があります．これは**図1.8**を見るとわかるように，コレクタとなる N^+ 埋め込み層がサブストレートと接してPN接合を形成しているために生じる容量で，図からもわかるようにPN接合面積がベース-エミッタ間やベース-コレクタ間よりも広いので，C_{CS} は C_{BE} や C_{BC} よりも大きな値になります．サブストレートはAC的には接地と考えられるので，高周波を扱う場合は考慮する必要があります．

f_T は数百MHzから数GHzですが，プロセス技術の進歩により素子サイズが小さくなるにしたがって，f_T も高くなってきています．

[寄生素子]

NPNトランジスタはその構造上，寄生PNPトランジスタができます．NPNトランジスタの構造は**図1.9**のとおりですが，ベースがP，コレクタがN，サブストレートがPなので，このP-N-Pで寄生PNPトランジスタができます．つまり，

NPNトランジスタ		寄生PNPトランジスタ
ベース	P	エミッタ
コレクタ	N	ベース
サブストレート	P	コレクタ(サブストレート)

というように，対応しているわけです．

図1.10 NPNトランジスタにできる寄生PNPトランジスタ(記号)

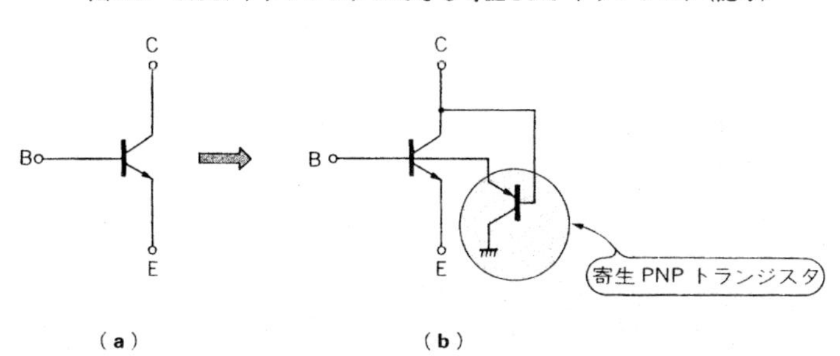

これを記号で表すと，**図1.10**のようになります．(a)のようなNPNトランジスタは，実際には(b)のようにNPNトランジスタのベースに寄生PNPトランジスタのエミッタが，コレクタにベースがつながるような形になるわけです．寄生PNPトランジスタのコレクタはサブストレートなので，等価的にGNDにつながることになります．

通常NPNトランジスタのコレクタ電位のほうがベース電位よりも高いので，寄生PNPトランジスタはOFFしており，とくにつながっているとは意識しないでもかまいません．ところがNPNトランジスタが飽和に入ってしまうような使い方をすると，コレクタ電位がベース電位よりも低くなって，寄生PNPトランジスタがONし始めます．そうするとNPNトランジスタのベース電流として供給されている電流が寄生PNPトランジスタに流れて，外からはあたかもNPNトランジスタのh_{FE}が極端に小さくなったように見えます．

また寄生PNPトランジスタに流れる電流はサブストレートに流れるので，これによりサブストレートの電位がGNDよりも浮き上がり，それによるトラブルが生じることもあります．

▶ PNPトランジスタ

NPNトランジスタと異なり，PNPトランジスタにはその構造の違いから，

(1) ラテラル(Lateral：横型)PNPトランジスタ

(2) サブストレート(Substrate)PNPトランジスタ

(3) バーチカル(Vertical：縦型)PNPトランジスタ

の3種類があります．

この中でもっとも一般的なのは，ラテラルPNPトランジスタ(以下，横型PNPトランジスタと記す)です．それはNPNトランジスタを作る製造工程で同時に作ることができ，

図1.11　横型PNPトランジスタの構造

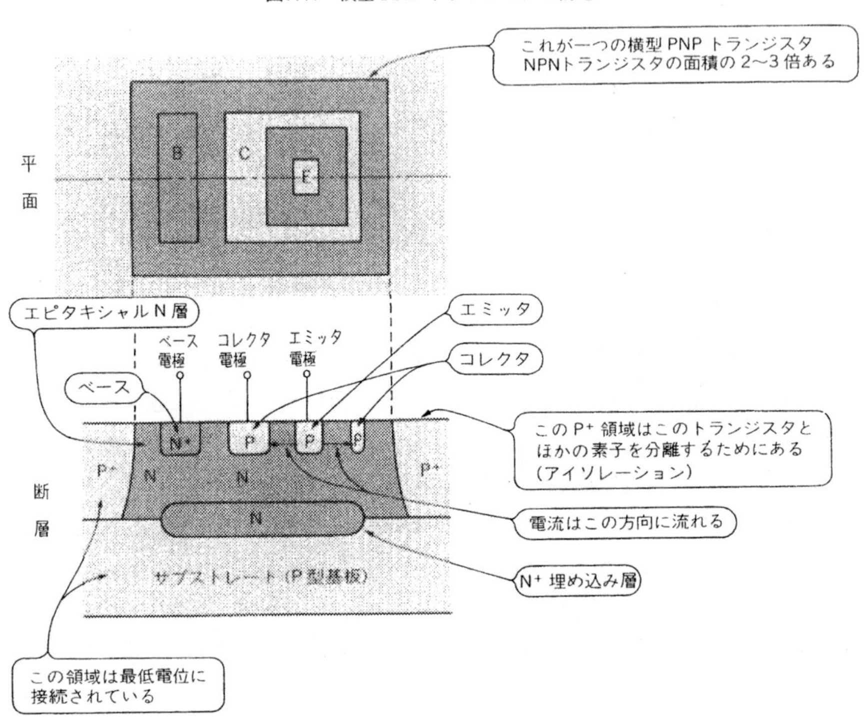

横型PNPトランジスタのために改めて必要な工程というのが不要なので，低コストでICを作ることができるからです．ただし性能的には，NPNトランジスタにくらべるとかなり劣っています．

サブストレートPNPトランジスタはその構造上，コレクタが最低電位(GND)につながれているため，回路的に使える部分が限られます．このPNPトランジスタもNPNトランジスタを作る工程でできますが，性能的にはやはりNPNトランジスタにくらべるとかなり劣っているといえます．

バーチカルPNPトランジスタ(以下，縦型PNPトランジスタと記す)は性能的にNPNトランジスタに匹敵するものですが，縦型PNPトランジスタのために新たな製造工程が必要になってくるため，コストが高くなります．このためプロセスによっては使えない場合もあります．

① 横型PNPトランジスタ

[構造]

横型PNPトランジスタの構造を**図1.11**に示します．平面的にはアイソレーションのP^+で囲まれていて，一つの島になっているのはNPNトランジスタと同じです．一辺の長さは100～200 μmで，NPNトランジスタよりもかなり大きいのが普通です．このため横型PNPトランジスタの多用はICのチップ・サイズの増大につながり，ひいてはコストアップの要因となります．

断面的にはいちばん下はサブストレート(P型基板)になっていますが，この場合もサブストレートおよびアイソレーションのP^+は最低電位に接続されます．コレクタ，エミッタはともにP^+で，コレクタがエミッタを囲むように配置されています．

構造的にNPNトランジスタのコレクタに相当するのが，横型PNPトランジスタではベースになっています．NPNトランジスタのコレクタはN^+ですが，横型PNPトランジスタではベースがN^+になるわけです．横型PNPトランジスタのコレクタとエミッタはともにP^+で，NPNトランジスタのベースに相当します．

エミッタからコレクタへの電流は，エミッタ電極→P(エミッタ)→N→P(コレクタ)→コレクタ電極となります．この経路のNの領域を流れるときに，電流の流れる向きが横向きなので，Lateral(横型)PNPと言われるわけです．

[特性]

NPNトランジスタでは数mA程度の電流は流すことが可能ですが，横型PNPトランジスタでは数百μAまで(*10)で，h_{FE}の低下しない電流と言ったら数十μA程度しかありません．またh_{FE}の値それ自身も小さく，大きくてもせいぜい100～200くらいで通常は数十しかないと思って差し支えありません．アーリ電圧V_A(*11)についても50V以下で，V_{CE}の変動に弱くなっています．

またf_Tも数MHzと低く，高周波を扱うことはできません．接合容量については，その構造からわかるようにベース-コレクタ間およびベース-エミッタ間容量は小さい(1pF以下)のですが，**図1.12**に示すようにベースのN^+のつながっているN^+埋め込み層がサブストレートと接してPN接合を形成しているために生じるベース-サブストレート間容量

(*10) これよりも大電流を取り出すには，複数のトランジスタを並列接続する必要がある(島は共通でよい)．

(*11) アーリ電圧V_A：V_{CE}がICに与える影響を表すもので，詳細は第2章で説明している．一般的にh_{FE}が大きいとV_Aは小さくなる傾向にある．

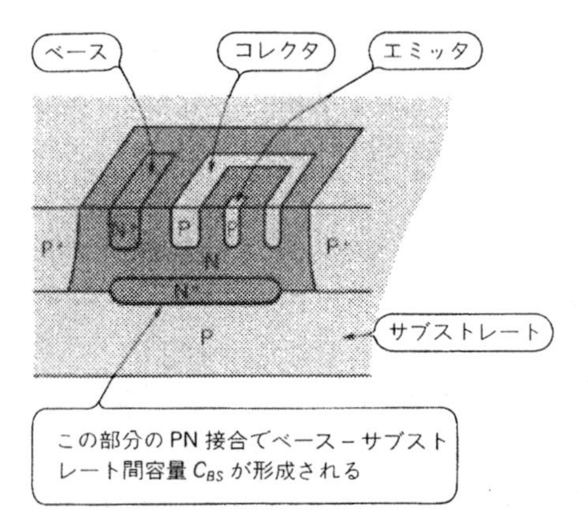

図1.12 横型PNPトランジスタにおけるベース-サブストレート間容量 C_{BS}

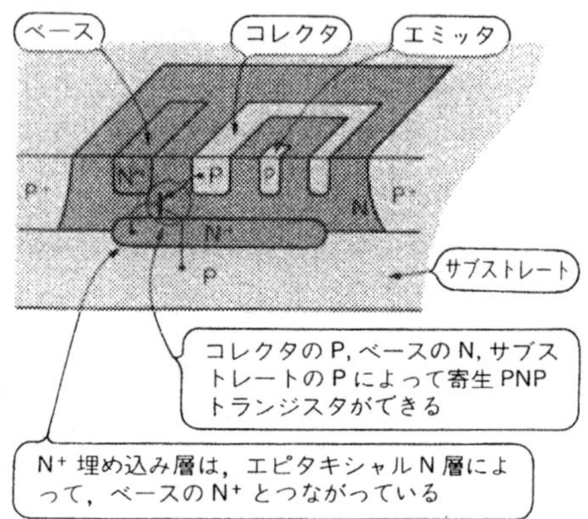

図1.13 横型PNPトランジスタにできる寄生PNPトランジスタ(構造)

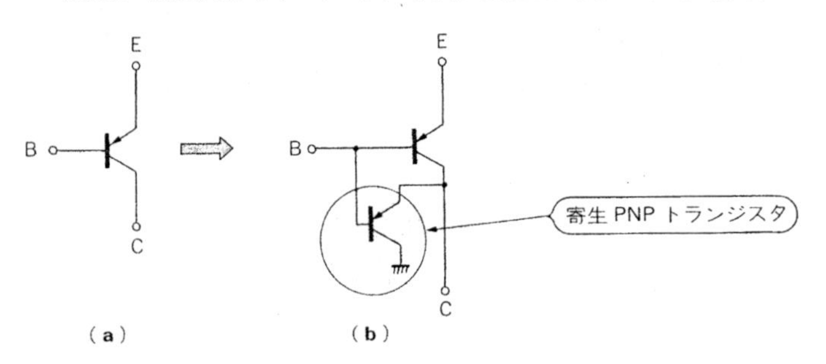

図1.14 横型PNPトランジスタにできる寄生PNPトランジスタ(記号)

C_{BS}が大きくつきます．この容量は島の面積が大きい分，NPNトランジスタのコレクタ-サブストレート間容量よりも大きな容量となります．

このように横型PNPトランジスタは，ほとんどの特性においてNPNトランジスタよりも大きく劣っているということができます．このため回路設計の際にはNPNトランジスタと横型PNPトランジスタを同じ感覚で扱うことはできず，まったく特性の異なったトランジスタであるということを念頭において設計する必要があります．

[寄生素子]

横型PNPトランジスタもNPNトランジスタの場合と同じように，寄生PNPトランジスタができます．横型PNPトランジスタの構造は**図1.13**のとおりですが，コレクタがP，ベースがN，サブストレートがPなので，このP-N-Pで寄生PNPトランジスタができま

図1.15　サブストレートPNPトランジスタの構造

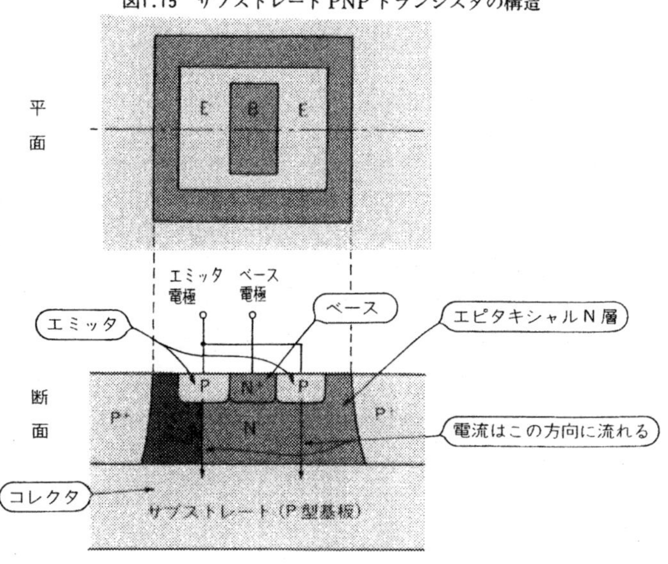

す．つまり，

横型PNPトランジスタ		寄生PNPトランジスタ
コレクタ …………	P ………	エミッタ
ベース ……………	N ………	ベース
サブストレート ……	P ………	コレクタ(サブストレート)

というように，対応しているわけです．

これを記号で表すと，**図1.14**のようになります．(a)のような横型PNPトランジスタは，実際には(b)のように横型PNPトランジスタのコレクタに寄生PNPトランジスタのエミッタが，ベースにベースがつながるような形になるわけです．寄生PNPトランジスタのコレクタはサブストレートなので，等価的にGNDにつながることになります．

通常横型PNPトランジスタのコレクタ電位のほうがベース電位よりも低いので，寄生PNPトランジスタはOFFしており，とくにつながっているとは意識しないでもかまいません．ところが横型PNPトランジスタが飽和に入ると，コレクタ電位がベース電位よりも高くなって，寄生PNPトランジスタがONしてしまいます．そうすると横型PNPトランジスタのコレクタ電流として流れ出すべき電流が，寄生PNPトランジスタのほうに流れて，結果として外からはあたかも横型PNPトランジスタのh_{FE}が極端に小さくなったよ

図1.16　サブストレートPNPトランジスタのコレクタ

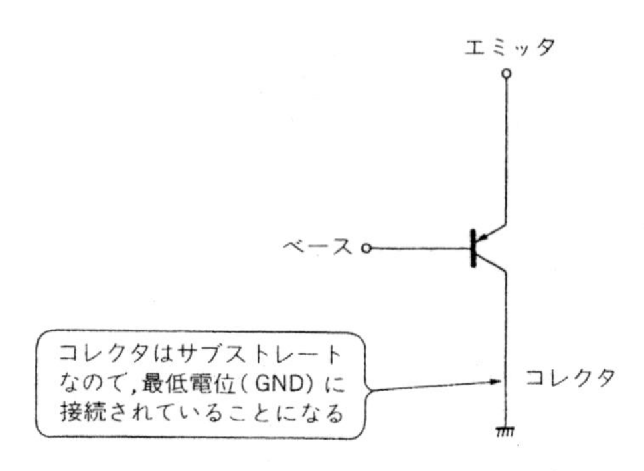

うに見えます．また寄生PNPトランジスタに流れる電流はサブストレートに流れるということについても，NPNトランジスタにできる寄生PNPトランジスタの場合と同じです．

② サブストレートPNPトランジスタ

[構造]

サブストレートPNPトランジスタとはサブストレートをコレクタとして利用したPNPトランジスタで，その構造は**図1.15**のようになっており，大きさ的には横型PNPトランジスタと同程度です．PNPトランジスタなので，エミッタがP，ベースがN^+になっていて，エミッタがベースを取り囲んだような形になっています．

断面的にはいちばん下はサブストレート(P型基板)になっていますが，NPNトランジスタや横型PNPトランジスタにあったN^+はサブストレートPNPトランジスタではありません．

サブストレートPNPトランジスタでもっとも特徴的なのは，コレクタ＝サブストレートなので，コレクタ電極というのは存在しないということです．つまり**図1.16**のように，回路的にかならずコレクタは最低電位(GND)になっているということで，コレクタから信号を取り出すことはできません．したがってサブストレートPNPトランジスタは，回路の中のどこにでも使えるというわけではなくて，エミッタ・フォロワやSEPP出力段のように，コレクタが最低電位につながるところにしか使えません．

エミッタからコレクタへの電流は，エミッタ電極→P^+(エミッタ)→N→サブストレート(コレクタ)となります．

[特性]

図1.17 縦型PNPトランジスタの構造

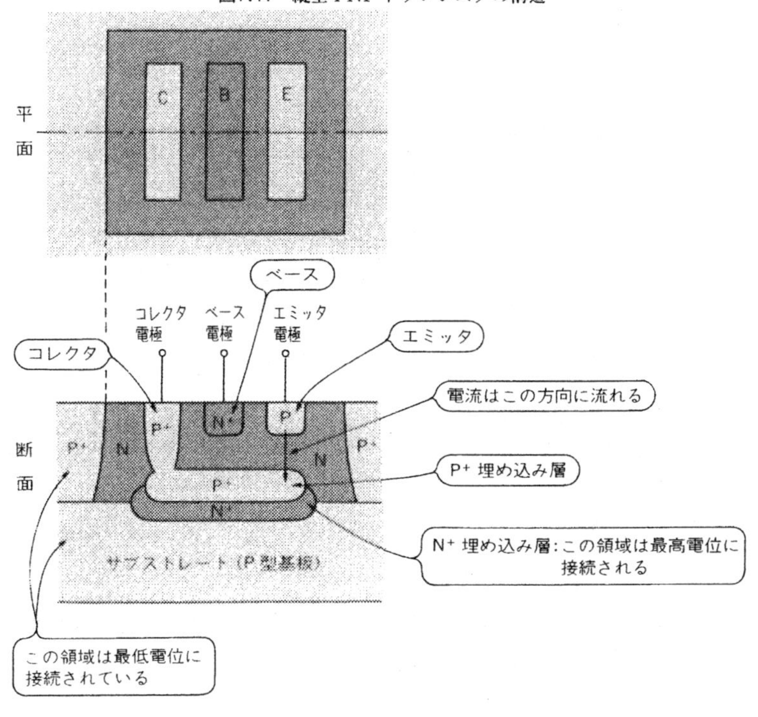

横型PNPトランジスタでは数百μA程度までしか電流を流すことができませんでしたが，サブストレートPNPトランジスタは横型PNPよりも大電流特性が優れているので，数百μ～数mAまで流すことができます．またh_{FE}の値も横型PNPトランジスタよりも大きく数十～数百になりますが，その分アーリ電圧V_Aは小さ目です．なおh_{FE}の値は横型PNPトランジスタよりも大きいものの，プロセス・コントロールが難しく，ばらつきが大きいことから，使いにくい面もあります．

またコレクタはサブストレートなので，最低電位(GND)につながっているということになりますが，実はサブストレートは電位的には最低電位であるものの，抵抗値(インピーダンス)は決して低くありません．このため電流が大きいと最低電位につながっているはずのコレクタ電位が浮き上がって見えたり，ミラー効果によりベース-コレクタ間容量が大きく見えるということが起こります．

横型PNPトランジスタの高周波特性がNPNトランジスタよりも格段に劣っていると

図1.18　縦型PNPトランジスタにおけるコレクタ容量

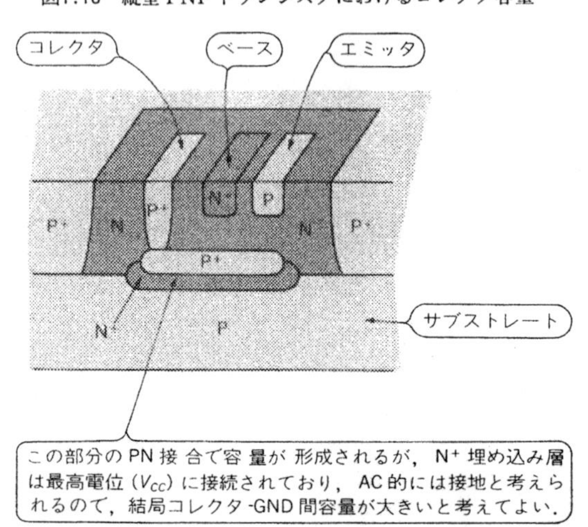

いうのはすでに述べたとおりですが，サブストレートPNPトランジスタでは，横型PNPトランジスタよりもさらに高周波特性はよくないと考えて差し支えありません．このため高周波を扱う部分にサブストレートPNPトランジスタを使うということは，まず考えられません．

③ 縦型PNPトランジスタ

[構造]

縦型PNPトランジスタの構造を**図1.17**に示します．平面的な大きさは，NPNトランジスタと横型PNPトランジスタの中間です．断面的にはサブストレートの上にN^+埋め込みがあり，そのすぐ上にP^+埋め込みがあります．このP^+埋め込みにつながっているP^+がコレクタで，またN^+がベース，Pがエミッタです．

サブストレートはほかのPNPトランジスタやNPNトランジスタと同じように最低電位(GND)に接続されていますが，さらにN^+埋め込み層は最高電位(V_{CC})に接続されます．こうしないとP^+埋め込み層の電位がN^+埋め込み層よりも電位的に高くなる可能性があり，そうするとP^+埋め込み層とN^+埋め込み層の部分で順バイアスされて，正常な動作ができなくなってしまいます．

エミッタからコレクタへの電流は，エミッタ電極→P(エミッタ)→N→P^+埋め込み→P^+(コレクタ)→コレクタ電極となります．この経路のNの領域を流れるときに，電流の流れる向きが縦方向なので，Vertical(縦型)PNPといわれるわけです．

[特性]

特性面はNPNトランジスタにはかなわないものの，横型PNPトランジスタやサブストレートPNPトランジスタにくらべるとかなり優れた特性を示します．

電流的には横型PNPトランジスタでは数百μAまででしたが，縦型PNPトランジスタでは1mA以上流すこともできます．ただしコレクタがP^+であることから，コレクタ抵抗はそれほど小さくはなりません．

周波数特性は横型PNPトランジスタよりも優れており，高周波を扱うこともできますが，コレクタ容量が大きいので注意が必要です．これは**図1.18**にあるように，P^+埋め込み層とN^+埋め込み層によるPN接合で容量が形成されますが，N^+埋め込み層が最高電位に接続されていることから交流的には接地と考えられるので，結局コレクタ-GND間容量が大きく付くことに等しいことになるからです．

特性的にはPNPトランジスタの中でもっとも優れている縦型PNPトランジスタですが，すでに述べたように製造コストが高くつくことから，使わないで済むものならばできるだけ使わないほうがICのコストが安くなります．ただし1素子使うのも複数素子使うのも製造工程は同じなので，1素子でも使ったならばあとは無理に減らす必要はなく，チップ面積を小さくすることを考えたほうがよいでしょう．

● 抵抗

抵抗には拡散抵抗とポリシリコン抵抗(薄膜抵抗)があり，以前は拡散抵抗が一般的でしたが，最近のプロセスではポリシリコン抵抗も広く使われるようになってきています．これ以外にもエピタキシャル抵抗，ピンチ抵抗，イオン打ち込み抵抗などがありますが，拡散抵抗やポリシリコン抵抗ほど一般的ではありません．

得られる抵抗値は種類によっても異なりますが，100Ω～100kΩ程度という範囲が一般的で，これよりも小さくても大きくても精度は低下するいっぽう，面積は大きくなり，ICの高集積化を妨げる方向に働きます．

また精度は種類にもよりますが，絶対精度で±10～30％程度，相対精度は同じ種類の抵抗ならば1～3％程度に収まります．このため抵抗の絶対値が特性に直接反映されるような設計は好ましくなく，比で決まるような回路を設計しなければなりません．

温度係数はおおよそ数千ppm/℃の範囲にありますが，抵抗の種類が違うと温度係数も違うので，使い分けるときは十分な注意が必要です．

▶拡散抵抗

[構造]

図1.19　ベース拡散抵抗の構造

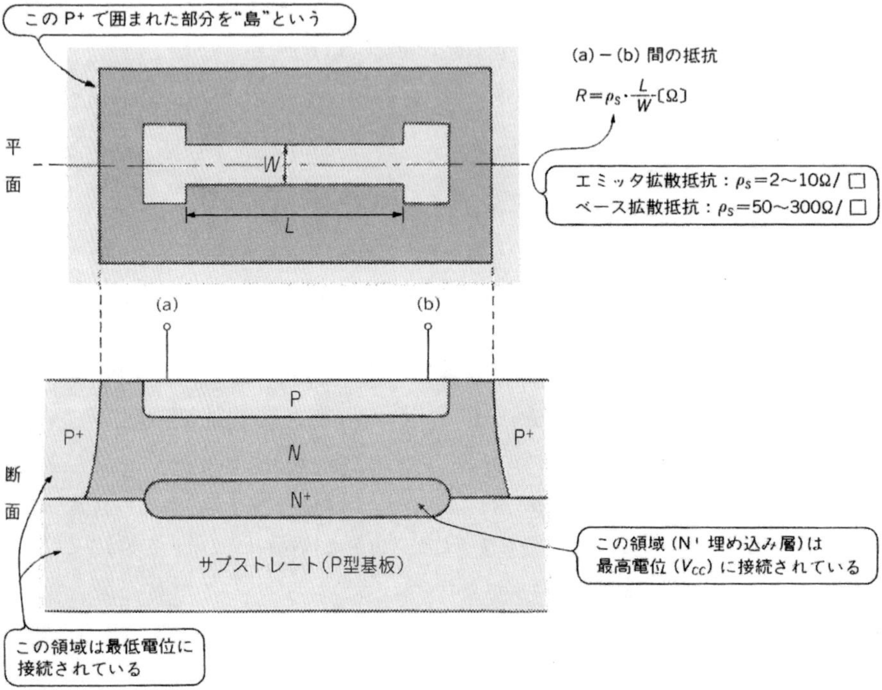

トランジスタを作る工程で行われる，ベース拡散やエミッタ拡散のもつ抵抗を利用して抵抗を作ったのが拡散抵抗です．ここではベース拡散抵抗の構造を**図1.19**に示します．平面図にあるように幅を W [μm]，長さを L [μm] とすると，抵抗値 R [Ω] は，

$$R=\rho_s \cdot L/W \quad [\Omega]$$

と表されます．ここで ρ_s[Ω/□]はシート抵抗と呼ばれるもので，$L=W=1$，すなわち単位幅単位長さ当たりの抵抗値です．抵抗値 R は長さ L に比例し，幅 W に反比例しますので，高抵抗にしようとする場合は幅を狭くして長さを長くし，反対に低抵抗にしようとする場合には幅を広くして長さを短くします．

サブストレートのすぐ上にはN^+埋め込みがありますが，ここは通常最高電位(V_{CC}など)に接続されています．そうしないと抵抗の領域がPでその下がNあるいはN^+なので，順方向バイアスされて電流が流れてしまうからです．

図1.19では島の中に抵抗が1本ある場合ですが，複数あるときは**図1.20**のようになりま

図1.20 一つの島に複数の抵抗がある場合

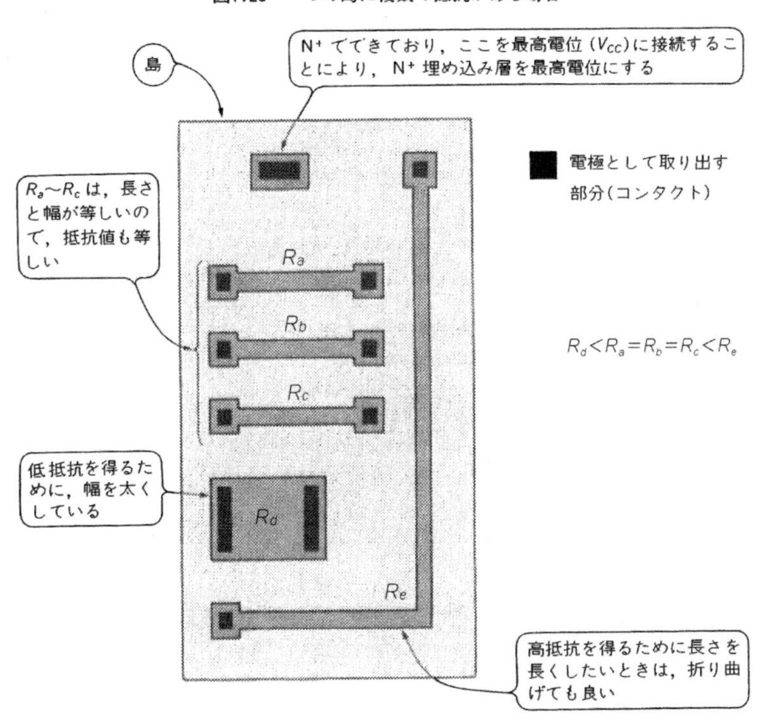

す．すなわち島(P^+で囲まれた部分)の中に複数の抵抗を置き，必要に応じてその形状を変えるわけです．この図ではR_a〜R_cまでは同じ長さ，同じ幅にしているので，R_a〜R_cの抵抗値は等しいことになります．またR_dはR_a〜R_cとくらべて長さLは短く，幅Wは太いので，抵抗値は小さくなります．いっぽうR_eは途中1回折り曲げていますが，長さLが長いので抵抗値は大きくなります．高抵抗を得る場合，一直線では長くなりすぎて素子配置的に不都合が起きることが多いので，このように途中折り曲げたりしますが，この折り曲げる回数が多くなるにしたがって，精度は低下する傾向にあります．

なお抵抗の両端はコンタクトと呼ばれる電極取り出し部分があり，ここからアルミ配線をつなぎます．またN^+埋め込み層を最高電位に保つためにN^+拡散を設け，ここを最高電位に接続することによりN^+埋め込み層を最高電位に保ちます．

[特性]

ρ_sがベース拡散抵抗では数十〜数百Ω，エミッタ拡散抵抗では数Ω〜数十Ωなので，抵

図1.21　ポリシリコン抵抗の構造

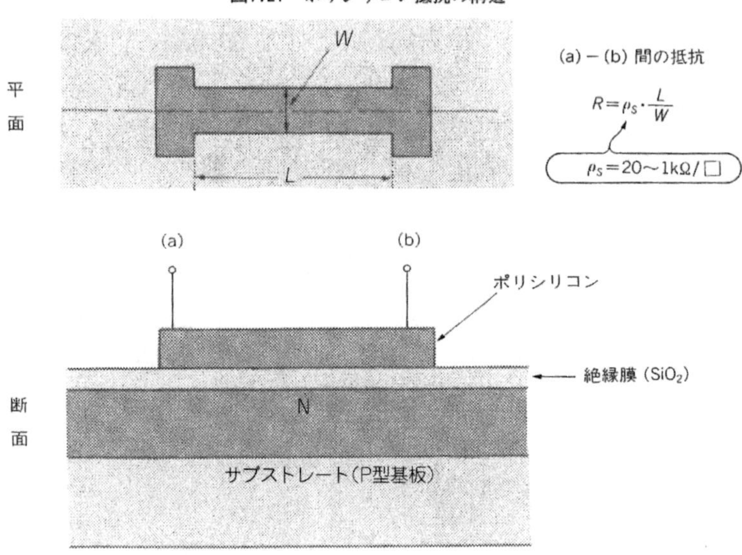

抗値としてはベース拡散抵抗では100～10 kΩ程度，エミッタ拡散抵抗では10～100 Ω程度の抵抗値を得ることができます．これより小さい抵抗を得たいときは，複数の抵抗を並列接続する必要があり，また高抵抗を得たいときは複数の抵抗を直列接続するのが一般的です．

絶対精度はベース拡散抵抗で±10～30 %，エミッタ拡散抵抗で±20～50 %と，通常の抵抗にくらべるとかなり誤差が大きくなっています．いっぽう相対精度では，ベース抵抗で±1～5 %，エミッタ抵抗で±3～10 %程度と，絶対精度にくらべるとかなりよくなっています．これからわかるようにエミッタ拡散抵抗はいずれの精度もあまりよくないので，精度を必要とするようなところにはエミッタ拡散抵抗は使わないようにする必要があります．

温度係数はキャリアの移動度が温度とともに低下するので，正の温度係数をもち＋1000～3000 ppm/℃程度になります．温度係数が通常の固定抵抗にくらべるとかなり大きいので，IC回路の設計をする際に抵抗の温度特性を無視した設計はできません．そうしないと常温では正常に動作している回路でも，高温や低温になると動作異常を起こすことになります．

▶ポリシリコン抵抗(薄膜抵抗)

[構造]

図1.21にポリシリコン抵抗の構造を示します．ポリシリコン抵抗の場合特徴的なのは，これまで説明してきたトランジスタや拡散抵抗を構成するN^+やP^+ではなく，それら拡散領域の上にSiO_2からなる絶縁層の上にポリシリコンの抵抗がそのままできているということです．そのためトランジスタや拡散抵抗における“島”というものは必要ありません．

抵抗値は拡散抵抗の場合と同じように，

$$R=\rho_s \cdot L/W \quad [\Omega]$$

という式で示されます．

[特性]

ρ_sは数百～1 kΩなので，拡散抵抗よりも高抵抗が得やすくなり，1 k～数十kΩ程度の抵抗値が作りやすい抵抗値となります．絶対精度は±10～20％，相対精度は±1～5％程度と，拡散抵抗にくらべると多少精度はよくなっています．温度係数は±数千ppm/℃以下ですが，拡散抵抗のように温度係数＝正というように決まっているわけではありません．

なお薄膜抵抗の中には抵抗体にポリシリコンではなくニクロムを使ったものもありますが，これはレーザ・トリミングを行いたいようなときに用いられます．

● コンデンサ

コンデンサには接合コンデンサとMOSコンデンサの二つがあります．

抵抗が比較的広範囲の値を取り得るのにくらべて，コンデンサは小容量のものしか内蔵できません．これは容量を大きく取ろうとすると，二つの電極の面積を大きく取らなければならず，ICのように小さな面積に入れるのには向いていないからです．

具体的に取り得る値としては，一つのコンデンサの容量は数十pF，IC内のトータルの容量としては数百pF程度です．これよりも大きくすることも可能ですが，そうするとチップ面積の大半をコンデンサが占めるようなICになってしまいます．

温度特性は，トランジスタや抵抗の温度特性にくらべると十分無視できるものなので，とくに気にする必要はないでしょう．

▶接合コンデンサ

PN接合(Junction)にできる容量を積極的に利用するのが，この接合コンデンサです．したがってトランジスタなどの接合と同様に，順バイアスになるとONしてコンデンサの働きをしなくなってしまうので，使用する場合は常に逆バイアスで使う必要があります．このためAC電圧のように極性が入れ替わったりするようなところには使えません．

[構造]

接合コンデンサの構造を**図1.22**に示します．トランジスタのPN接合にコレクタ-ベー

図1.22 接合容量の構造

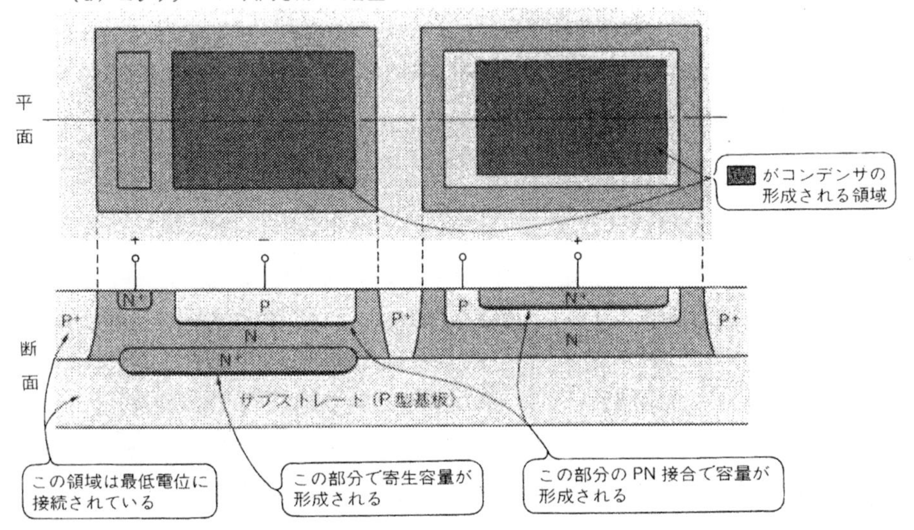

ス間とベース-エミッタ間があるように，接合コンデンサにもコレクタ-ベース間接合を用いたものと，ベース-エミッタ間接合を用いたものがあります．図の(a)が前者，(b)が後者です．

図(a)のコレクタ-ベース間接合コンデンサの構造は，NPNトランジスタからエミッタをなくしたような構造になっています．**図1.7**の断面と**図1.22**(a)の断面を比較してみると，よくわかると思います．同じように考えてみると，図(b)のベース-エミッタ間接合コンデンサは，NPNトランジスタのコレクタ(N^+埋め込みを含む)を取り去ったような構造になっています．実際にはいずれの場合も，容量が形成される部分の面積を少しでも大きくするような平面配置となるように工夫されています．その一例を**図1.23**に示します．

[特性]

先に述べたように接合コンデンサは，そのPN接合部が常に逆バイアスで使われる必要がありますが，ベース-エミッタ間接合コンデンサではその逆耐圧は基本的にNPNトランジスタのベース-エミッタ間逆耐圧と同じなので，数Vしか耐圧がありません．

いっぽうコレクタ-ベース間接合コンデンサでは，耐圧は数十Vあり問題ないのですが，ベース-エミッタ間接合コンデンサにくらべて，単位面積当たりの容量が小さいという欠点があります．

図1.23 実際的な接合容量の平面形状

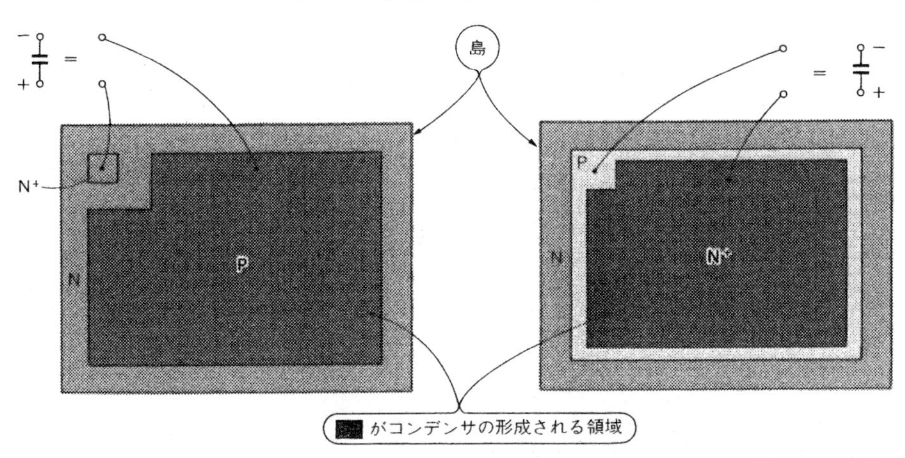

（a）コレクタ－ベース間を用いた容量　（b）ベース－コレクタ間を用いた容量

この逆バイアス値，すなわちコンデンサの両端に印加される電圧が変化すると容量も変化し，印加電圧が大きくなるほど容量は小さくなります．これは通常のトランジスタのベース-コレクタ間容量やベース-エミッタ間容量と同じ性質です．このため印加電圧が変わるようなところでは，容量が変調を受けることになるので注意が必要です．印加電圧が一定としても，容量の精度は低く，±30～50 %程度はばらつく可能性があります．

［寄生素子］

接合コンデンサには，実際の容量にシリーズに入る直列抵抗と，サブストレートに対して付く寄生コンデンサがあります．

直列抵抗は回路によっても異なりますが，決して無視できるものではなく，とくにコレクタ-ベース間接合コンデンサでは大きくなります．

さらにコレクタ-ベース間接合コンデンサでは，**図1.24**のように＋側は N^+埋め込み層につながっているので対サブストレート間の容量が付き，これは結局対 GND 間容量が付くことと等価になります．したがって，回路設計の際はかならずこの寄生容量を考慮に入れる必要があります．

このように接合コンデンサは，使いにくく欠点が多いので以前は多く使われていたものの，最近はあまり使われず，今ではつぎに述べる MOS コンデンサに主流は移っています．

▶ MOS コンデンサ

MOS コンデンサはその名が示すように，いっぽうの電極がアルミ(Metal)，もういっぽ

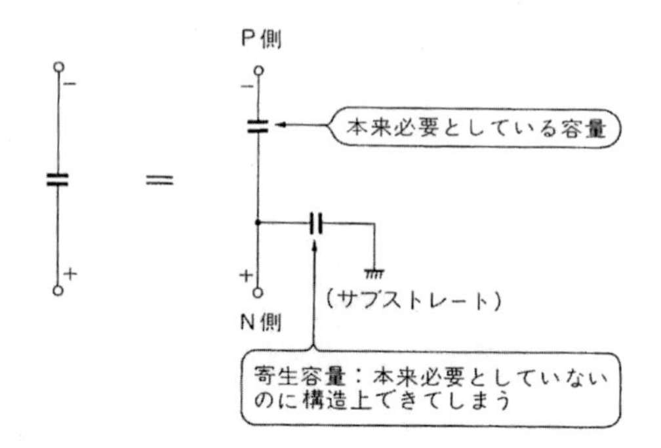

図1.24
接合コンデンサの等価容量
(コレクタ-ベース間を用いた容量)

図1.25　MOSコンデンサの構造

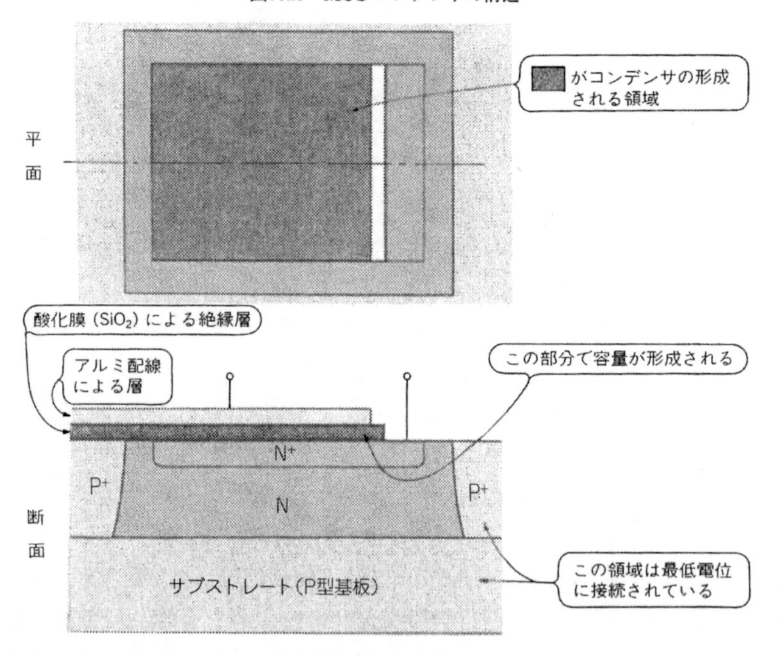

うの電極が拡散(Semiconductor)で，その間が酸化膜で絶縁されたコンデンサです．このため接合コンデンサのように印加される電圧の極性が決まってくるとか，印加電圧により容量が変化するという不具合はありません．

[構造]

MOSコンデンサの構造を**図1.25**に示します．いっぽうの電極層はアルミ配線によるも

図1.26 MOSコンデンサの等価容量

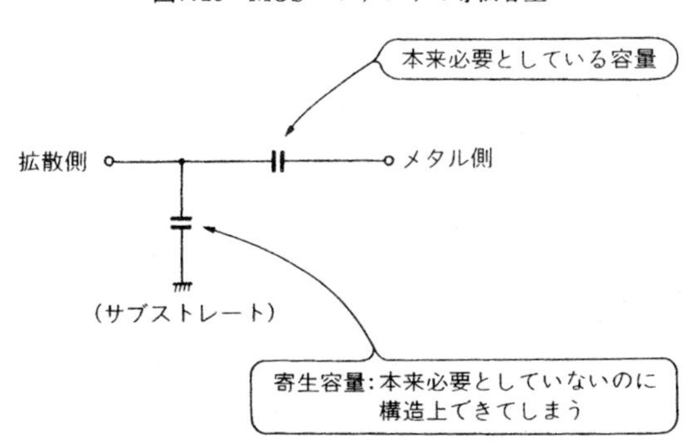

ので，もういっぽうの電極はN^+拡散層になっています．その間はSiO_2による酸化膜で絶縁されており，ここで容量が形成されます．

この容量値Cは，

$$C = A\varepsilon_o\varepsilon_r/d$$

A：電極の対向面積，ε_o：真空の誘電率，ε_r：絶縁層の比誘電率，d：絶縁層の厚さと表されます．通常ε_rは4程度，dは10^{-8}～10^{-9}mくらいです．かりに$\varepsilon_r=4$，$d=5\times10^{-8}$ mとすると，$A=100\,\mu\text{m}\times100\,\mu\text{m}$としても，容量$C$は7 pF程度しか得られません．しかし，プロセスの進歩により絶縁層の膜厚dは徐々に薄くなってきており，同じ容量Cを得るのに少ない面積Aでできるようになってきています．

[特性]

特性は全般的に接合コンデンサよりも優れており，精度的には絶対精度で±5～20％，相対精度で±0.5～3％程度が得られます．ただし注意を要するのは拡散側(N^+)の電極に寄生容量が付くということです．

これを等価回路で表すと**図1.26**のようになります．これは図からわかるように，N^+拡散とサブストレートの間に容量が付くためです．またこの図ではN^+埋め込み層はありませんが，N^+埋め込み層を入れると直流抵抗は小さくなりますが，寄生容量はさらに大きくなります．このためコンデンサを対GNDで用いるときは，寄生容量の付いている端子をGND側になるように極性を決めます．

コラム　ダイオードの構造

本文中ではダイオードについてはとくに触れていませんが，ダイオードはトランジスタを利用して作ることができます．

トランジスタをダイオードとして用いるときの接続例を**図1.A**(a)～(d)に示します．図(a)のコレクタとベースをショートしたものがもっとも一般的で，順方向電圧 V_F がもっとも小さく，スピードももっとも速いのですが，逆耐圧が数Vしかないという欠点があります．

図(b)のエミッタとベースをショートしたものは，逆耐圧は数十Vと高くなりますが，サブストレートに寄生電流が流れるという欠点があります．図(c)のコレクタをオープンと，図(d)のエミッタをオープンも，図(b)と同様に寄生電流が流れます．寄生電流が流れると，予期しない寄生素子が働いて，回路が異常動作を起こすので，図(b)～(e)はできるだけ使用しないほうが無難です．

このほかに，**図1.B**に示すようにアノードがサブストレートに接続されるようなダイオードは，通常のNPNトランジスタよりも簡単な構造で実現することができます．これは，アノードのP側をサブストレートのP型基板と共通化することによって，アノード電極を省略させたものです．

アノードをサブストレートに接続するような使い方はほとんどありませんが，ICの外部に接続されるピンに入れる保護ダイオードなどに使われます．

図1.A　トランジスタを利用したダイオードの作り方

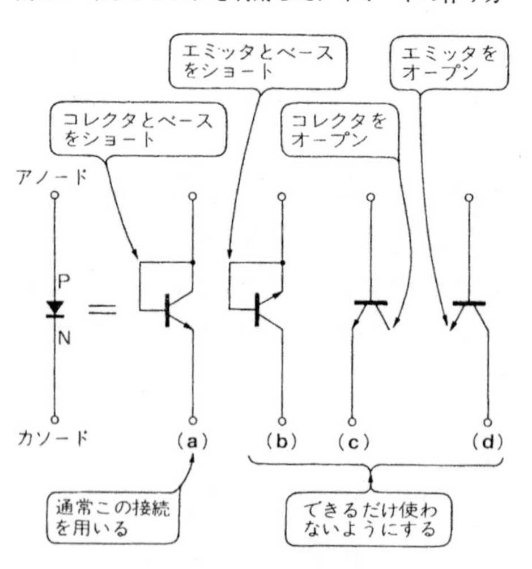

図1.B　アノードがサブストレートに接続されたダイオード

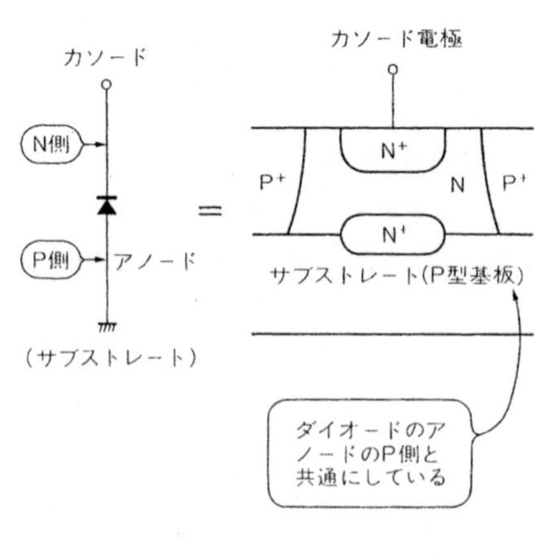

第2章　バイポーラICの基本回路

バイポーラICの回路設計は，基本的にはディスクリート回路の設計と同じですが，IC回路特有の考え方というものがあります．これを理解していないと，簡単な回路で済むものが不必要に複雑になってしまったり，ICに不向きな回路を設計してしまったりすることになります．

ここではIC内で使われるトランジスタの動作の考え方と，もっとも基本的でまた重要なカレント・ミラー回路と差動増幅回路について説明します．基本回路の説明ということで，第3章以降にくらべて数式が多く出てきますが，それは我慢してください．定性的な話で終わってしまうよりも，多少難しくても数式を使った回路解析にも慣れていれば，第3章以降の回路動作も理解しやいはずです．また未知の回路を見たときや自分で新しい回路を考えるときでも，より正確な回路動作をつかむことができるでしょう．

なおこれらの回路の大前提となっているのは，特性が完全にそろっていなければならないということです．IC内では同一チップ上にトランジスタがあるので，この特性が揃っている(ペア性が優れている)という点が非常に優れており，ディスクリート回路では期待できないことです．それゆえIC特有の回路が生まれてくるともいえ，第3章以降で紹介している回路にはIC回路としては動作するが，ディスクリート素子で同じ回路を組んでも正常な動作は期待できないというような回路が多数あります．

2.1　トランジスタの基本動作

● I_C–V_{BE} 特性

図2.1のような回路でトランジスタの I_C- V_{BE} 特性というと，**図2.2**のようなカーブを思い起こすでしょう．このカーブからもわかるように，トランジスタに適当な大きさのコレ

図2.1　トランジスタの電圧と電流

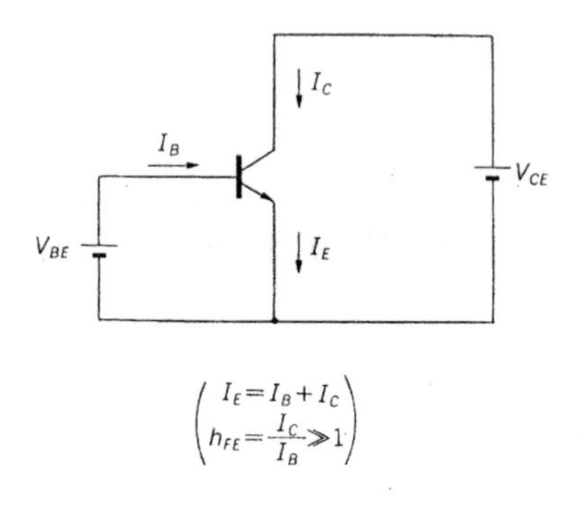

図2.2　I_C-V_{BE} 特性(リニア・スケール)

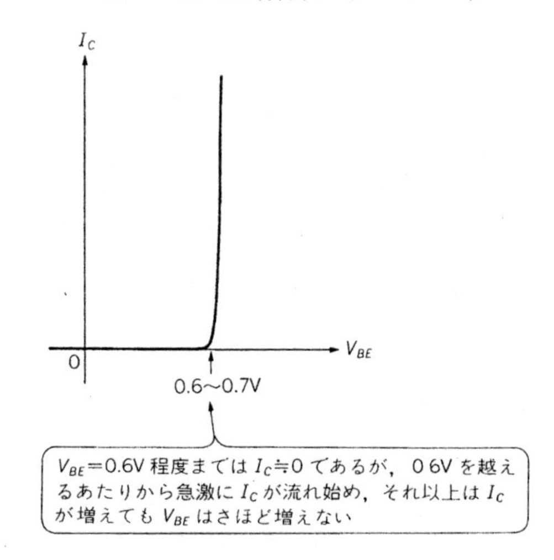

クタ電流I_Cが流れていれば，ベース-エミッタ間電圧V_{BE}はI_Cの大きさにかかわらず，0.6〜0.7V前後になると考えて差し支えありません．

ディスクリート回路を設計する場合でも，通常はトランジスタのV_{BE}とI_Cの一義的な関係を考慮に入れることはなく，たんにV_{BE}=0.6〜0.7Vとし，I_Cは他の条件で決めるのが普通です．

いっぽうIC回路では，このように考えることもありますが，必要に応じてV_{BE}とI_Cの関係を考えないと，回路動作がまったく理解できないこともあります．

図2.1においてI_CとV_{BE}の関係を式で表すと，近似的に，

$$I_C = I_S \cdot \exp(V_{BE}/V_T) \quad \cdots\cdots (2.1)$$

I_S：逆方向コレクタ飽和電流(10^{-12}〜10^{-18}A程度)

$V_T(kT/q)$：熱電圧(常温で約26mV)

k：ボルツマン定数，T：絶対温度，q：電子の単位電荷

あるいは，

$$V_{BE} = V_T \cdot \ln(I_C/I_S) \quad \cdots\cdots (2.2)$$

となります．

この式はIC回路を設計するうえでは非常に重要な式です．ディスクリート回路にないIC特有の回路というのは，この関係を積極的に用いたものが大半です．また(2.1)式を計算

図2.3 I_C-V_{BE} 特性(ログ・スケール)

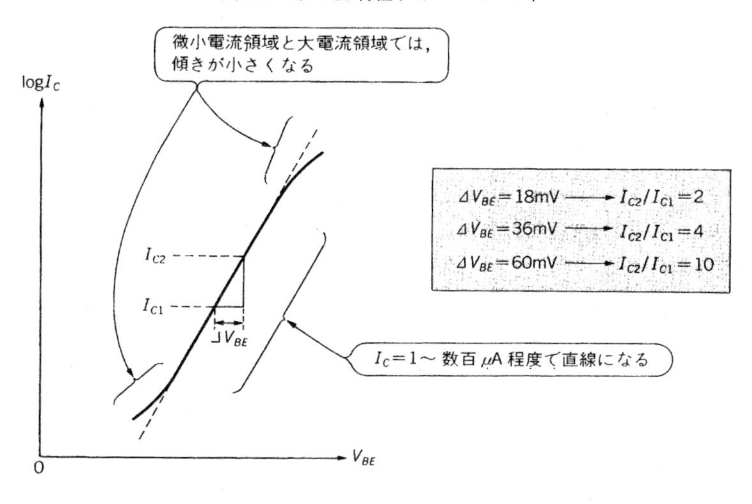

すればわかりますが，常温では V_{BE} が 18 mV 増加すると I_C は 2 倍に，36 mV 増加すると I_C は 4 倍に，60 mV 増加すると 10 倍になります．この関係は覚えておくと，なにかと便利です．

(2.1)式からわかるように，**図2.2**の I_C-V_{BE} 特性の縦軸 I_C を対数スケールにすると，**図2.3**にあるように特性カーブは直線になります．ただしこれらの関係が成り立つのはおおよそ 1～数百 μA で，微小電流領域や大電流領域では成立せずに，傾きが小さくなります．

● アーリ効果

図2.1において，I_B をパラメータとして I_C-V_{CE} 特性を見ると，**図2.4**のようになります．この図では同じ I_B でも V_{CE} が大きいほど I_C も大きくなっていますが，この現象をアーリ効果と言います．このそれぞれの線を，図のように負側に延長すると，$I_C=0$ 上の一点で交わりますが，この点の電圧(絶対値)をアーリ電圧 V_A と言います．

理想的なトランジスタは I_C が V_{CE} の影響を受けない，すなわちアクティブ領域の特性カーブの傾きが水平($V_A=\infty$)ということなので，V_A は大きければ大きいほど望ましいということになります．現実的に IC で使われるトランジスタの V_A は，数十～百数十 V です．

ところで，(2.1)式，(2.2)式にはこのアーリ効果は反映されていません．アーリ効果を考慮にいれると，(2.1)式，(2.2)式は，

$$I_C=(1+V_{CE}/V_A)\cdot I_S\cdot \exp(V_{BE}/V_T) \quad \cdots\cdots (2.3)$$

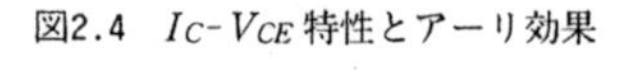

図2.4　I_C-V_{CE}特性とアーリ効果

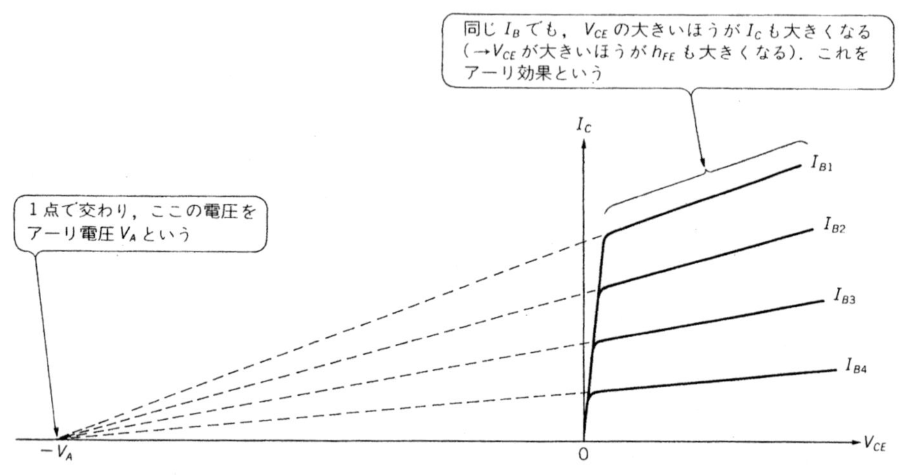

$$V_{BE}=V_T\cdot\ln\frac{I_C}{(1+V_{CE}/V_A)\cdot I_S} \quad \cdots\cdots (2.4)$$

となります．つまり，(2.1)式，(2.2)式は $V_A=\infty$ のときの式と考えることができます．

しかしながら，実際の設計で(2.3)式，(2.4)式を使うことはさほどありません．通常はペアとなるトランジスタの V_{CE} を等しくなるような設計をすれば，それで十分だからです．したがって，本書ではとくに断わりのない場合は，$V_A=\infty$ として扱っています．

● エミッタ面積比の考え方

ディスクリート・トランジスタになく，ICのトランジスタに特有の考え方に，エミッタ面積比というのがあります．

▶ NPNトランジスタ

NPNトランジスタの形状は**図2.5**(a)のようになっているのは先に述べたとおりですが，この図の灰色の部分の面積がエミッタ面積です．これに対して，同図(b)のような形状のトランジスタではエミッタが二つあるので，エミッタ面積も2倍になっています．つまり図(a)を基本サイズとすると，図(b)のトランジスタのエミッタ面積比 N は2ということになります．同様に**図2.5**(c)のようにエミッタは一つでも面積が2倍あれば，やはりエミッタ面積比 N は2ということになります．

このように基本サイズのトランジスタにくらべてエミッタ面積が2倍，つまり $N=2$ なので，その記号を**図2.6**(a)のようにエミッタの本数を2本にして書き表します．図(b)，(c)は

図2.5 NPNトランジスタの形状(エミッタ面積による違い)

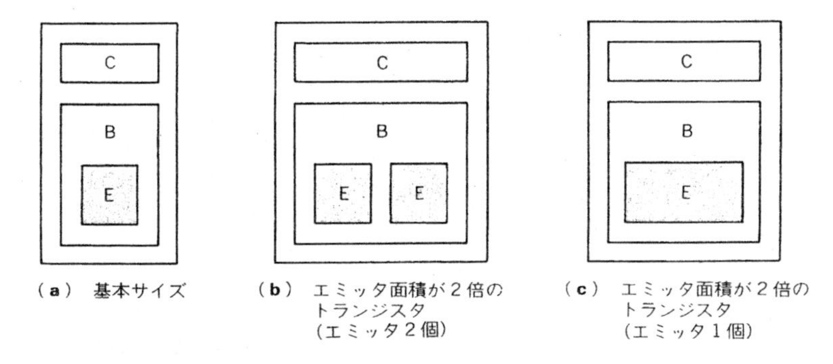

(a) 基本サイズ　(b) エミッタ面積が2倍のトランジスタ(エミッタ2個)　(c) エミッタ面積が2倍のトランジスタ(エミッタ1個)

図2.6 トランジスタ記号のエミッタ面積比の表現(NPNトランジスタ)

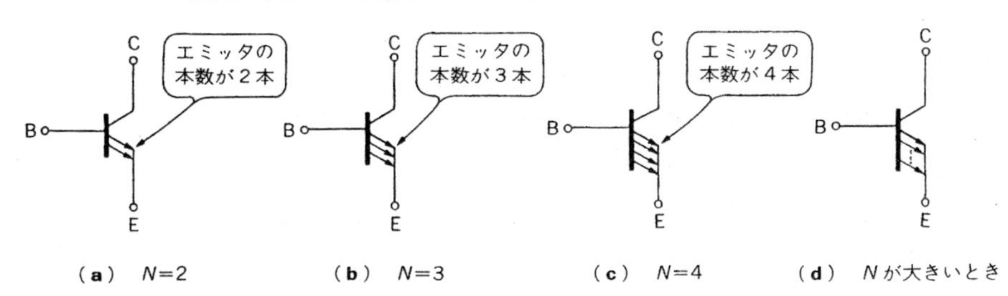

(a) $N=2$　(b) $N=3$　(c) $N=4$　(d) Nが大きいとき

それぞれNが3と4の場合です．Nが大きくなると全部は書ききれないので，図(d)のようにします．ただし常にこのように書くとは限らず，Nの値にかかわらずエミッタの本数を1本としたり，適当な本数で表すこともあります．

▶エミッタ面積比のI_C-V_{BE}特性への影響

(2.1)式，(2.2)式にエミッタ面積比Nは出てきていませんが，これはNがこの式に影響しないのではなく，$N=1$の場合の式に相当するものだからです．Nを考慮に入れるとこれらの式は，

$$I_C=N\cdot I_S\cdot\exp(V_{BE}/V_T) \quad\cdots\cdots (2.5)$$

$$V_{BE}=V_T\cdot\ln\{I_C/(N\cdot I_S)\} \quad\cdots\cdots (2.6)$$

となります．またアーリ効果も考慮すると，(2.3)式，(2.4)式より，

$$I_C=N\cdot(1+V_{CE}/V_A)\cdot I_S\cdot\exp(V_{BE}/V_T) \quad\cdots\cdots (2.7)$$

$$V_{BE}=V_T\cdot\ln\frac{I_C}{N(1+V_{CE}/V_A)\cdot I_S} \quad\cdots\cdots (2.8)$$

図2.7
エミッタ面積比と V_{BE}, I_Cの関係

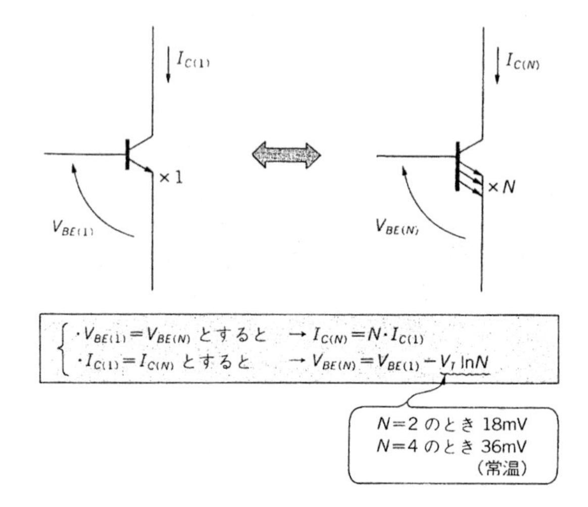

となります．つまりエミッタ面積が N 倍になれば，同じ V_{BE} ならば I_C も N 倍になり，同じ I_C ならば V_{BE} は $V_T \cdot \ln N$ だけ小さくなります．このようすを**図2.7**に示します．

▶横型PNPトランジスタ

横型PNPトランジスタで $N=1$ としたときの形状を**図2.8**(a)に，$N=2$ としたときの形状を**図2.8**(b)に示しますが，このとき注意しなくてはならないのは，**図2.8**(c)，(d)のような形状では $N=2$ として(2.5)式～(2.8)式には適用できないということです．NPNトランジスタではエミッタ面積比を N とすると(2.5)式～(2.8)式が成り立ちましたが，横型PNPトランジスタではこの N に相当するのはエミッタ面積比ではなく，有効エミッタ周囲長の比であるということです．

したがって**図2.8**(b)では基本サイズに対してエミッタ周囲長は2倍になっていますが，同図(c)では見かけのエミッタ周囲長は2倍になっているものの，有効に働いている部分は2倍になっていないので，N は2よりも小さくなってしまいます．また同図(d)ではエミッタ周囲長は基本サイズの1.5倍しかないので，N はほぼ1.5ということになってしまいます．

このようにNPNトランジスタでエミッタ面積比 N に相当するのが，横型PNPトランジスタでは有効エミッタ周囲長ということになります．ただし本文ではこれを正確に使い分けてはおらず，一律にエミッタ面積比 N として扱っています．これは，このような注意を必要とするのはマスク・パターンを設計するときの話であり，回路設計のときにはそこまで使い分ける必要はないからです．

図2.8 横型PNPトランジスタの形状

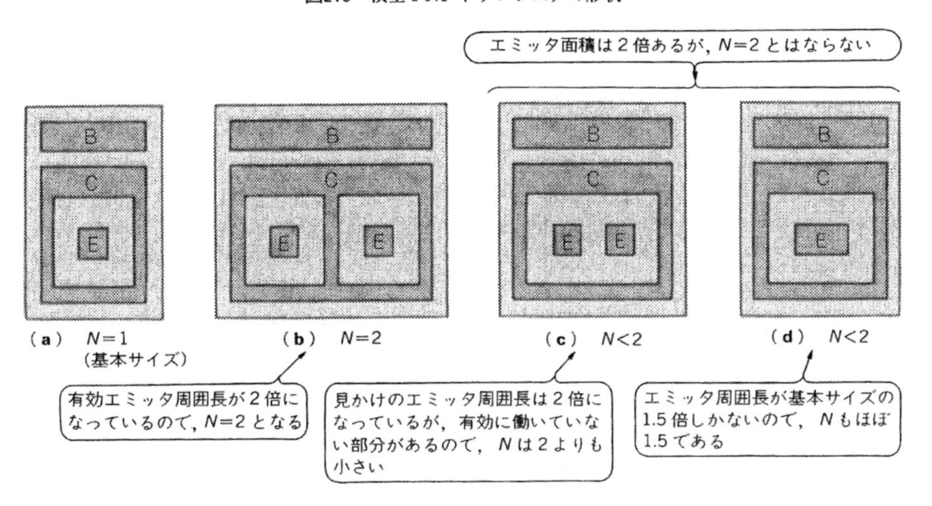

2.2 カレント・ミラー回路

カレント・ミラー回路は，IC回路の中ではもっとも基本的かつ重要な回路といえ，カレント・ミラーを使わずにIC回路を設計するのは不可能といっても過言ではありません．ディスクリート回路でもカレント・ミラーは使いますが，IC回路で使うカレント・ミラーのほうがはるかに広い用途に使えます．

ここで説明するのはカレント・ミラー回路の基本的な考え方で，種々のカレント・ミラー回路の基本となる回路です．ベース電流補償タイプやアーリ効果対策をしたカレント・ミラー回路，その他種々のカレント・ミラー回路については別に章を設けて説明しますので，そちらを参照してください．

● 基本的なカレント・ミラー回路

もっとも基本的なカレント・ミラー回路は**図2.9**に示すように，トランジスタ2素子だけからなるものです．これは二つのトランジスタの特性が揃っている，ICならではの使い方で，ディスクリート・トランジスタではこのような使い方はできません．

▶入出力特性

まず入力電流I_{in}を流し込んだとき，出力電流I_{out}がどうなるかを求めてみましょう．

Q_1とQ_2のV_{BE}をそれぞれV_{BE1}，V_{BE2}，I_CをI_{C1}，I_{C2}とし，アーリ効果も考慮に入れると，(2.4)式より，

図2.9　もっとも基本的なカレント・ミラー回路

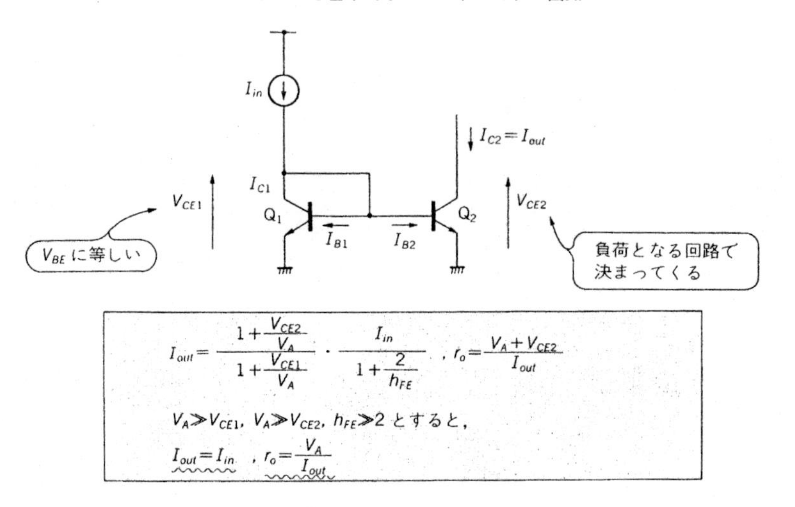

$$V_{BE1}=V_T\cdot\ln\frac{I_{C1}}{(1+V_{CE1}/V_A)\cdot I_S} \qquad\cdots\cdots\cdots\cdots (2.9)$$

$$V_{BE2}=V_T\cdot\ln\frac{I_{C2}}{(1+V_{CE2}/V_A)\cdot I_S} \qquad\cdots\cdots\cdots\cdots (2.10)$$

となります．回路から$V_{BE1}=V_{BE2}$なので，(2.9)式，(2.10)式よりI_{out}をI_{C1}で表すと，

$$I_{out}=I_{C2}=A_{21}\cdot I_{C1} \qquad\cdots\cdots\cdots\cdots (2.11)$$

ただし，$A_{21}=\dfrac{1+V_{CE2}/V_A}{1+V_{CE1}/V_A}$

ここでV_{CE1}，V_{CE2}はQ_1，Q_2のV_{CE}

となります．いっぽう，I_{in}とI_{C1}，I_{B1}，I_{B2}の関係は，

$$\begin{aligned}I_{in}&=I_{C1}+I_{B1}+I_{B2}\\&=(1+2/h_{FE})\cdot I_{C1} \qquad\cdots\cdots\cdots\cdots (2.12)\end{aligned}$$

$(\because I_{B1}=I_{B2},\ I_{C1}=h_{FE}I_{B1})$

なので，(2.11)式，(2.12)式より，

$$I_{out}=A_{21}\cdot\{I_{in}/(1+2/h_{FE})\} \qquad\cdots\cdots\cdots\cdots (2.13)$$

が得られ，この式が**図2.9**のカレント・ミラーの入出力関係を表していることになります．また通常は，$h_{FE}\gg 2$，$A_{21}=1\{V_A\gg V_{CE1}(=V_{BE}),\ V_{CE2}\}$と考えて差し支えないので，(2.13)式にこれを適用すると，

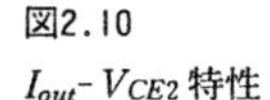

図2.10
I_{out}-V_{CE2}特性

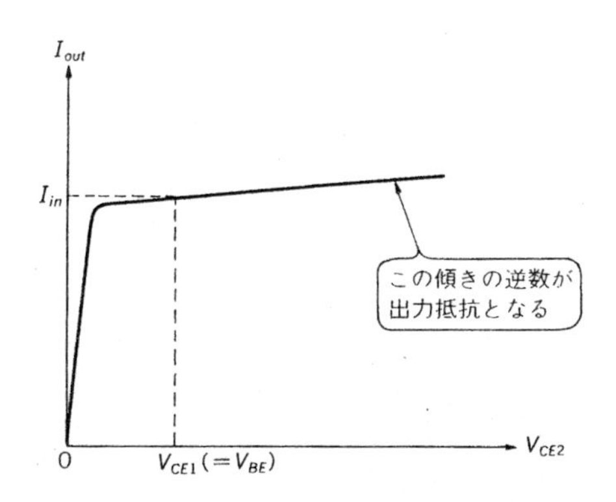

$$I_{out}=I_{in} \qquad (2.14)$$

となり，入力電流 I_{in} と出力電流 I_{out} は等しいことがわかります．

▶出力抵抗

Q_2のコレクタ電位 V_{CE2} が変化すると，(2.13)式からもわかるように，出力電流 I_{out} も変化し，**図2.10**のような特性になります．この傾きが出力コンダクタンス g_m ですが，その逆数が出力抵抗 r_o です．当然カレント・ミラーの出力というのは電流出力なので，出力抵抗は大きい(水平に近い)ほうが理想的です．

r_o を求めるには g_m を求めてその逆数をとればよく，g_m はその定義より，(2.13)式の I_{out} を V_{CE2} で微分して，

$$r_o=1/g_m=\Delta I_{out}/\Delta V_{CE2}=(1+2/h_{FE})\cdot\{(V_A+V_{CE1})/I_{in}\} \qquad (2.15)$$

と求められます．また(2.13)式を用いて r_o を I_{out} で表すと，h_{FE} が消えて，

$$r_o=(V_A+V_{CE2})/I_{out} \qquad (2.16)$$

となり，$V_A \gg V_{CE2}$ とすれば，

$$r_o=V_A/I_{out} \qquad (2.17)$$

とたいへんすっきりした式になります．

つまり出力抵抗は，アーリ電圧 V_A を出力電流 I_{out} で割った値であるというわけです．そして出力抵抗はできるだけ大きいほうが望ましいので，アーリ電圧もできるだけ高いほうが望ましいということになります．

● エミッタ面積比を利用したカレント・ミラー回路

ディスクリート・トランジスタになくIC特有のものにエミッタ面積というのがあるのは先に述べたとおりですが，これを利用すると簡単に出力電流がエミッタ面積比倍された

図2.11 エミッタ面積比を利用したカレント・ミラー回路

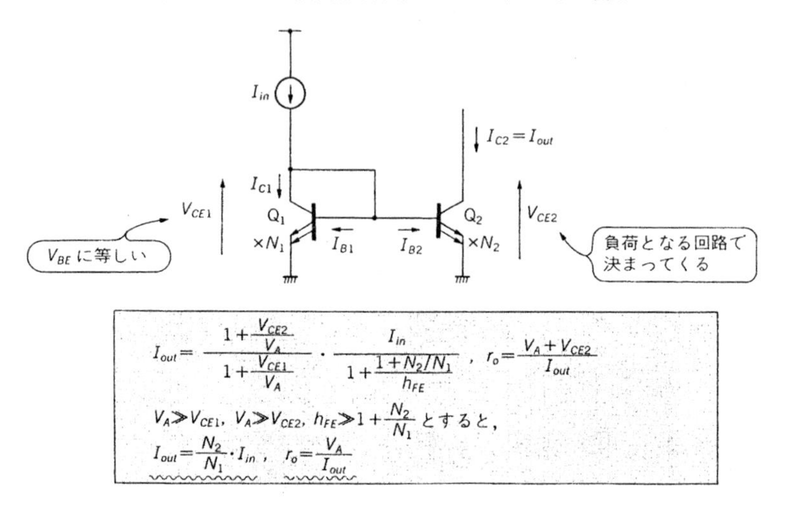

カレント・ミラー回路が作れます.

図2.11がそれで,**図2.9**の回路とまったく同じで,Q_1,Q_2のエミッタ面積を変えているだけです.こうすると,Q_1,Q_2のV_{BE}は(2.8)式より,

$$V_{BE1}=V_T\cdot\ln\frac{I_{C1}}{N_1(1+V_{CE1}/V_A)\cdot I_S} \qquad (2.18)$$

$$V_{BE2}=V_T\cdot\ln\frac{I_{C2}}{N_2(1+V_{CE2}/V_A)\cdot I_S} \qquad (2.19)$$

となります.また,I_{in}とI_{C1},I_{B1},I_{B2}の関係は,

$$\begin{aligned}I_{in}&=I_{C1}+I_{B1}+I_{B2}\\&=[1+\{(1+N_2/N_1)/h_{FE}\}]\cdot I_{C1} \qquad (2.20)\end{aligned}$$

$$[\because I_{B1}=(N_2/N_1)\cdot I_{B2},\ I_{C1}=h_{FE}\cdot I_{B1}]$$

なので,(2.18)式~(2.20)式よりI_{out}を求めると($V_{BE1}=V_{BE2}$),

$$I_{out}=I_{C2}=\frac{N_2}{N_1}\cdot A_{21}\cdot\frac{I_{in}}{1+\frac{1+N_2/N_1}{h_{FE}}} \qquad (2.21)$$

となります.この式が**図2.11**のエミッタ面積比をもたせたカレント・ミラーの入出力関係を表していることになります.また$h_{FE}\gg 1+(N_2/N_1)$,$A_{21}=1\{V_A\gg V_{CE1}(=V_{BE}),\ V_{CE2}\}$とすると,

図2.12 エミッタ面積比を利用したカレント・ミラー回路の具体例

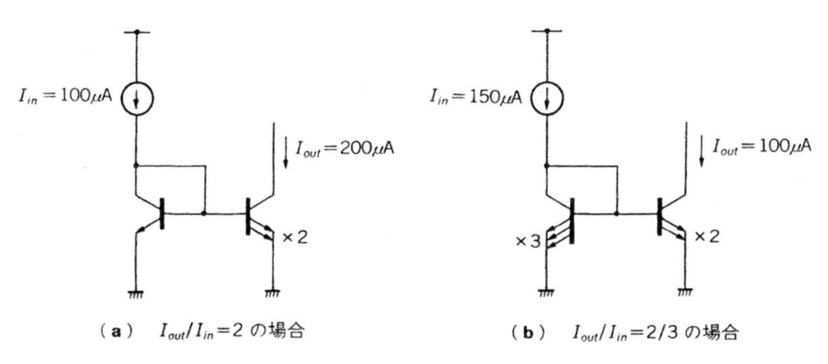

(a) $I_{out}/I_{in}=2$ の場合　　(b) $I_{out}/I_{in}=2/3$ の場合

$$I_{out}=(N_2/N_1)\cdot I_{in} \quad \cdots\cdots (2.22)$$

となり，I_{out} は I_{in} をたんに N_2/N_1 倍した大きさになることがわかります．

なお $N_1=N_2=1$ というのが**図2.9**の場合に相当します．また N_2/N_1 の大きさは，特別な場合を除いて5程度以上にすることはあまりありません．これが大きくなると，$h_{FE}\gg 1+(N_2/N_1)$ が成り立たなくなり，(2.22)式が使えなくなるからです．

出力抵抗は，**図2.9**のときと同様にして求められ，

$$r_o=\{1+(1+N)/h_{FE}\}\cdot\{(V_A+V_{BE})/I_{in}\}$$
$$=(V_A+V_{BE2})/I_{out} \quad \cdots\cdots (2.23)$$

となり，**図2.9**の場合とまったく同じになります．同様に $V_A\gg V_{CE2}$ とすれば，

$$r_o=V_A/I_{out} \quad \cdots\cdots (2.24)$$

となります．(2.23)式，(2.24)式は(2.16)式，(2.17)式とまったく同じで，エミッタ面積を利用したカレント・ミラー回路でも，**図2.9**のカレント・ミラー回路となんら変わらないことがわかります．

たとえば**図2.12**(a)の回路では，$V_A=100$ V とすると(2.22)式，(2.24)式より，$I_{out}=200$ μA，$r_o=500$ kΩ，同図(b)では $I_{out}=100$ μA，$r_o=1$ MΩ と計算されます．

● エミッタ抵抗を入れたカレント・ミラー回路

電圧にとくに余裕がないときを除いては，**図2.9**や**図2.11**の回路をそのまま使うよりも，**図2.13**のようにエミッタ抵抗を入れて使うほうが一般的です．このようにする理由は，以下のように3点あります．

まず第一は，エミッタに抵抗を入れたほうが，アーリ効果の影響を小さくできるという点です．つまり，Q_2の出力抵抗を大きくでき，より定電流性がよくなるということです．

図2.13　エミッタ抵抗を入れたカレント・ミラー回路

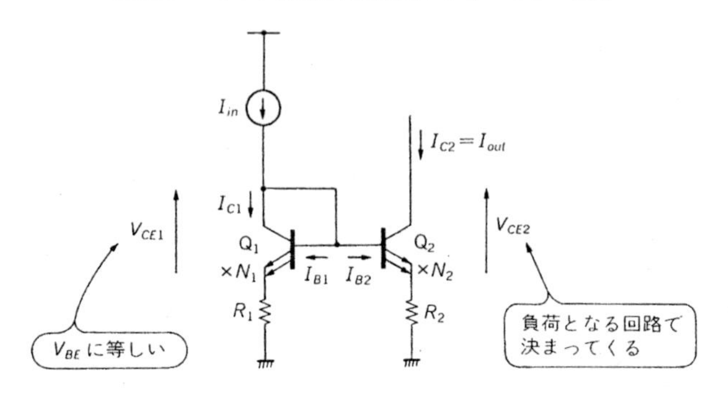

［入出特性］

$$V_T \ln \frac{I_{C1}}{N_1\left(1+\dfrac{V_{CE1}}{V_A}\right)}+\frac{h_{FE}+1}{h_{FE}}\cdot I_{C1}\cdot R_1$$

$$=V_T \ln \frac{I_{C2}}{N_2\left(1+\dfrac{V_{CE2}}{V_A}\right)}+\frac{h_{FE}+1}{h_{FE}}\cdot I_{C2}\cdot R_2$$

$V_A \gg V_{CE1}$，$V_A \gg V_{CE2}$，$h_{FE} \gg 1$ とすると，

$$V_T \ln \frac{I_{in}}{N_1}+I_{in}\cdot R_1=V_T \ln \frac{I_{out}}{N_2}+I_{out}\cdot R_2$$

→このまま解くことはできない

(1) $R_1=0$ の時，

$$R_2=\frac{V_T}{I_{out}}\ln\left(\frac{N_2}{N_1}\cdot\frac{I_{in}}{I_{out}}\right)$$

(2) $R_2=0$ の時，

$$I_{out}=\frac{N_2}{N_1}\cdot I_{in}\cdot \exp\left(\frac{I_{in}\cdot R_1}{V_T}\right)$$

(3) $N_1R_1=N_2R_2$ の時，

$$I_{out}=\frac{N_2}{N_1}\cdot I_{in}$$

(4) R_1，R_2 の電圧降下が大きい時(数百 mV 以上)

$$I_{out}=\frac{R_1}{R_2}\cdot I_{in}$$

［出力抵抗］

$$r_0=\left(1+\frac{1+h_{FE}}{h_{FE}}\cdot\frac{I_{C2}\cdot R_2}{V_T}\right)\cdot\frac{V_A+V_{CE2}}{I_{C2}}$$

$V_A \gg V_{CE2}$，$h_{FE} \gg 1$ とすると，

$$r_0=\left(1+\frac{I_{out}\cdot R_2}{V_T}\right)\cdot\frac{V_A}{I_{C2}}$$

第二は，抵抗を異なる値にすることにより，入出力電流比を任意に設定できるからです．エミッタ面積比だけで得られる入出力電流比では，限られた値しか得れらません．

第三は，V_{BE} 誤差よりも抵抗のペア性誤差のほうが小さいという点によるものです．つまりエミッタ抵抗を入れたほうが，精度が高く取れるということです．

▶入出力特性

図2.13の回路において，Q_1，Q_2の V_{BE} については(2.18)式，(2.19)式と同じになり，また R_1，R_2 の両端に発生する電圧 V_{R1}，V_{R2} は，

$$V_{R1}=\{(h_{FE}+1)/h_{FE}\}\cdot I_{C1}R_1 \quad \cdots\cdots (2.25)$$

$$V_{R2}=\{(h_{FE}+1)/h_{FE}\}\cdot I_{C2}R_2 \quad \cdots\cdots (2.26)$$

です．ここで，

$$V_{BE1}+V_{R1}=V_{BE2}+V_{R2} \quad \cdots\cdots (2.27)$$

なので，(2.18)式，(2.19)式，(2.25)式～(2.27)式より，つぎの式が得られます．

$$V_T\cdot\ln\frac{I_{C1}}{N_1\cdot(1+V_{CE1}/V_A)}+\frac{h_{FE}+1}{h_{FE}}\cdot I_{C1}R_1$$

$$=V_T\cdot\ln\frac{I_{C2}}{N_2\cdot(1+V_{CE2}/V_A)}+\frac{h_{FE}+1}{h_{FE}}\cdot I_{C2}R_2 \quad \cdots\cdots (2.28)$$

が得られます．また，

$$I_{in}=\{(h_{FE}+1)/h_{FE}\}I_{C1}+I_{C2}/h_{FE} \quad \cdots\cdots (2.29)$$

$$I_{out}=I_{C2} \quad \cdots\cdots (2.30)$$

です．

残念ながら(2.28)式は超越式なので，文字式のままこれ以上求めるのは無理で，あとは実際に数値を入れてニュートン法などの数値計算で求めるしかありません．ただし，h_{FE} が1よりも十分大きい($h_{FE}\gg1$)とすると，特定の条件下では計算が可能になります．この時，(2.28)式～(2.31)式は一つにまとめられ，つぎのようになります．

$$V_T\cdot\ln\frac{I_{in}}{N_1\cdot(1+V_{CE1}/V_A)}+I_{in}R_1$$

$$=V_T\cdot\ln\frac{I_{out}}{N_2\cdot(1+V_{CE2}/V_A)}+I_{out}R_2 \quad \cdots\cdots (2.31)$$

以下，特定の条件下で入出力関係がどうなるのか求めてみます．

① $R_1=0$ のとき

R_1 がないと，I_{in} と I_{out} が与えられたときに，R_2 を求めることができます．これは(2.31)

図2.14　エミッタ抵抗を入れたカレント・ミラー回路の具体例

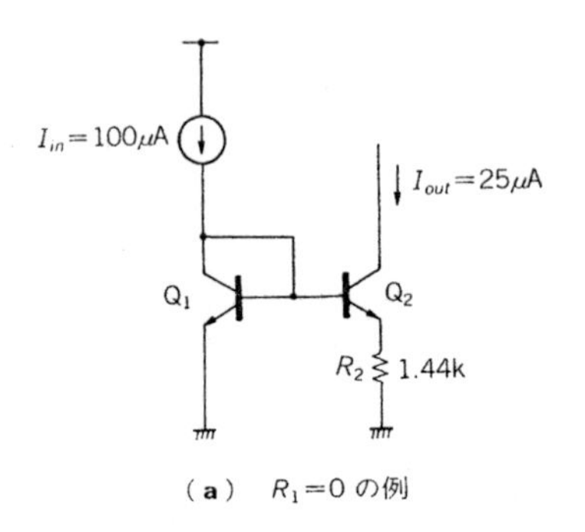

(a)　$R_1=0$ の例

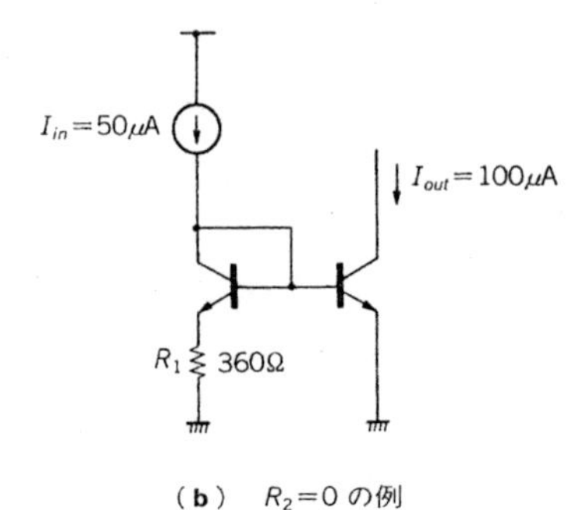

(b)　$R_2=0$ の例

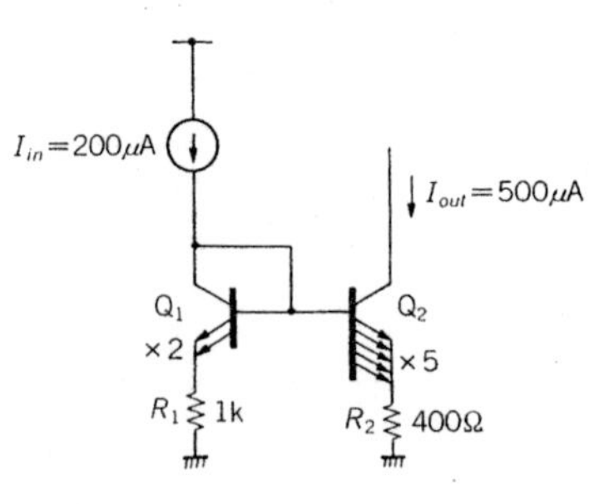

(c)　$N_1 \cdot R_1 = N_2 \cdot R_2$ の例

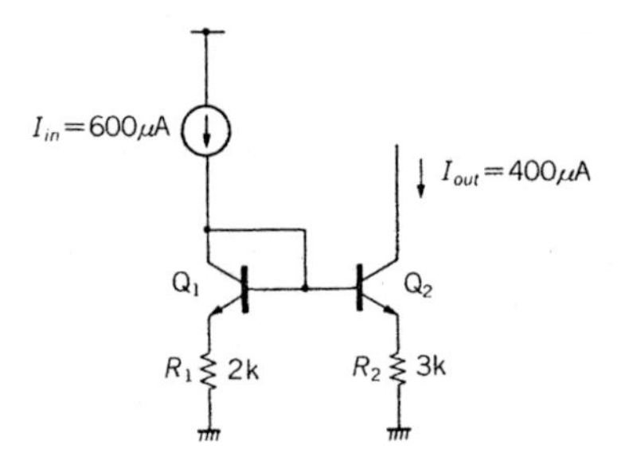

(d)　エミッタ抵抗の電圧降下を大きくとった例

式に $R_1=0$ を代入して，R_2 について求めると，

$$R_2=(V_T/I_{out})\cdot\ln\{A_{21}\cdot(N_2/N_1)(I_{in}/I_{out})\} \quad \cdots\cdots (2.32)$$

となります．$A_{21}=1\{V_A \gg V_{CE1}(=V_{BE}),\ V_{CE2}\}$ とすると，

$$R_2=(V_T/I_{out})\cdot\ln\{(N_2/N_1)(I_{in}/I_{out})\} \quad \cdots\cdots (2.33)$$

となります．

$R_1=0$ では通常 $I_{in}>I_{out}$ となるので，出力電流を小さくして取り出すときに使われます．**図2.14**(a)は，$N_1=N_2=1$ で $I_{in}=100\,\mu$A，$I_{out}=25\,\mu$A となるようなカレント・ミラーの回路例です．

② $R_2=0$ の時

R_2 がないと，I_{in} から I_{out} が求められます．(2.31)式に $R_2=0$ を代入して，I_{out} について求めると，

$$I_{out}=A_{21}\cdot(N_2/N_1)\cdot I_{in}\cdot\exp(I_{in}\cdot R_1/V_T) \quad \cdots\cdots (2.34)$$

となり，$A_{21}=1\{V_A \gg V_{CE1}(=V_{BE}),\ V_{CE2}\}$ とすると，

$$I_{out}=(N_2/N_1)\cdot I_{in}\cdot \exp(I_{in}\cdot R_1/V_T) \qquad (2.35)$$

となり，I_{out} は R_1 の指数的に比例することがわかります．

$R_2=0$ では通常 $I_{in}<I_{out}$ となるので，出力電流を大きくして取り出すときに使われます．ただし I_{out}/I_{in} が大きくなるにつれてベース電流による誤差が大きくなるので，通常は I_{out}/I_{in} は5程度以上にすることはありません．

図2.14(b)は，$I_{in}=50\ \mu$A，$I_{out}=100\ \mu$A となるようなカレント・ミラーの回路例です．

③ $N_1\cdot R_1=N_2\cdot R_2$ の時（$R_1\neq0$，$R_2\neq0$）

$V_A \gg V_{CE1}$，V_{CE2} として，$N_1\cdot R_1=N_2\cdot R_2$ を(2.31)式に適用すると，

$$V_T\cdot \ln(I_{in}/N_1)+I_{in}\cdot R_1=V_T\cdot \ln(I_{out}/N_2)+(N_1/N_2)\cdot I_{out}\cdot R_2 \qquad (2.36)$$

となります．ここで，

$$I_{out}=(N_2/N_1)\cdot I_{in} \qquad (2.37)$$

とすると，(2.36)式が恒等的に成り立つことがわかります．つまり $N_1\cdot R_1=N_2\cdot R_2$ が成り立っていれば，入力電流と出力電流の関係は(2.37)式のようになるわけです．

$N_1\cdot R_1=N_2\cdot R_2$ が成立しているカレント・ミラーの特徴は，入力電流と出力電流の比 I_{out}/I_{in} が電流(I_{in} あるいは I_{out})に依存せず一定だということです．$R_1=0$ や $R_2=0$ のカレント・ミラーでは，I_{out}/I_{in} は電流により変化してしまいます．またエミッタ面積比とエミッタ抵抗を適当に選ぶことにより，$I_{in}<I_{out}$ でも $I_{in}>I_{out}$ でも自由に設定できます．ただしベース電流補償を行わない限り，I_{out}/I_{in} をあまり大きくできないのはこれまでと同じです．

図2.14(c)は $I_{in}=200\ \mu$A に対して $I_{out}=500\ \mu$A が出力されるカレント・ミラーで，$N_2/N_1=R_1/R_2=2.5$ となっています．

④ R_1，R_2 の電圧降下が大きいとき

エミッタ抵抗R_1．R_2 の電圧降下が大きくなると，I_{in}，I_{out} の電流比はエミッタ抵抗比が支配的になります．(2.31)式を変形すると，

$$V_T\cdot \ln\{A_{21}\cdot (N_2/N_1)(I_{in}/I_{out})\}+I_{in}\cdot R_1-I_{out}\cdot R_2=0 \qquad (2.38)$$

となります．ここで現実的な値(I_{in}，I_{out}＝数 μ～数百 μA，N_1，N_2＝1～10)を想定すると，第一項(指数項)は数十 mV 程度なので，これよりも第二項($I_{in}\cdot R_1$)と第三項($I_{out}\cdot R_2$)を十分大きく設定すれば，第一項は無視できるようになります．すなわち，

$$I_{in}\cdot R_1-I_{out}\cdot R_2=0$$

$$\rightarrow\ I_{out}=(R_1/R_2)\cdot I_{in} \qquad (2.39)$$

図2.15
エミッタ抵抗の電圧降下による出力抵抗の変化

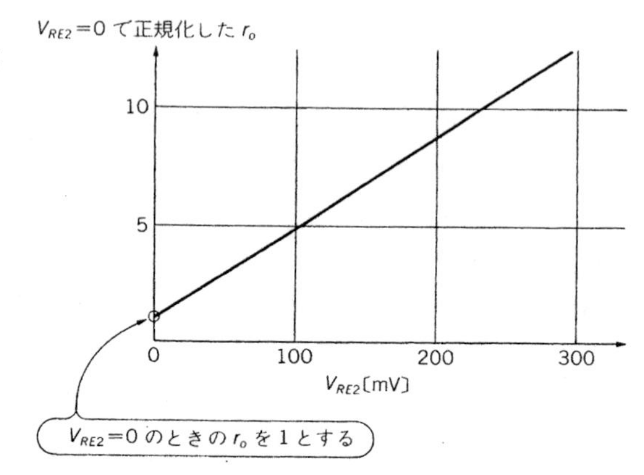

となるわけです．

このことはすなわち，エミッタ電圧降下を大きく設定すれば，R_1とR_2の抵抗比だけでI_{in}とI_{out}の比が決まるということで，ペア性のとれないディスクリート回路のカレント・ミラーはすべてこの考え方に基づいているものです．

エミッタ抵抗の電圧降下は数百mV以上取れば，ほぼ(2.39)式はほぼ成り立つと考えてよく，**図2.14**(d)にこの例を示します．

▶出力抵抗

出力電位(Q_2のコレクタ電位)が変化すると出力電流も変化しますが，この出力電位変化/出力電流変化が出力抵抗r_oです．したがってr_oを求めるには出力電流を出力電位で微分すればよいのですが，出力電位は$V_{CE2}+V_{R2}$であり，簡単には求められません．そこでここでは，近似的に出力電位をV_{CE2}としてr_oを求めます．

(2.28)式をV_{CE2}で微分してr_oについて求めると，

$$r_o=\Delta V_{CE2}/\Delta I_{out}$$
$$=[1+\{(h_{FE}+1)/h_{FE}\}(I_{C2}\cdot R_2/V_T)]\{(V_A+V_{CE2})/I_{C2}\} \quad\cdots\cdots\quad (2.40)$$

となり，$h_{FE}\gg 1$，$V_A\gg V_{CE2}$とすれば，(2.40)式は，

$$r_o=\{1+(I_{out}\cdot R_2/V_T)\}(V_A/I_{out}) \quad\cdots\cdots\quad (2.41)$$

となります．

(2.38)式を(2.17)式とくらべるとわかるように，エミッタ抵抗があると，ない場合のr_oにくらべて$\{1+(I_{out}\cdot R_2/V_T)\}$倍の大きさになっていることがわかります．$I_{out}\cdot R_2$というのは$R_2$の電圧降下に等しいので，ここでの電圧降下を$V_T$(常温で26 mV)にくらべてどの

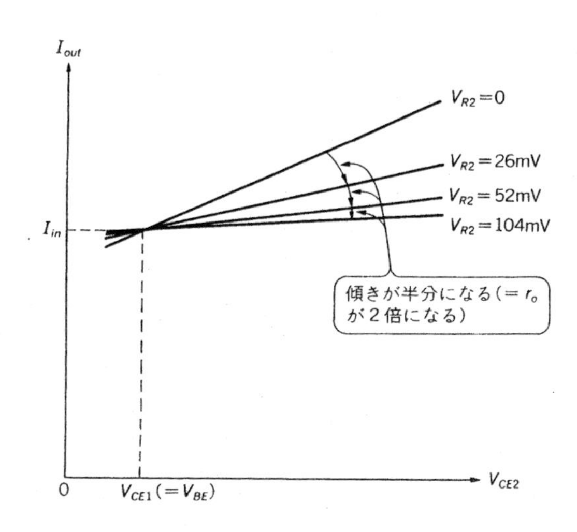

図2.16
エミッタ抵抗の電圧降下によるI_{out}-V_{CE2}特性の変化

くらいとるかということで，r_oは決まってくるわけです．

R_2の電圧降下V_{RE2}でr_oがどのように変化するかを表したのが**図2.15**です．これは$V_{RE2}=0$(エミッタ抵抗$=0$)のときのr_oで正規化して，V_{RE2}でr_oがどのように変化するかを表したものです．

また**図2.16**はV_{RE2}をパラメータとして，I_{out}とV_{CE2}の関係を表したものです．V_Aの大きさにもよりますが，R_2での電圧降下は100 mV以上とったほうがよいことがわかります．

2.3 差動増幅回路

IC回路においては，エミッタ接地増幅回路よりも差動増幅回路のほうがよく使われます．これはIC回路では各増幅段が直結されるのが一般的で，そのため直結しやすい差動増幅回路が使われるためです．

ここでは差動増幅回路の動作の詳細を見ていきましょう．

● 基本的な差動増幅回路

差動増幅回路と一口に言ってもいろいろな種類のものがありますが，ここではそのもっとも基本となる**図2.17**のような差動増幅回路について見ていきましょう．

▶直流特性を求める

差動増幅回路でもその動作を見るときは，(2.1)式～(2.8)式が基本となります．V_{in}～V_{BE1}～V_{BE2}のループで電圧の式を立ててみると，

図2.17　もっとも基本的な差動増幅回路

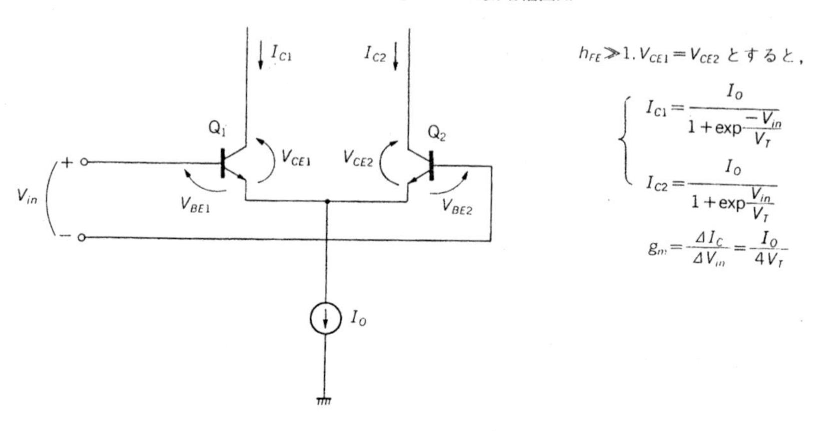

$$V_{in}-V_{BE1}+V_{BE2}=0 \qquad \cdots\cdots (2.39)$$

なので，これに V_{BE} と I_C の関係式(2.4)式を代入して，

$$V_{in}-V_T\cdot\ln\frac{I_{C1}}{\{1+(V_{CE1}/V_A)\}\cdot I_S}+V_T\cdot\ln\frac{I_{C2}}{\{1+(V_{CE2}/V_A)\}\cdot I_S}=0 \qquad \cdots\cdots (2.40)$$

となります．いっぽう，I_{C1}，I_{C2} と I_o の関係は，

$$\{(h_{FE}+1)/h_{FE}\}(I_{C1}+I_{C2})=I_o \qquad \cdots\cdots (2.41)$$

なので，(2.40)式，(2.41)式より I_{C1}，I_{C2} について求めると，

$$I_{C1}=\frac{h_{FE}}{h_{FE}+1}\cdot\frac{I_o}{A_{21}\cdot\exp(-V_{in}/V_T)+1} \qquad \cdots\cdots (2.42a)$$

$$I_{C2}=\frac{h_{FE}}{h_{FE}+1}\cdot\frac{I_o}{A_{12}\cdot\exp(V_{in}/V_T)+1} \qquad \cdots\cdots (2.42b)$$

ただし，$A_{21}=\dfrac{1+V_{CE2}/V_A}{1+V_{CE1}/V_A}$，$A_{12}=\dfrac{1+V_{CE1}/V_A}{1+V_{CE2}/V_A}$

が得られます．通常は $h_{FE}\gg 1$，$A_{12}=A_{21}=1(V_A\gg V_{CE1},\ V_{CE2})$ と考えてよいので，(2.42a)式，(2.42b)式は，

$$I_{C1}=\frac{I_o}{\exp(-V_{in}/V_T)+1} \qquad \cdots\cdots (2.43a)$$

$$I_{C2}=\frac{I_o}{\exp(V_{in}/V_T)+1} \qquad \cdots\cdots (2.43b)$$

図2.18 I_{C1}, I_{C2}-V_{in} 特性

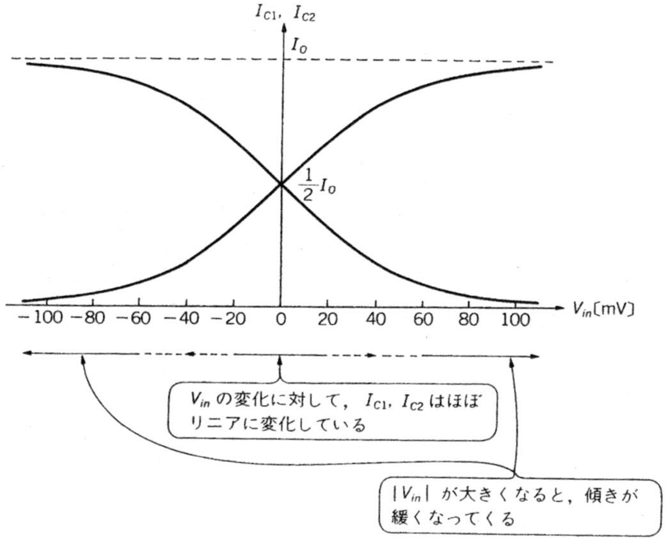

となります．

(2.43a)式，(2.43b)式が差動増幅回路の直流動作の基本式です．この式をもとに V_{in} に対して，I_{C1}, I_{C2} がどのように変化するかを表したのが**図2.18**です．V_{in} が数十 mV 以下では，V_{in} に対して I_{C1}, I_{C2} はほぼリニアに変化していますが，$|V_{in}|$ が大きくなると傾きは緩くなってきます．つまりこの回路では，扱える入力信号の大きさは数十 mV までだということです．

▶コンダクタンスを求める

差動増幅回路はその名のとおり増幅器ですから，利得がどのくらいあるかが重要になってきます．利得を求めるときに使うのが，このコンダクタンス g_m です．

コンダクタンス g_m とは，入力電圧変化に対する出力電流変化で，**図2.18**の曲線の傾きに相当します．したがって(2.42a)式，(2.42b)式を V_{in} で微分すればよく，

$$g_{m1}=\Delta I_{C1}/\Delta V_{in}$$

$$=A_{21}\cdot\frac{I_{C1}}{V_T}\cdot\frac{1}{\{A_{21}\cdot\exp(-V_{in}/V_T)+1\}\cdot\exp(-V_{in}/V_T)} \quad \cdots\cdots\cdots\cdots\cdots \quad (2.44a)$$

$$g_{m2}=\Delta I_{C2}/\Delta V_{in}$$

図2.19　抵抗負荷をもった差動増幅回路

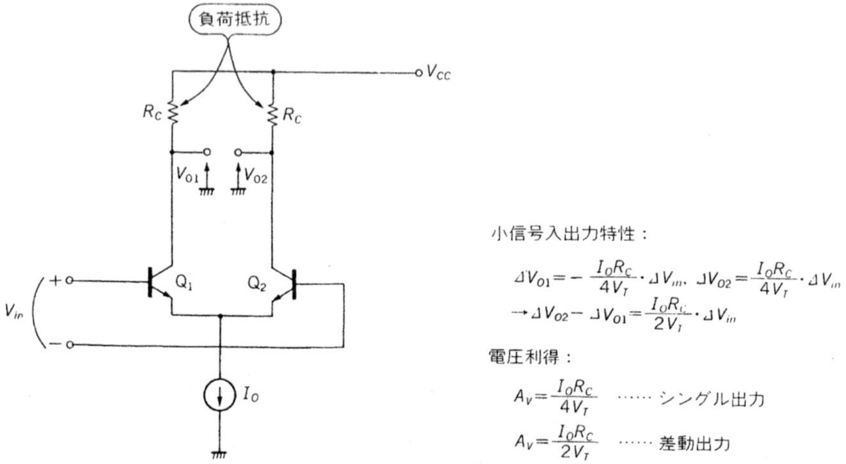

負荷抵抗

R_C　R_C　V_{CC}　V_{O1}　V_{O2}　Q_1　Q_2　V_{in}　I_O

小信号入出力特性：

$\Delta V_{O1} = -\frac{I_O R_C}{4V_T}\cdot\Delta V_{in},\ \Delta V_{O2} = \frac{I_O R_C}{4V_T}\cdot\Delta V_{in}$

$\rightarrow \Delta V_{O2} - \Delta V_{O1} = \frac{I_O R_C}{2V_T}\cdot\Delta V_{in}$

電圧利得：

$A_v = \frac{I_O R_C}{4V_T}$ ……シングル出力

$A_v = \frac{I_O R_C}{2V_T}$ ……差動出力

$$= -A_{12}\cdot\frac{I_{C1}}{V_T}\cdot\frac{1}{\{A_{12}\cdot\exp(V_{in}/V_T)+1\}\cdot\exp(V_{in}/V_T)} \quad \cdots\cdots (2.44b)$$

($g_{m2}<0$ というのは，V_{in} が正の方向に大きくなると I_{C2} は減少するということを意味している)

が得られます．

回路動作で重要なのは微小レベルでの g_m なので，$V_{in}=0$, $I_{C1}=I_{C2}=(1/2)I_o$ とし，$A_{12}=A_{21}=1\{V_A \gg V_{CE1},\ V_{CE2}\}$ とすると，

$$g_m = I_o/(4V_T) \quad \cdots\cdots (2.45)$$

ただし，$g_m = |g_{m1}| = |g_{m2}|$

と，たいへんすっきりした形になります．この(2.45)式は非常に重要な式で，覚えておく必要があります．

図2.17の回路に負荷抵抗をつけて，**図2.19**のようにして使うことがありますが，この回路の利得と言ったら，コンダクタンス g_m と負荷抵抗 R_C の積となり，

$$A_v = g_m\cdot R_C = (I_o\cdot R_C)/(4V_T) \quad \cdots\cdots (2.46)$$

となります．ただしこれはシングル出力で取り出した場合で，差動出力で取り出すと，この2倍になります．

● エミッタ抵抗を有する差動増幅回路

先に説明した差動増幅回路はもっとも基本的な差動増幅回路で，よく使われるものです

図2.20 エミッタ抵抗を有する差動増幅回路

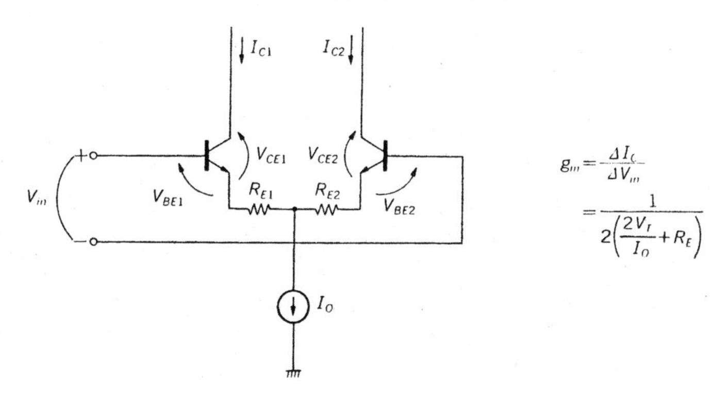

が，**図2.18**からもわかるように扱える入力信号レベルが数十 mV と小さいので，それ以上大きい信号を扱うことはできません．

この入力信号のダイナミック・レンジを拡大するのが，**図2.20**のようにエミッタに抵抗を入れてコンダクタンスを低下させる代わりに，ダイナミック・レンジを拡大するという方法です．

▶直流特性を求める

図2.20の V_{in}～V_{BE1}～R_{E1}～R_{E2}～V_{BE2} のループで電圧の式を立ててみると，

$$V_{in} - V_{BE1} - V_{RE1} + V_{RE2} + V_{BE2} = 0 \quad \cdots\cdots (2.47)$$

(ただし，V_{RE1}，V_{RE2} はそれぞれ R_{E1}，R_{E2} の両端の電圧で，$V_{RE1} = I_{C1} \cdot R_{E1}$，$V_{RE2} = I_{C2} \cdot R_{E2}$)

なので，これに V_{BE} と I_C の関係式(2.4)式を代入して式をまとめると，

$$V_{in} - V_T \cdot \ln\{A_{21} \cdot (I_{C1}/I_{C2})\} - \{(h_{FE}+1)/h_{FE}\}(I_{C1} \cdot R_{E1} - I_{C2} \cdot R_{E2}) = 0 \quad \cdots\cdots (2.48)$$

となり，

$$\{(h_{FE}+1)/h_{FE}\} \cdot (I_{C1} + I_{C2}) = I_o \quad \cdots\cdots (2.49)$$

を適用すると，

$$V_{in} - V_T \cdot \ln \frac{A_{21} \cdot I_{C1}}{\{h_{FE}/(h_{FE}+1)\}I_o - I_{C1}} + \frac{h_{FE}+1}{h_{FE}} \cdot (R_{E1} + R_{E2}) I_{C1} + I_o \cdot R_{E2} = 0 \cdots (2.50a)$$

$$V_{in} + V_T \cdot \ln \frac{A_{12} \cdot I_{C2}}{\{h_{FE}/(h_{FE}+1)\}I_o - I_{C2}} + \frac{h_{FE}+1}{h_{FE}} \cdot (R_{E1} + R_{E2}) I_{C2} + I_o \cdot R_{E1} = 0 \cdots (2.50b)$$

となります．また $h_{FE} \gg 1$，$A_{21} = 1$ ($V_A \gg V_{CE1}$，V_{CE2}) とすると，

図2.21　エミッタ抵抗を有する差動増幅回路の I_C-V_{in} 特性

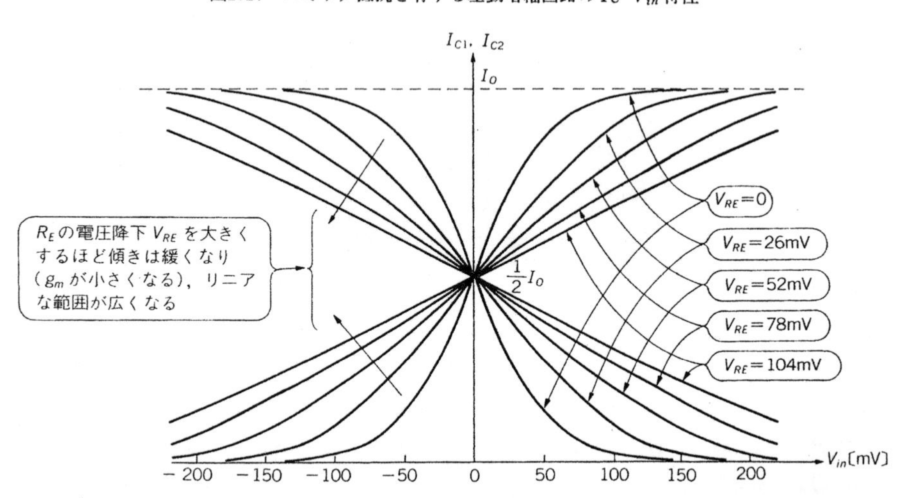

$$V_{in}-V_T\cdot\ln\{I_{C1}/(I_o-I_{C1})\}+(R_{E1}+R_{E2})I_{C1}+I_o\cdot R_{E2}=0 \quad \cdots\cdots (2.51a)$$

$$V_{in}+V_T\cdot\ln\{I_{C2}/(I_o-I_{C2})\}+(R_{E1}+R_{E2})I_{C2}+I_o\cdot R_{E1}=0 \quad \cdots\cdots (2.51b)$$

となります．ところがこれらの式は超越式になっているので，これ以上解くのは無理で，かりに $R_{E1}=R_{E2}$ としてもやはり解けません．

I_{C1}，I_{C2} を数式で表すことはできませんが，これを図示すると**図2.21**のようになります．$R_{E1}=R_{E2}$ として $V_{in}=0$ のときのエミッタ抵抗電圧降下 V_{RE} をパラメータとしていますが，V_{RE} が大きくなるほど傾き(g_m)が小さくなって，大きな V_{in} まで扱えるのがよくわかると思います．

V_{RE} が十分に大きいと(数百mV以上)，(2.49)式から近似的に I_{C1}，I_{C2} を求められます．これは以下のように，

$$I_{C1}=\{R_{E2}/(R_{E1}+R_{E2})\}I_o+V_{in}/(R_{E1}+R_{E2}) \quad \cdots\cdots (2.52a)$$

$$I_{C2}=\{R_{E1}/(R_{E1}+R_{E2})\}I_o-V_{in}/(R_{E1}+R_{E2}) \quad \cdots\cdots (2.52b)$$

となり，第一項がバイアス電流，第二項が V_{in} による電流変化分を表しています．つまり V_{RE} が大きいと，I_{C1}，I_{C2} は V_{in} に対してリニアに変化するということです．このことは**図2.21**を見てもわかることと思います．

▶コンダクタンスを求める

コンダクタンス g_m は V_{in} の変化分に対する I_{C1}，I_{C2} の変化分なので，(2.50a)式，(2.50b)式を微分してつぎのように求められます．

$$g_{m1}=\frac{1}{\dfrac{V_T}{I_{C1}}+\dfrac{V_T}{\{h_{FE}/(h_{FE}+1)\}I_o-I_{C1}}+\dfrac{h_{FE}+1}{h_{FE}}\cdot(R_{E1}+R_{E2})} \quad \cdots\cdots\cdots\cdots\cdots (2.53a)$$

$$g_{m2}=\frac{-1}{\dfrac{V_T}{I_{C2}}+\dfrac{V_T}{\{h_{FE}/(h_{FE}+1)\}I_o-I_{C2}}+\dfrac{h_{FE}+1}{h_{FE}}\cdot(R_{E1}+R_{E2})} \quad \cdots\cdots\cdots\cdots\cdots (2.53b)$$

となります．この式は**図2.21**におけるICのカーブの傾きを表しています．

利得計算に必要なg_mはV_{in}が微小レベルにおけるg_mなので$V_{in}=0$とし，さらに$R_{E1}=R_{E2}$，$I_{C1}=I_{C2}=(1/2)I_o$，$h_{FE}\gg 1$，$A_{12}=1(V_A\gg V_{CE1}$，$V_{CE2})$とすると，

$$g_m=\frac{1}{4(V_T/I_o+2R_E)} \quad \cdots\cdots\cdots\cdots\cdots (2.54)$$

ただし，$g_m=|g_{m1}|=|g_{m2}|$

となります．これは**図2.21**のI_Cのカーブの$V_{in}=0$における傾きを表しています．この式も(2.45)式同様，利得の計算のときにはかならず使うものなので，覚えておいたほうがよいでしょう．

また$4V_T/I_o \ll 2R_E$とすると，

$$g_m=\frac{1}{2R_E} \quad \cdots\cdots\cdots\cdots\cdots (2.55)$$

と，たいへん簡単な式になります．

▶変形回路

図2.20に示した差動増幅回路はエミッタ抵抗に直流電流が流れるためここで電圧降下が生じます．電源電圧に余裕がある場合はなにも問題ないのですが，そうでないとこの電圧降下が無視できないものとなります．そのようなとき**図2.22**に示す差動増幅回路を用いると，小信号時には**図2.20**の回路とまったく同じ振る舞いをします．

この場合g_mは，

$$g_m=\frac{1}{4(V_T/I_o)+R_E'} \quad \cdots\cdots\cdots\cdots\cdots (2.56)$$

ただし，$h_{FE}\gg 1$，$A_{12}=1(V_A\gg V_{CE1}$，$V_{CE2})$

となり，$R_E'\gg 4V_T/I_o$とすると，

$$g_m=\frac{1}{R_E'} \quad \cdots\cdots\cdots\cdots\cdots (2.57)$$

図2.22　エミッタ抵抗を有する差動増幅回路の変形

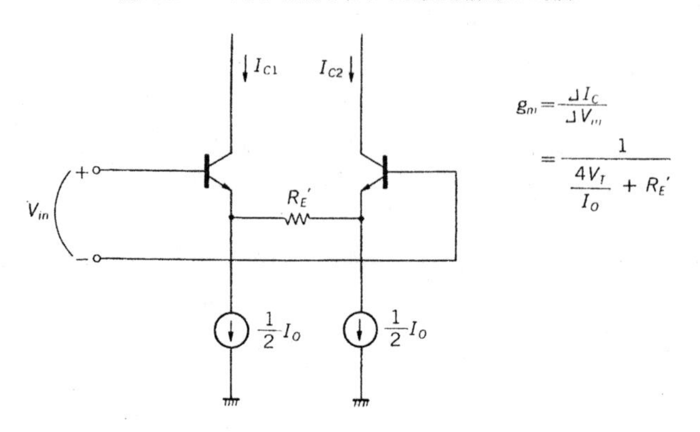

とたいへんすっきりした形になります．

(2.54)式と(2.56)式，あるいは(2.55)式と(2.57)式をくらべるとわかるように，**図2.20**と**図2.22**の回路では，トランジスタに流れる電流が等しく，エミッタ間の抵抗が等しければ($R_{E1}+R_{E2}=R_E'$)，g_m はまったく同じだということです．

第3章　カレント・ミラー回路

カレント・ミラー回路の動作の詳細はすでに説明したとおりで，そこで示した回路でも十分実用にはなりますが，用途によっては不都合が生じることも少なくありません．たとえば，h_{FE} が大きくとれずに誤差が生じる，アーリ効果のために電源電圧が変動すると出力電流も変化してしまう，微小電流を得ようとするとIC化しにくい高抵抗が必要になる，大電流が得られない，などです．

ここではこれらのことも考慮に入れた実用的なカレント・ミラー回路を紹介しましょう．ここに紹介する回路は現在IC回路で使われている回路で，これらを知っていればたいていの用途は満足することができます．

3.1　ベース電流補償カレント・ミラー回路(1)

トランジスタにはベース電流が流れますが，これはカレント・ミラー回路ではかならず誤差の原因となります．h_{FE} が十分に大きければ問題ないのですが，そうでない場合(とくに横型 PNP トランジスタ)や入力電流にくらべて出力電流を大きくとる場合には，誤差が無視できなくなります．

● 特徴

もっとも簡単にベース電流補償を行うのが，**図3.1**に示すように入力側のトランジスタのベースに抵抗を1本入れるものです．回路からもわかるように，この回路の特徴は何といっても回路が簡単であるということです．ただし欠点としては，エミッタ抵抗での電圧降下を大きくとってあると，必要な抵抗値が大きくなりすぎるという点があります．

● 回路動作

基本的な考え方はつぎのとおりです．Q_1のベース電流によりベース抵抗 R_B に電圧降下が生じますが，この電圧降下の分だけQ_2のベース電位が上昇します．そうするとそれによってQ_2のコレクタ電流は増加しますので，R_B を適当な値に設定することにより，ベース電流による損失を補償して誤差のない出力電流を得るというものです．h_{FE} が小さいほどベ

図3.1　ベース抵抗を用いたベース電流補償カレント・ミラー回路

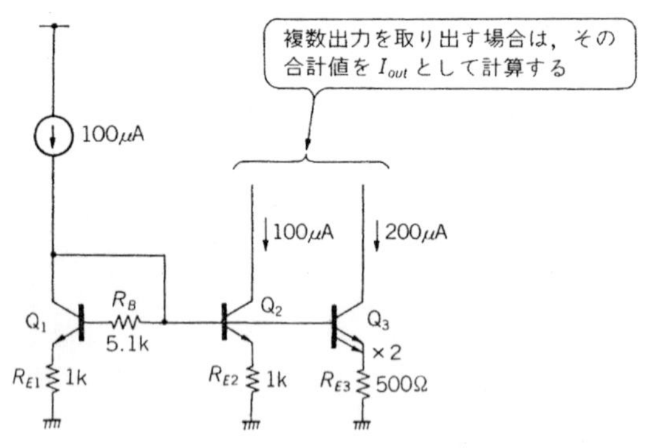

h_{FE}=50 とすると，

$$R_B=\left(1+\frac{100\mu\times 1k}{26m}\right)\times 50\times\frac{26m}{100\mu}\times\ln\left(\frac{50+1}{50}\times\frac{100\mu}{100\mu-\dfrac{300\mu}{50}}\right)$$

$$=5.15〔k\Omega〕$$

図3.2　ベース抵抗を用いたベース電流補償カレント・ミラー回路の具体例

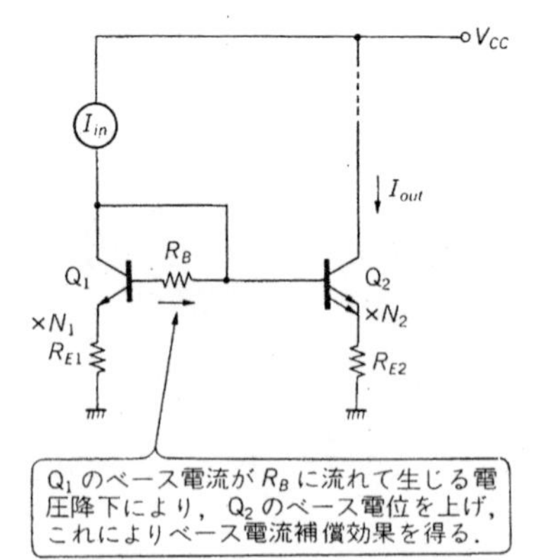

図3.3 $I_{C(Q2)}$-h_{FE} 特性

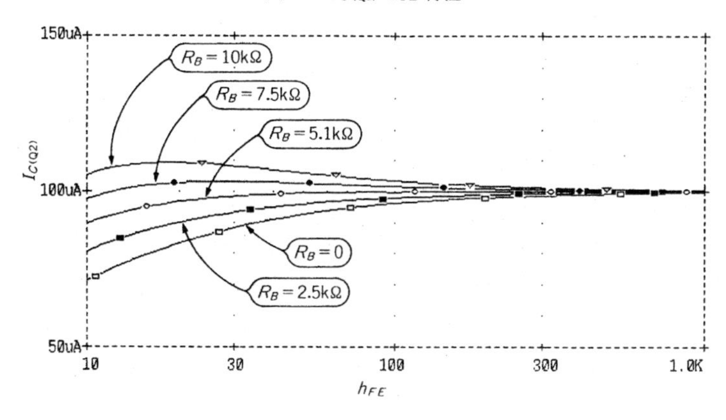

ース電流は多く流れますので，ベース抵抗の電圧降下も大きくなり，ベース電流補償効果も大きくなり，適正な値を選ぶと $h_{FE}=10$ 程度までフラットにすることができます．

図3.1でQ_1，Q_2のエミッタ面積比をそれぞれN_1，N_2とし，$R_{E2}/R_{E1}=N_1/N_2$に設定して，$I_{out}=(N_2/N_1)I_{in}$とするために必要な抵抗R_Bは近似的に，

$$R_B=\left(1+\frac{I_{in}\cdot R_{E1}}{V_T}\right)\cdot h_{FE}\cdot\frac{V_T}{I_{in}}\cdot\ln\left(\frac{h_{FE}+1}{h_{FE}}\cdot\frac{I_{in}}{I_{in}-I_{out}/h_{FE}}\right)^{(*1)}$$

と計算されます．上式の中でh_{FE}の値は決まっているものではなく，大きくばらつきますが，h_{FE}の値を変えてもR_Bはさほど変わりません．

● シミュレーション

図3.2は具体的な例で，出力電流を複数取り出しているカレント・ミラー回路です．この場合，R_Bを求めるときに用いるI_{out}は全出力電流の合計値となり，$I_{out}=300\,\mu\mathrm{A}$で計算します．図中の$R_B$の値は$h_{FE}=50$で計算したものですが，$h_{FE}=100$でも$R_B=5.1\,\mathrm{k}\Omega$，$h_{FE}=25$でも$R_B=5.3\,\mathrm{k}\Omega$と，それほどは変わりません．

図3.3は**図3.2**の回路が，h_{FE}によって出力電流がどのように変化するか，R_Bをパラメータにとり0/2.5 k/5.1 k/7.5 k/10 kΩとして$I_{C(Q2)}$をシミュレーションで求めたのものです．アーリ効果の影響が出ないように，Q_2，Q_3のコレクタ電位を0.8 Vとしてシミュレーションしました．$R_B=5.1\,\mathrm{k}\Omega$のときは$h_{FE}=10$になっても$I_{C(Q2)}$は10％しか低下しておらず，過補償にして$R_B=7.5\,\mathrm{k}\Omega$にすれば±4％の範囲内に入っていることがわかります．

(＊1) $R_{E2}/R_{E1}\neq N_1/N_2$のときは，$R_B=h_{FE}\cdot(V_T/I_{in})\cdot\ln[(N_1/N_2)\{(h_{FE}+1)/h_{FE}\}\{I_{out}/(I_{in}-I_{out}/h_{FE})\}]-h_{FE}\cdot R_{E1}+h_{FE}\cdot\{I_{out}/(I_{in}-I_{out}/h_{FE})\}\cdot R_{E2}$となる．

3.2　ベース電流補償カレント・ミラー回路(2)

● 特徴

図3.4のようにトランジスタを1素子追加するだけで，高いベース電流補償効果が得られます．この回路の特徴も回路が簡単であるということですが，欠点としてトランジスタの素子特性によっては高域が不安定になることもあります．

この対策としては，つぎの「ベース電流補償カレント・ミラー回路(3)」にあるように，Q_1，Q_2のベース・ラインとGNDの間にダイオードと抵抗(あるいは抵抗だけ)を入れたり，あるいはコンデンサを入れて位相補正をしたりする方法があります．この回路では出力電流を一つしか取り出していませんが，当然複数取り出すことも可能です．

● 回路動作

Q_3がない通常のカレント・ミラー回路では，Q_1，Q_2のベース電流が入力電流I_{in}から供給されるためにQ_1に流れるコレクタ電流がその分小さくなり，誤差の原因になっていました．しかしこの回路ではQ_3を追加することにより，Q_1, Q_2のベース電流の$1/(h_{FE}+1)$がI_{in}から供給されることになるので，Q_3がない場合にくらべて誤差は$1/(h_{FE}+1)$になります．

Q_1, Q_2のエミッタ面積比N_1, N_2とエミッタ抵抗の比が$N_1 : N_2 = R_{E2} : R_{E1}$を満たしていると，入出力関係は，

$$I_{out}=\frac{N_2/N_1}{1+(1+N_2/N_1)/\{h_{FE}(h_{FE}+1)\}}I_{in}{}^{(*2)}$$

となります．理想的には$I_{out}=(N_2/N_1)I_{in}$なので，誤差項は分母第2項の$(1+N_2/N_1)/$

図3.4　トランジスタを用いたベース電流補償カレント・ミラー回路

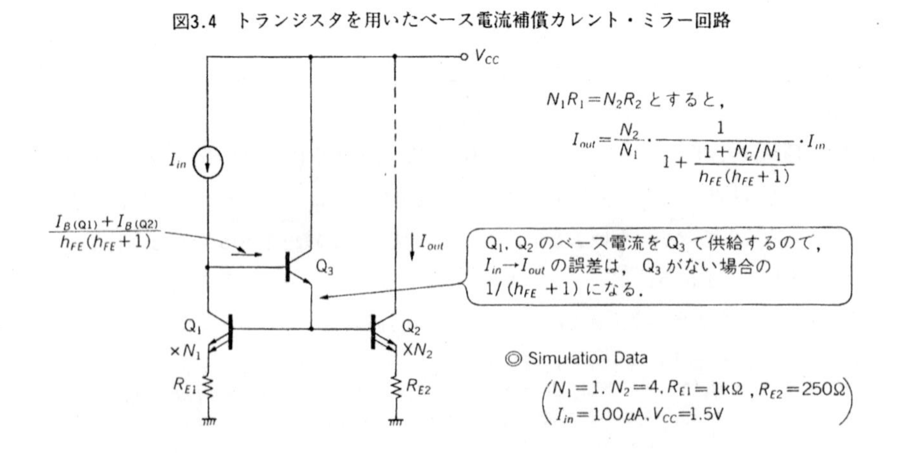

図3.5 I_{out}-h_{FE} 特性

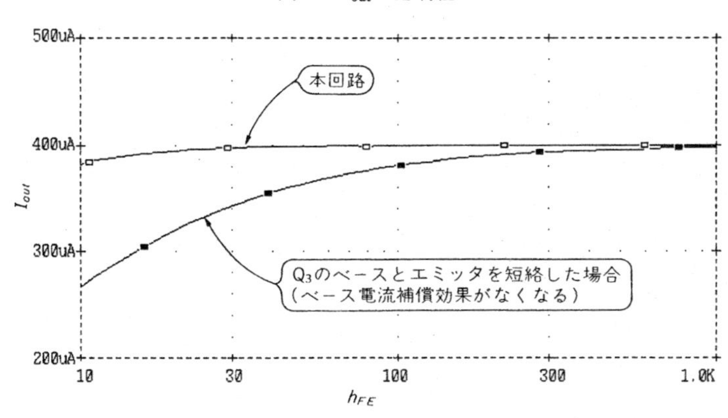

$\{h_{FE}(h_{FE}+1)\}$ ということになります．いっぽう Q_3がないときは，

$$I_{out}=\frac{N_2/N_1}{1+(1+N_2/N_1)/h_{FE}}I_{in}$$

なので，誤差項(分母第 2 項)は$(1+N_2/N_1)/h_{FE}$ です．これを比較すると明らかなように，Q_3のベース電流補償を行うことによって誤差項は$1/(h_{FE}+1)$ になっています．つまりQ_3がない場合にくらべ，ベース電流による誤差がほぼ$1/h_{FE}$ になるというわけです．

● シミュレーション

ベース電流補償の効果を確かめてみるために，具体的な数値を入れて h_{FE} をパラメータとしてシミュレーションしてみた結果が**図3.5**です．これは $N_1=1$，$N_2=4$，$R_{E1}=1\,\text{k}\Omega$，$R_{E2}=250\,\Omega$ とし，入力電流 I_{in} に 100 μA を流し込むと，出力電流として $I_{out}=400\,\mu$A が得られるものです．$I_{in}:I_{out}=1:4$ なので，オーソドックスにエミッタ面積比は $N_1:N_2=1:4$，エミッタ抵抗は $R_{E1}:R_{E2}=4:1$ としています．またアーリ効果の影響を出さないために，Q_2のコレクタ電位 1.5 V としています．

比較する意味でベース電流補償効果をなくした回路(Q_3のベース・エミッタを短絡する)でのシミュレーションも同時に行いました．h_{FE} が大きい領域ではどちらでもさほど変わりませんが，h_{FE} が小さくなるほど Q_3を入れた効果が現れてきます．これを見ると Q_3の効果がいかに大きいかわかることと思います．この差は I_{out}/I_{in} が大きいほど顕著に現れます．

(＊2) エミッタ抵抗がないときのアーリ効果を考慮に入れた式は，$I_{out}=\{(1+V_{CE(Q2)}/V_A)/(1+V_{BE(Q1)}/V_A)\}[(N_2/N_1)/\{1+(1+N_2/N_1)/(h_{FE}(h_{FE}+1))\}]I_{in}$ となる．

3.3　ベース電流補償カレント・ミラー回路(3)

● 特徴

「ベース電流補償カレント・ミラー回路(2)」の変形で，Q_1，Q_2のベース・ラインとGNDの間にダイオードと抵抗(ダイオードを省略するときもある)を入れたのが**図3.6**です．ダイオードと抵抗により，ベース電流補償効果は低下していますが，高域特性が不安定になるようなことはありません．実際には**図3.7**のように，複数の出力を取り出すとき，あるいはI_{out}/I_{in}を大きく取るときに多く使われます．

● 回路動作

基本的には「ベース電流補償カレント・ミラー回路(2)」と同じで，Q_1，Q_2のベース電流をそのまま入力電流I_{in}から取らずに，Q_4で$1/(h_{FE}+1)$にしてから取り出そうというものです．ただしQ_4の動作電流は，Q_1，Q_2のベース電流のほかにQ_3に流れる電流もあり，したがってQ_3の電流の$1/(h_{FE}+1)$もI_{in}から取り出され，これは誤差の原因になります．

$N_1=N_3$，$R_{E1}=R_{E3}$，$N_1：N_2=R_{E2}：R_{E1}$としたとき，出力電流I_{out}は，

$$I_{out}=\frac{N_2/N_1}{1+(1+N_2/N_1)/\{h_{FE}(h_{FE}+1)\}+1/h_{FE}}I_{in}$$

となります．この式より誤差項は$(1+N_2/N_1)/\{h_{FE}(h_{FE}+1)\}+1/h_{FE}$で，「ベース電流補償カレント・ミラー回路(2)」より$(1/h_{FE})$の分だけ大きくなっていることがわかります．

図3.7のように複数出力を取り出すときは，上式においてN_2はQ_2～Q_4のエミッタ面積比の和なので7となり，I_{out}はQ_2～Q_4のコレクタ電流の和となり，上式と対応します．

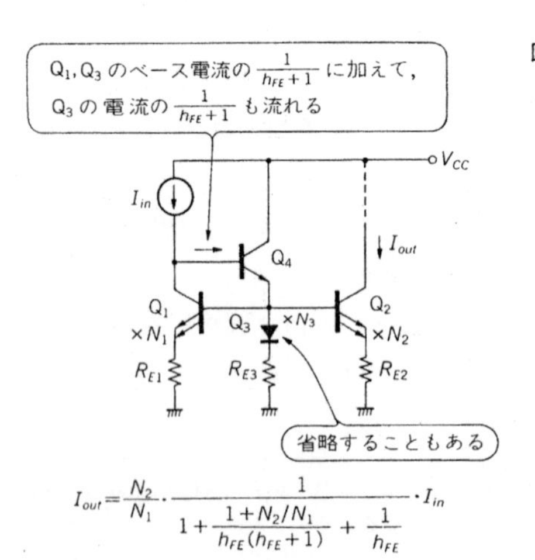

図3.6　トランジスタを用いたベース電流補償回路

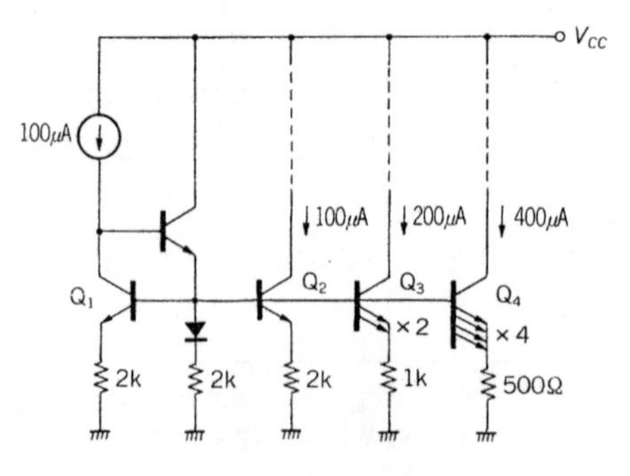

図3.7　複数の出力を得るようにした回路

3.4　ベース電流補償カレント・ミラー回路(4)

● 特徴

これまで述べてきたカレント・ミラー回路はすべて，入力電圧が V_{BE} または $2V_{BE}$(＋エミッタ抵抗の電圧降下)ですが，本回路は独立して入力電圧を設定することができるものです．またベース電流補償効果については，図3.8に示すようにNPN/PNP両極性のトランジスタを用い，ミラー用トランジスタ(この図では Q_1～Q_3)の h_{FE} が補償されます．

● 回路動作

基本的なカレント・ミラーの部分は Q_1～Q_3 で構成されていますが，これらのベース電流と Q_2 のコレクタ電流は Q_5 のコレクタ電流から供給し，入力電流 I_{in} には影響を与えないようにしています．これによりPNPトランジスタのベース電流補償を行っているわけです．

出力電流は，$R_{E1}=R_{E2}=NR_{E3}$ とすると，

$$I_{out}=\frac{N\{I_{in}+(1/h_{FE(NPN)})I_1\}}{1+(1/h_{FE(NPN)})\{1+(N+2)/h_{FE(PNP)}\}}$$

と表されます．

この式を見るとわかるように，$h_{FE(NPN)}$ については $1/h_{FE(NPN)}$ の形で誤差として出てきていますが，$h_{FE(PNP)}$ については $(N+2)/(h_{FE(NPN)}h_{FE(PNP)})$ と分母が h_{FE} の二乗になって

図3.8　入力電圧を自由に設定できるベース電流補償カレント・ミラー回路

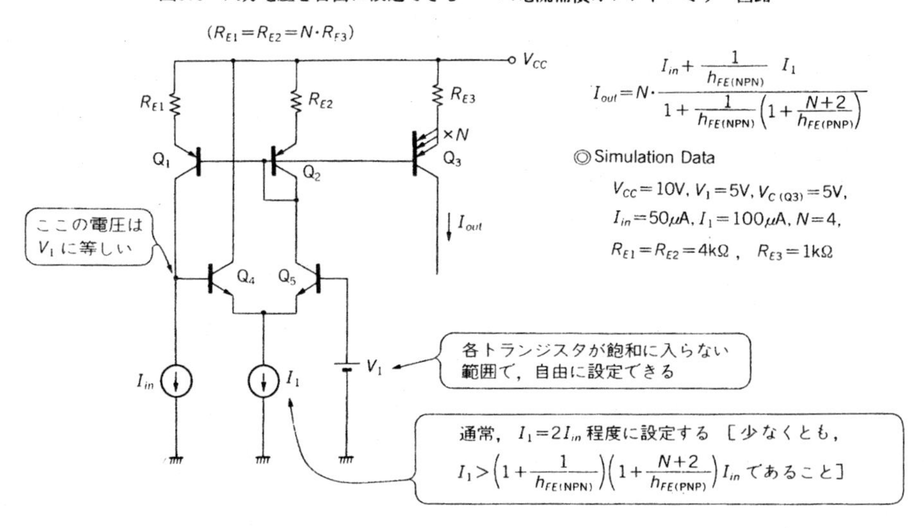

図3.9　I_{out}-h_{FE} 特性

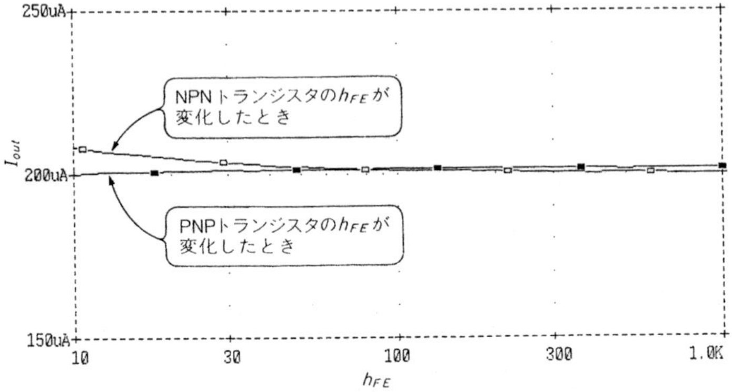

いるので，$h_{FE(PNP)}$ による誤差はかなり小さくなっていると言えます．通常 $h_{FE(NPN)} > h_{FE(PNP)}$ であることが多いので，このようになっていても差し支えないわけです．

ここで Q_1，Q_2，Q_4，Q_5 で構成される回路について着目すると，Q_5 のベースを入力端子，Q_1 のコレクタを出力端子とすると，利得1のアンプになっていることがわかります．そのために Q_1 のコレクタ電位は Q_5 のベース電位に等しく，したがって V_1 を設定することにより入力電位(Q_1 のコレクタ電位)を任意に設定できるわけです．

またこのアンプは帰還アンプであるため，条件次第でこの回路は発振を起こす可能性があります．この対策としては，Q_1 のベース-コレクタ間にコンデンサ(数pF～十数pF)を入れることによって，発振を防止することができます．

ところで I_1 の値ですが，少なくとも $I_{B(Q1)} + I_{C(Q2)} + I_{B(Q2)} + I_{B(Q3)}$ より大きくなければ回路全体が動作不能に陥ってしまい，大きすぎると誤差も大きくなってしまうので，通常は $2I_{in}$ 程度に設定しておくようにします．ただし $R_{E2} > R_{E1}$ として Q_2 の動作電流を Q_1 よりも小さく設定している場合には，I_1 も小さくすることができます．

● シミュレーション

図3.8の回路において，$V_{CC} = 10$ V，$V_1 = V_{C(Q3)} = 5$ V，$I_{in} = 50\ \mu$A，$I_1 = 100\ \mu$A，$R_{E1} = R_{E2} = 4$ kΩ，$R_{E3} = 1$ kΩ，$N = 4$ としたときの $I_{out} - h_{FE}$ 特性をシミュレーションしたものを**図3.9**に示します．これを見ると，$h_{FE(PNP)}$ については10以下までベース電流補償されていることがわかります．$h_{FE(NPN)}$ については $h_{FE(PNP)}$ ほどではありませんが，$h_{FE(NPN)} = 10$ になっても5％程度の誤差に収まっています．

3.5 アーリ効果対策を施したカレント・ミラー回路

ベース電流補償を完全に行っても，V_{CE} が異なるとアーリ効果により誤差が生じます．とくに電源電圧が変化するような回路では，リプル除去比の悪化を招きます．

● 特徴

アーリ効果対策はエミッタ抵抗の電圧降下を大きくとることによってある程度できますが，本回路を用いるとベース電流補償効果に加えて，エミッタ抵抗の電圧効果が小さくても十分アーリ効果対策が行えます．ただし出力側の最小残り電圧は大きくなります．

● 回路動作

アーリ効果によって生じる誤差というのは，カレント・ミラーを形成するペアとなるトランジスタの V_{CE} が異なるために生じるものです．そのためアーリ効果の影響をなくすためには，この V_{CE} を等しくすればよいわけで，**図3.10**の回路はその考え方に基づいているものです．

カレント・ミラーを形成するペアとなるトランジスタはQ_1とQ_2です．これらの V_{CE} はいずれも V_{BE} となっており，これは V_{CC} やQ_4のコレクタ電圧などには影響されず一定です．したがって常にQ_1とQ_2の V_{CE} が等しいわけで，これによりQ_1とQ_2についてはアーリ効果の影響は生じないことになります．

図3.10 アーリ効果対策カレント・ミラー回路

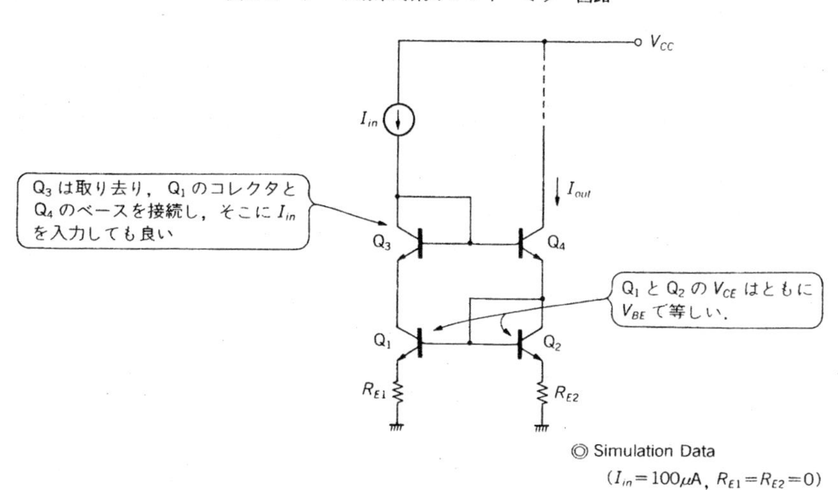

図3.11　さらにアーリ効果の影響を小さくしたカレント・ミラー回路

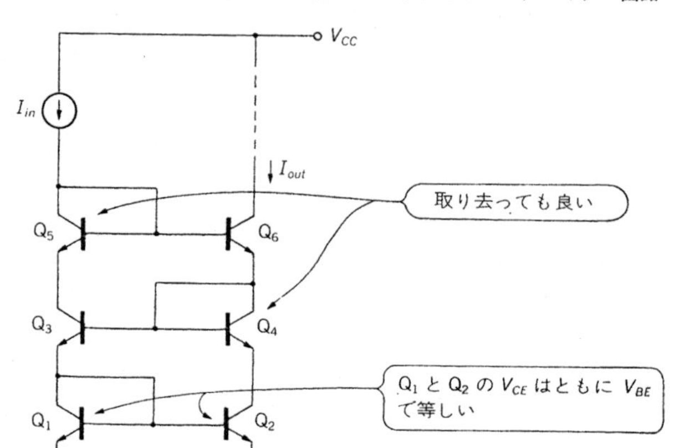

Q_3とQ_4についてはV_{CE}が異なるので，ここでアーリ効果の影響が生じるように思われる方もいるかもしれませんが，Q_3，Q_4はペアとなるトランジスタではなく補償用のトランジスタなので，Q_3とQ_4のV_{CE}の違いによるアーリ効果の影響というものはありません．

アーリ効果を考慮に入れた入出力電流の関係は，

$$I_{out}=\frac{1}{1+2/\{h_{FE}(h_{FE}+2)\}}I_{in}$$

（ただし，Q_1とQ_2のエミッタ面積比は等しく，$R_{E1}=R_{E2}$としている）

となります．この式を見ると，アーリ電圧V_Aはどこにも入っていないので，アーリ効果の影響はない（実際にはQ_4のV_{CE}が変化する影響がわずかにある）ということがわかります．またベース電流についても，誤差項が$2/\{h_{FE}(h_{FE}+2)\}$となっているので，ベース電流補償されていない基本的なカレント・ミラー回路の誤差項にくらべて，誤差が$1/(h_{FE}+2)$に圧縮されています．

なお**図3.10**の回路のQ_3は，取り去る（Q_1のコレクタとQ_4のベースを接続し，I_{in}をここに入力する）ことも可能です．またこの回路を発展させると**図3.11**のようになり，こうするとアーリ効果の影響はさらに小さくなります．

● シミュレーション

アーリ効果対策の効果を見るために，エミッタ抵抗を0として，本回路と基本カレント・

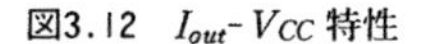

図3.12　I_{out}-V_{CC} 特性

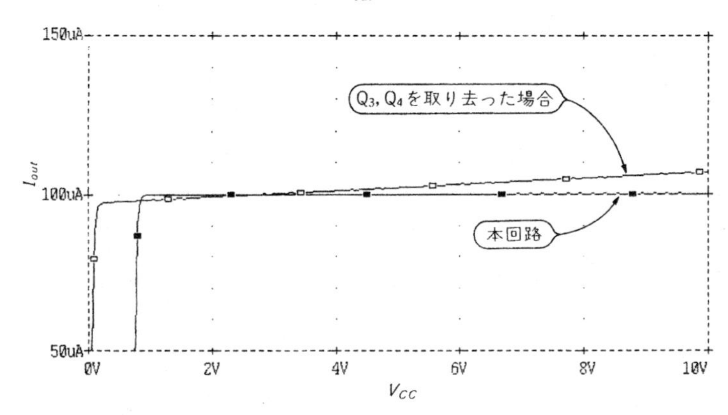

図3.13　I_{out}-h_{FE} 特性

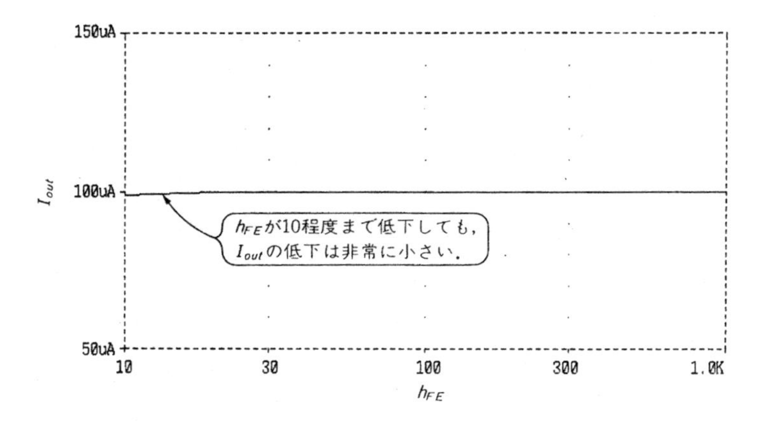

ミラー回路(Q_3, Q_4を取り去り，Q_1のベース-コレクタ間を短絡してそこを入力とし，Q_2のコレクタを出力とする回路)で V_{CC} を変化させて，出力電流を見てみました．入力電流は100 μA としています．この**図3.12**を見ると明らかなように，基本カレント・ミラー回路では V_{CC} の増加とともに出力電流も増加していますが，本回路のほうはほとんど一定であり，アーリ効果の影響がなくなっていることがわかります．

さらに，**図3.13**は，h_{FE} を 10 から 1000 まで変化させたときの I_{out} をシミュレーションしたものです．これより，h_{FE} が 10 くらいまで小さくなっても I_{out} はほとんどフラットで，ベース電流補償がうまく行われていることがわかります．

3.6　微小電流カレント・ミラー回路(1)

● 特徴

図3.14に示す微小電流カレント・ミラー回路は，入力電流にくらべて十分小さい電流を出力するカレント・ミラー回路で，もっとも簡単なものです．ただしその分，高抵抗を必要とし，極端な微小電流を得るにはあまり向いていません．

● 回路動作

この回路はエミッタ抵抗を有する基本的なカレント・ミラー回路の入力側トランジスタ(Q_1)のエミッタ抵抗が0の場合です．こうするとQ_2のほうだけにエミッタ抵抗R_{E2}があるので，R_{E2}により$V_{BE(Q2)}$が小さくなり，これにより$I_{C(Q2)}$すなわちI_{out}が小さくなるわけです．すでに説明しているとおり，出力電流I_{out}=××という形では求めることはできませんが，以下のような関係式が成り立ちます．

$$R_{E2}=(V_T/I_{out})\cdot\ln\{I_{in}/(N_1\cdot I_{out})\}$$

● 実際のエミッタ抵抗の値

上式に入力電流I_{in}に50 μAを与え，I_{out}に5 μ/2 μ/1 μ/0.5 μAを得るときのR_{E2}を計算して求めたのが**表3.1**です．これを見ると，エミッタ抵抗R_{E2}は2 μAまでは数十kΩですが，N_1=1では1 μA以下で，N_1=5でも0.5 μAで100 kΩを越えています．100 kΩ以上の抵抗はIC内ではサイズが大きくなり，精度も取りにくいことから，この回路では出力電流1 μA程度がせいぜいというところです．

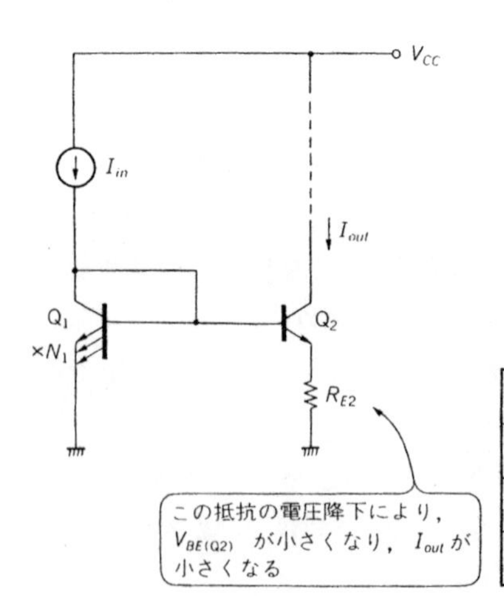

図3.14　もっとも簡単な微小電流カレント・ミラー回路

表3.1　各出力電流を得るために必要なエミッタ抵抗

I_{in} [μA]	50						
I_{out} [μA]	5	2		1		0.5	
N_1	1	1	5	1	5	1	5
R_{E2} [kΩ]	12	41.8	20.9	102	60	156	120

3.7 微小電流カレント・ミラー回路(2)

● 特徴

「微小電流カレント・ミラー回路(1)」では出力電流を小さくしようとすると，どうしてもエミッタ抵抗が小さくなってしまいますが，**図3.15**の回路ならばそれほどは大きくなりません．また必要に応じてQ_3だけでなく，Q_2も出力とすることができます．

● 回路動作

カレント・ミラー回路の基本動作を理解していれば簡単にわかると思いますが，$Loop_1$と$Loop_2$の二つのループで電圧の方程式を立てると，各エミッタ抵抗と入出力電流の関係は求まり，つぎのようになります．

$$R_{E2}=\{V_T/(I_{C(Q2)}+I_{out})\}\cdot\ln\ (N_2/N_1)(I_{in}/I_{C(Q2)})\}$$

$$R_{E3}=(V_T/I_{out})\cdot\ln\{(1/N_2)(I_{C(Q2)}/I_{out})\}$$

ここで$I_{C(Q2)}$を適当な値に設定し他の定数を与えると，R_{E2}, R_{E3}を求めることができます．

● 実際のエミッタ抵抗の値

この式に入力電流I_{in}に50 μAを与え，5 μ/2 μ/1 μ/0.5 μAを得るときのR_{E2}, R_{E3}を計算して求めたのが**表3.2**です．これを見るとI_{out}=0.5 μAでも各エミッタ抵抗は100 kΩ以下で，十分実用になることがわかります．ただし$I_{C(Q2)}$の選び方によっては，R_{E2}がかなり高抵抗となることもあり，$I_{C(Q2)}$はI_{in}とI_{out}の中間よりもI_{out}に近い値とするのがポイントです．

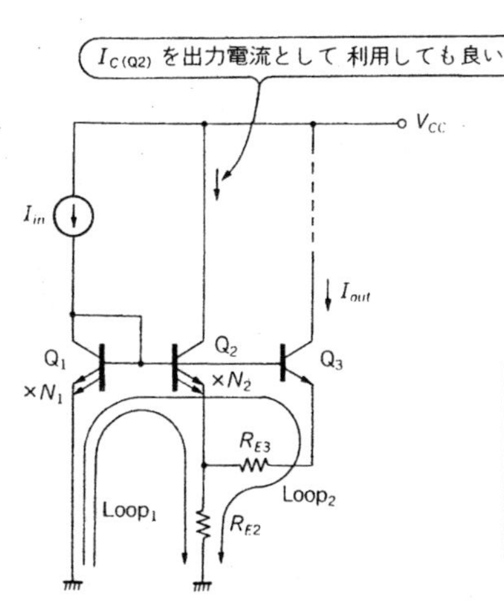

図3.15
エミッタ抵抗による微小電流カレント・ミラー回路

表3.2 所定の出力電流を得るために必要なエミッタ抵抗

I_{in} [μA]	50						
I_{out} [μA]	5	2		1		0.5	
N_1/N_2	1/1	1/1	4/2	1/1	4/2	1/1	4/2
R_{E2} [kΩ]	1.57	6.89	4.64	18.3	13.8	45.6	36.5
R_{E3} [kΩ]	5.71	14.3	5.27	28.6	10.5	57.1	21.1

(ただし，$I_{C(Q2)}=3\ I_{out}$に設定している)

3.8　微小電流カレント・ミラー回路(3)

● 特徴

「微小電流カレント・ミラー回路(2)」でも出力電流を小さくしていくと，エミッタ抵抗が数十 kΩ になってしまいますが，**図3.16**の回路ならば数 kΩ で済みますし，入力電流を大きくするとさらに小さい抵抗で微小電流を作り出すことができます．

● 回路動作

このカレント・ミラー回路では，Q_2の V_{BE} を小さくするための抵抗による電圧降下を，Q_1のコレクタ側に抵抗 R を入れることにより作り出しています．このため R には Q_1のコレクタ電流が流れるので，小さな抵抗値で大きな電圧降下が得られるわけです．

入力電流 I_{in}，出力電流 I_{out}，抵抗 R の関係は，

$I_{out}=I_{in}\cdot\exp(-I_{in}\cdot R/V_T)$　または，　$R=(V_T/I_{in})\cdot\ln(I_{in}/I_{out})$

と表されます．ただし R の電圧降下($I_{in}\cdot R$)が大きくなり Q_1が飽和に入ると，上式は成り立ちません．通常 R の電圧降下は数十～百数十 mV に設定するのでその心配はいりませんが，I_{in} が予期しない変化をしたときなどは注意が必要です．

● 実際のエミッタ抵抗の値

上式に $I_{in}=50\,\mu$A，$I_{out}=5\,\mu/2\,\mu/1\,\mu/0.5\,\mu/0.2\,\mu/0.1\,\mu$A を与え，このときの R を計算して求めると**表3.3**のようになります．これを見るといずれの場合も R は数 kΩ であることがわかります．

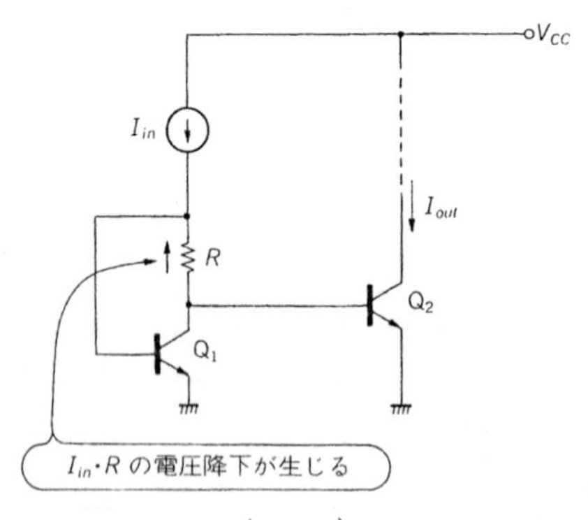

図3.16
コレクタ側抵抗による微小電流カレント・ミラー回路

表3.3　所定の出力電流を得るために必要なコレクタ抵抗

I_{in} [μA]	50					
I_{out} [μA]	5	2	1	0.5	0.2	0.1
R [kΩ]	1.20	1.67	2.03	2.39	2.87	3.23

3.9　横型 PNP 大電流カレント・ミラー回路

● 特徴

横型 PNP トランジスタは大電流を流せないために，横型 PNP トランジスタによるカレント・ミラー回路に大電流を流そうとすると，エミッタ数を多くしなければなりません（複数パラ接続するのと等価）．本回路は NPN トランジスタと組み合わせることにより，大電流を流せるようにしたものです．トランジスタのエミッタ面積を大きくすれば，100 mA 程度までの電流を扱えます．

いっぽう，発振の可能性もあるので，実際の使用に関しては注意が必要です．

● 回路動作

回路図を図3.17に示します．Q_1 と Q_2，および Q_3 と Q_4 はインバーテッド・ダーリントンになっているので，横型 PNP トランジスタの Q_2，Q_3 には Q_1，Q_4 のベース電流しか流れず，入出力電流のほとんどは NPN トランジスタの Q_1，Q_4 に流れます．このため横型 PNP トランジスタを用いていても大電流を扱えるわけです．

Q_2，Q_3 のエミッタ面積比 N_2，N_3 と，エミッタ抵抗 R_{E2}，R_{E3} の比が，$N_2 : N_3 = R_{E3} : R_{E2}$ となっていれば，入出力電流の関係は，

$$I_{out} = (R_{E2}/R_{E3})\,I_{in}$$

となります．またエミッタ抵抗の電圧降下が数百 mV 以上あれば，N_2，N_3 とは無関係に上

図3.17　横型 PNP 大電流カレント・ミラー回路

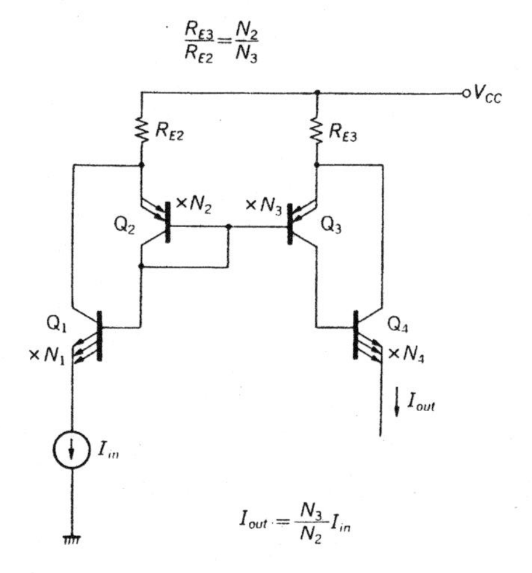

図3.18　横型 PNP 大電流カレント・ミラー回路の具体例

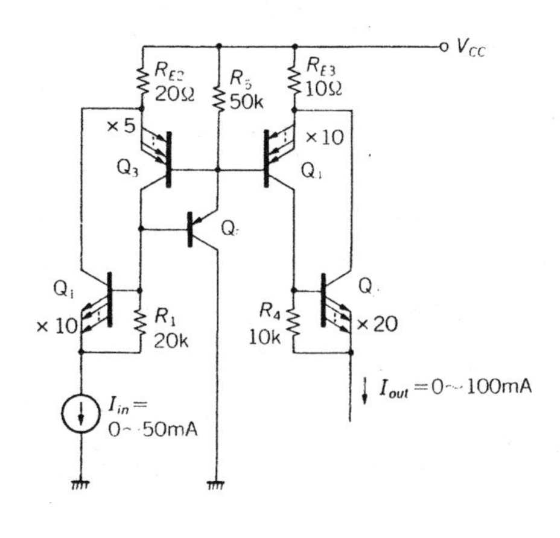

図3.19 I_{out}-I_{in} 特性

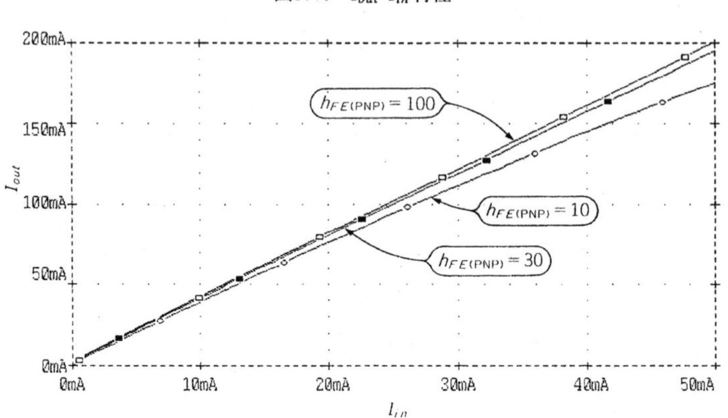

式が成り立ちます．いっぽうこの電圧降下が小さくなると誤差が大きくなるので，最低でも 100 mV 以上とるようにします．N_1, N_4 は直接入出力特性には関係しませんが，Q_1 と Q_4 の電流密度を等しく動作させることを考えると，$N_1:N_4=N_2:N_3$ としておくとよいでしょう．入力電流 I_{in} が変化しけっこう小さな値(数十 μA 程度)になる可能性があるときは，Q_1，Q_4のベース-エミッタ間に抵抗を入れて，Q_2，Q_3の電流が小さくなり過ぎないようにしたほうがよいでしょう．この抵抗を R_1, R_2 とすると，R_1, R_2 は値的には数十 kΩ が適当ですが，$R_1:R_2=R_{E2}:R_{E3}$ に設定しておかないと誤差が生じます．

ところで入出力電流が大きくなるにしたがって，トランジスタのエミッタ面積 N_1~N_4 も大きくする必要があります．使用するトランジスタの素子特性によって異なりますが，おおよその目安として NPN トランジスタ(Q_1，Q_4)は単位エミッタ面積当たり数百 μ~数 mA，横型 PNP トランジスタ(Q_2，Q_3)についてはエミッタ1個当たり 100 μ~1 mA 程度とします．この回路で Q_2，Q_3に流れる電流は，それぞれ Q_1，Q_4の電流の $1/h_{FE}$ です．

● シミュレーション

シミュレーションは**図3.18**の回路で行いました．これは Q_1，Q_4のベース-エミッタ間に抵抗を入れたもので，電流伝達比を $I_{out}/I_{in}=4$ としたものです．

入力電流 I_{in}を 0~50 mA まで変化させたときの I_{out} がどうなるかのシミュレートした結果が**図3.19**です．$h_{FE(PNP)}$ をパラメータにとってあり，10/30/100 としています，$h_{FE(PNP)}$ が小さくなければ，少なくとも 50 mA 程度まではリニアリティがとれており，計算どおりの I_{out} が得られていることがわかります．ただし R_{E2}, R_{E3} の値を小さくしていくと，徐々に誤差は大きくなっていきます．

第4章　電流源/電圧源回路

電子回路の中で電流源や電圧源などのバイアス回路のない電子回路というものは存在しません．つまり電子回路を設計しようと思ったら，かならず電流源/電圧源回路が必要になってくるということです．

このように重要な電流源/電圧源回路ですが，いずれの場合にも V_{CC} 依存型/V_{BE} 依存型/バンドギャップ型の3種類に分類することができます．

V_{CC} 依存型は電流または電圧が電源電圧 V_{CC} に対応して変化するものです．V_{CC} が安定していれば簡単でよいのですが，V_{CC} が変動するとそれがそのまま出てきますので注意が必要です．場合によってはコンデンサを付けてリプル分を除去したりすることもあります．

V_{BE} 依存型は電流または電圧がトランジスタの V_{BE} に比例して変化するもので，基本的には V_{CC} 変動の影響はありません．ただし V_{BE} の温度特性が現れるので，負の温度係数をもった電流/電圧となります．

バンドギャップ型はIC特有のもので，電流源の場合増幅器の開ループ利得の温度係数を0とすることができます．また電圧の場合は，その電圧の温度係数を0とすることができます．

4.1　V_{CC} 依存型電流源回路(1)

● 特徴

IC回路では定電流源を使用することがたいへん頻繁に使われますが，その中でも V_{CC} 依存型の定電流源は電源電圧さえ安定ならば，もっとも簡単にできるものです．**図4.1**は電源電圧 V_{CC} から電流を決め，それを基準に定電流源をつくり出す回路です．

この例では定電流源としての取り出し源を Q_4，Q_5の二つとしていますが，同じように並列に接続することにより，さらに多くの電流を取り出すことができます．

● 回路動作

回路的にはベース電流補償のついたカレント・ミラー回路で，入力の定電流の代わりに V_{CC} から抵抗を接続したものです．$V_{BE(Q1)}$ と $V_{BE(Q3)}$ との和はその動作電流とは関係なくほぼ一定なので，V_{CC}が一定ならば抵抗 R_1 と R_3 にかかる電圧は一定と考えてよく，これにより V_{CC}～R_1～Q_3～R_3～GNDの経路で流れる電流は一定ということになります．この一定電流がカレント・ミラー回路の入力電流になるわけで，出力電流 I_{out1}，I_{out2}はカレント・ミラー比で決まってきます．

Q_3に流れる電流 $I_{C(Q3)}$ は，

$$I_{C(Q3)}=(V_{CC}-2V_{BE})/(R_1+R_3)$$

です．ここで V_{CC} が一定ならば，$I_{C(Q3)}$ も一定であるということです．また出力電流 I_{out1} は，Q_4のエミッタ面積が Q_3のエミッタ面積に等しく，$R_3=R_4$なので，Q_3の電流に等しくな

図4.1　V_{CC} 依存型電流源回路(1)

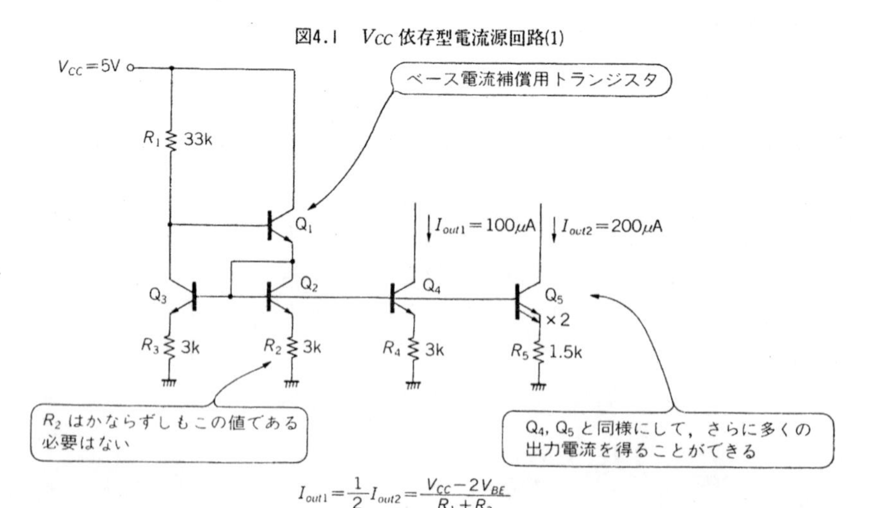

図4.2　I_{out1}，I_{out2} - V_{CC} 特性

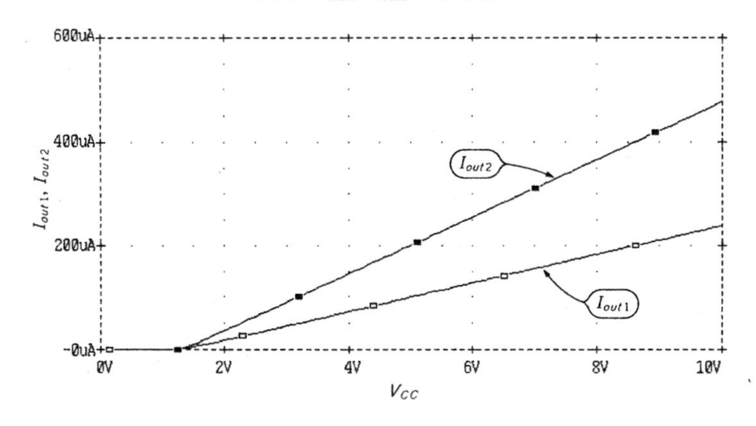

ります．I_{out2}は，Q_5のエミッタ面積がQ_3の2倍で，$R_3=(1/2)R_4$ なので，Q_3の電流の2倍になります．これにより，

$$I_{out1}=(1/2)I_{out2}=(V_{CC}-2V_{BE})/(R_1+R_3)$$

となります．これより回路図中の定数では，$V_{CC}=5$ V のとき，$I_{out1}=100\,\mu$A，$I_{out2}=200\,\mu$A と計算されます．

Q_1はベース電流補償用のトランジスタで，Q_2～Q_5のベース電流およびQ_2のコレクタ電流をこのエミッタ電流で供給するものです．これがないと(*1)ベース電流を R_1を流れる電流で供給しなければならず，そうするとカレント・ミラー回路への入力電流($I_{C(Q3)}$)がその分少なくなり誤差が大きくなります．この回路のように入出力の電流比($\sum I_{out}/I_{C(Q3)}$)が大きくない場合はそれほどではありませんが，この比が大きくなると効果が大きくなります．なおこの比は最大で10～数十程度(*2)まで可能です．

● シミュレーション

V_{CC} を0～10 V まで変化させたときの，出力電流のシミュレーション結果を**図4.2**に示します．$V_{CC}=5$ V のとき，$I_{out1}=100\,\mu$A，$I_{out2}=200\,\mu$A で，それよりも V_{CC} が増減すると，V_{CC} にしたがって出力電流も直線的に変化しているのがわかります．V_{CC} が1.4 V 以下で出力電流が0になっているのは，各トランジスタに必要な V_{BE} が得られないためです．

(＊1)　Q_1がない場合は，Q_2と R_3も取り去る．

(＊2)　出力電流に必要な精度と，使用するトランジスタの $h_{FE(min)}$ で決まってくる．精度が低くてよければ，比を大きくとれる．

4.2　V_{CC} 依存型電流源回路(2)

● 特徴

一般的にカレント・ミラー回路の入力電流を V_{CC} から抵抗で決めると，その出力電流は V_{CC} 依存型の電流源と考えることができます．しかし，そのままではカレント・ミラー回路の入力電圧分のロスがあるので，V_{CC} に正比例した電流源にはなりません．ここで紹介するのは取り出される出力電流が電源電圧 V_{CC} に正比例するような定電流回路です．

● 回路動作

回路図を図4.3に示します．考え方は，この図のQ_3の電流が V_{CC} で決まる電流よりも入力電圧の $2V_{BE}$ 分だけ小さい電流になっていますが，これをQ_1の電流で補償しようというものです．これにより出力電流は V_{CC} に正比例した電流になります．ただし正比例といっても，回路が正常に動作しないような低 V_{CC} では，本来の動作をしないのは仕方ありません．

Q_1とQ_2はエミッタ面積およびエミッタ抵抗が等しく，1対1のカレント・ミラーになっているので，そのコレクタ電流は互いに等しく，

$$I_{C(Q2)}=I_{C(Q3)}=(V_{CC}-2V_{BE})/(R_1+R_3)$$

となります．いっぽう，Q_1にはQ_2，Q_3のベース電流補償効果もありますが，このベース電流分よりもR_2に流れる電流のほうが十分に大きくなるように設定しておくとQ_1の電流は，

図4.3　V_{CC} 依存型電流源回路(2)

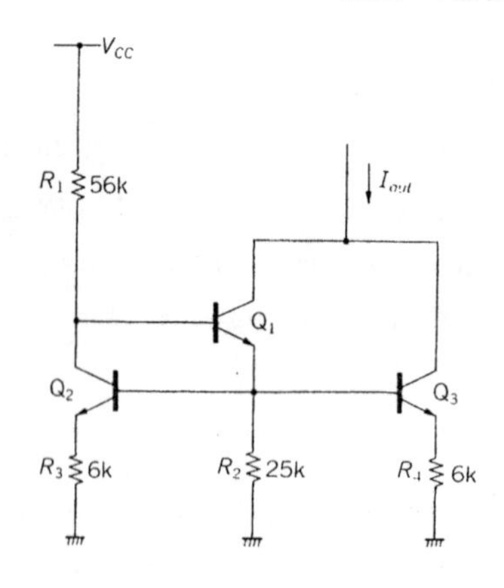

$$I_{out}=\frac{R_2+R_3}{R_2(R_1+R_3)}V_{CC}+\frac{R_1-2R_2-R_3}{R_2(R_1+R_3)}V_{BE}$$

$R_1=2R_2+R_3$ とすると，

$$I_{out}=\frac{V_{CC}}{2R_2}$$

図4.4　I_{out}-V_{CC}特性

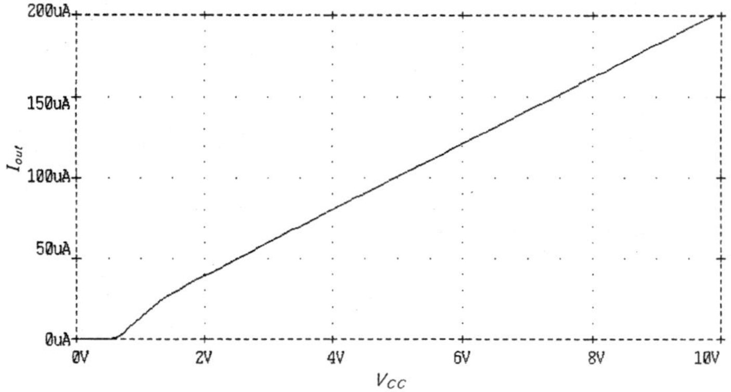

$$I_{C(Q1)}=[V_{BE}+\{R_3/(R_1+R_3)\}(V_{CC}-2V_{BE})]/R_2$$

となります．したがって，出力電流 I_{out} は，

$$I_{out}=I_{C(Q1)}+I_{C(Q3)}$$
$$=\{(R_2+R_3)V_{CC}+(R_1-2R_2-R_3)V_{BE}\}/\{R_2(R_1+R_3)\}$$

となります．この式を見ると，$R_1=2R_2+R_3$ ならば V_{BE} 項が消えて，

$$I_{out}=\{(R_2+R_3)/R_2(R_1+R_3)\}V_{CC}=V_{CC}/(2R_2)$$

となることがわかります．つまり**図4.3**の回路において，$R_1=2R_2+R_3$，$R_3=R_4$ に設定すれば，I_{out} には V_{CC} に正比例した電流が取り出されるわけです．

図4.3の定数では，$I_{out}=V_{CC}/50\ \mathrm{k\Omega}$ となっており，$V_{CC}=5\ \mathrm{V}$ のときに $I_{out}=100\ \mu\mathrm{A}$，$V_{CC}=10\ \mathrm{V}$ のときには $I_{out}=200\ \mu\mathrm{A}$ の電流が取り出されます．

● シミュレーション

この回路をシミュレーションして，V_{CC}-I_{out} 特性を求めたものが**図4.4**です．これを見ると，$V_{CC}=5\ \mathrm{V}$ のときに $I_{out}=100\ \mu\mathrm{A}$ になっているのが確認できますが，$V_{CC}=10\ \mathrm{V}$ のときには $I_{out}=200\ \mu\mathrm{A}$ となっており，I_{out} が V_{CC} に正比例していることがわかります．

なおこのシミュレーション結果ではわかりませんが，R_3，R_4を小さくしていくと徐々にアーリ効果の影響が出てきて，$R_3=R_4=0$($R_1=50\ \mathrm{k\Omega}$)では $V_{CC}=5\ \mathrm{V}$ では**図4.4**と同じですが，$V_{CC}=10\ \mathrm{V}$ になると $I_{out}=210\ \mu\mathrm{A}$ になり，計算よりも5％ほど大きくなってしまいます．

4.3 V_{BE} 依存型電流源電圧源回路(1)

● 特徴

電源電圧が変動しても一定の電流や電圧を得たいときによく使われるのが，V_{BE} 依存型電源回路です．ここで紹介する回路はもっとも基本的な回路で，V_{BE} 依存型の定電流と定電圧が同時に得られるものです．もちろん，一方だけを利用し，もう一方は使わなくてもかまいません．V_{BE} 依存型電源の場合，通常電圧電流ともに温度が高くなるにしたがって小さくなります．

● 回路動作

図4.5に回路図を示します．Q_1，Q_2には V_{CC} に依存する電流が流れますが，Q_3のベース電位は流れる電流の大きさには関係なく(*3)，$2V_{BE}$ とほぼ一定です．したがって，Q_3のエミッタの電位はそれよりも V_{BE} だけ低くなるので，

$$V_{out}=V_{BE}=0.7\,\mathrm{V}$$

となります．いっぽう Q_3のコレクタ電流 I_{out} は R_2に流れる電流に等しく，R_2の両端には V_{BE} の電圧がかかっているので，

$$I_{out}=V_{BE}/R_2=0.7/7\,\mathrm{k}=100\,\mu\mathrm{A}$$

となります．

図4.5 V_{BE} 依存型電流源電圧源回路(1)

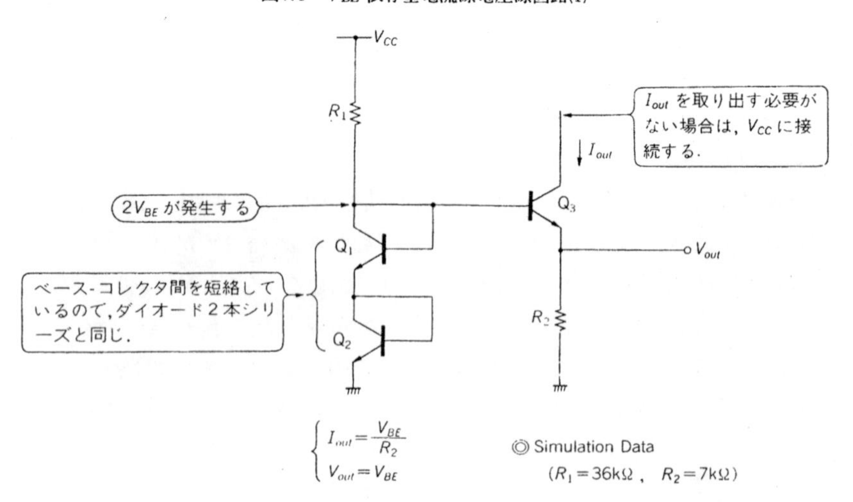

図4.6　V_{out} を高くしたい場合

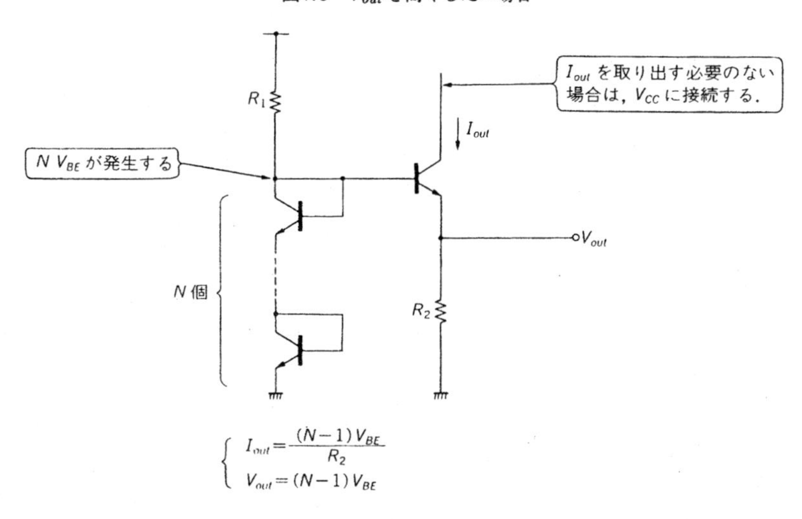

図4.6は V_{out} を高くとりたい場合で，N 個のダイオード・スタックを使うと，

$$V_{out}=(N-1)\ V_{BE}$$

となります．また I_{out} は V_{out} が R_2にかかるので，

$$I_{out}=(N-1)\ V_{BE}/R_2$$

となります．このように考えると，**図4.5**はこの回路の $N=2$ の場合に相当することがわかります．なお V_{out} から出力電流が流れているときは，I_{out} には当然その分の誤差が生じます．

V_{out} はNPNトランジスタのエミッタ・フォロワの出力になっているので，ソース方向の電流は多くとれますが，シンク方向の電流は R_2で制限されます．この大きさは最大でも I_{out} を越えることはなく，それ以上の電流を流し込むと V_{out} が本来の電圧よりも大きくなってしまいます．

V_{BE} 依存型電源回路の大きな特徴に，温度が高くなるほど値が小さくなるという性質があります．これは V_{BE} の温度係数が約-3000 ppm/℃（-2.2 mV/℃）と負であることによるものです．したがって V_{out} も同じ温度係数をもちます．

電流の温度係数については，V_{BE} の温度係数から抵抗の温度係数を引いた値になり，

電流の温度係数：$TC=TC_{VBE}-TC_R$

TC_{VBE}：V_{BE} の温度係数［ppm/℃］，TC_R：抵抗の温度係数［ppm/℃］

となります．ただし TC_R はICの場合，製造プロセスや抵抗の種類(ベース抵抗，ポリ・シ

図4.7　I_{out}-V_{CC} 特性

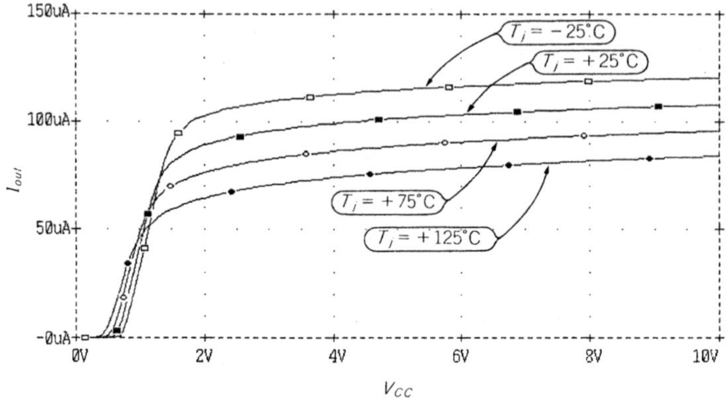

リコン抵抗など)により大きく変わってきます(*4).

● シミュレーション

図4.5の回路において，抵抗の温度係数を0とし，接合温度 T_j をパラメータにとり −25/+25/+75/+125℃として，V_{CC} を0〜10Vまで変化させたときの出力電流 I_{out} を**図4.7**に示します．これより，$V_{CC}>1.5$ V($T_j=+25$℃のとき)であれば，V_{CC} が変動しても I_{out} はさほど変化しないということがわかると思います．温度に対しては，低温になるほど I_{out} は増加しており，たとえば $T_j=+25$℃のカーブで $V_{CC}=5$ Vでは $I_{out}\fallingdotseq 100\,\mu$Aとなっており，50℃温度の異なる $T_j=-25$℃または $T_j=+75$℃の値では約15 μA(15%)大きさが違っているので，I_{out} の温度係数としては−3000 ppm/℃となっています．V_{CC} が増加すると I_{out} も増加するのは，V_{CC} が高くなるにつれて Q_1, Q_2 の電流も増加して V_{BE} が大きくなり，R_2 にかかる電圧が大きくなるからです．

なお V_{out}-V_{CC} 特性のシミュレーションはここでは行っていませんが，カーブとしては**図4.7**とまったく同じ形になり，縦軸の単位だけが異なったものになります．すなわち縦軸の目盛りに R_2 の値(7 kΩ)をかけると，**図4.7**は V_{out}-V_{CC} 特性と見なすことができるというわけです．

(＊3)　実際には，$V_{BE}=V_T\ln(I_C/I_S)$ という式が示すように I_C が大きくなれば V_{BE} も大きくなるが，I_C の変化分は対数圧縮されてしまい，たとえば I_C が10倍変化しても V_{BE} は60 mVしか変化しない．

(＊4)　0〜±5000 ppm/℃程度

4.4　V_{BE} 依存型電流源電圧源回路(2)

● 特徴

ここで紹介するのも V_{BE} 依存型の電流源と電圧源が同時に得られる回路ですが，帰還型を採用しているため「V_{BE} 依存型電流源電圧源回路(1)」で紹介した基本型よりも良好な定電圧特性が得られます．その他温度特性などに関することは基本型と同じです．

● 回路動作

帰還型の V_{BE} 依存型電流源回路を**図4.8**に示します．Q_2に流れる電流は R_2に流れる電流に等しく，R_2の両端の電圧は V_{BE} なので，出力電圧 V_{out} および出力電流 I_{out} は，

$$V_{out}=V_{BE},\quad I_{out}=V_{BE}/R_2$$

となり，V_{out}，I_{out} ともに V_{BE} に比例したものとなります．

図4.9はダイオード・スタックを用いて，V_{out} を高く取り出した場合です．N 個のダイオードを入れることにより，**図4.8**の回路にくらべ V_{out}，I_{out} ともに$(N+1)$倍になり，

$$V_{out}=(N+1)\,V_{BE},\quad I_{out}=(N+1)\,(V_{BE}/R_2)$$

となります．**図4.8**は，$N=0$ の場合に相当します．なお当然のことながら，V_{out} より出力電流を取り出すと I_{out} はその分が誤差となり，上の式で求めた値とは違ってきます．

V_{out} の出力電流や V_{out}，I_{out} の温度特性は，「V_{CC} 依存型電流源電圧源回路(1)」と同じ

図4.8　V_{BE} 依存型電流源電圧源回路(2)

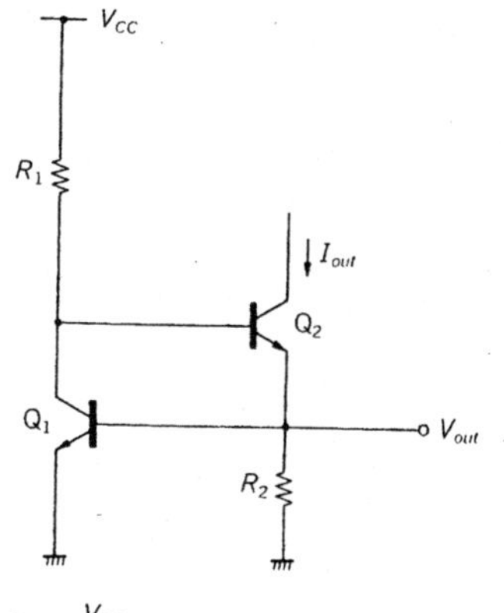

$$\begin{cases} I_{out}=\dfrac{V_{BE}}{R_2} \\ V_{out}=V_{BE} \end{cases}$$

◎ Simulation Data
$(R_1=36\text{k}\Omega,\ R_2=7\text{k}\Omega)$

図4.9　V_{out} を高くしたい場合

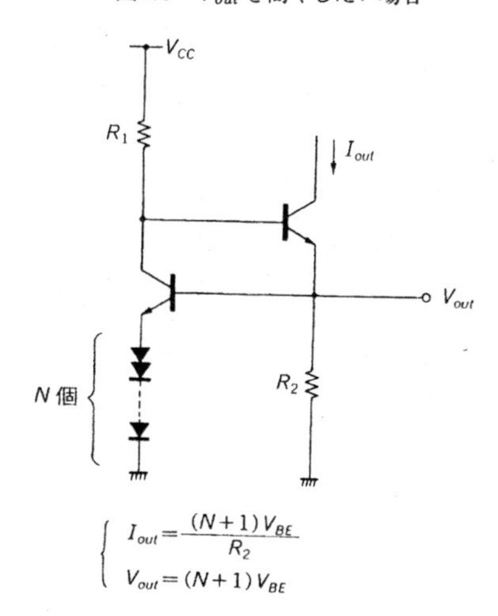

$$\begin{cases} I_{out}=\dfrac{(N+1)\,V_{BE}}{R_2} \\ V_{out}=(N+1)\,V_{BE} \end{cases}$$

図4.10 I_{out}-V_{CC} 特性

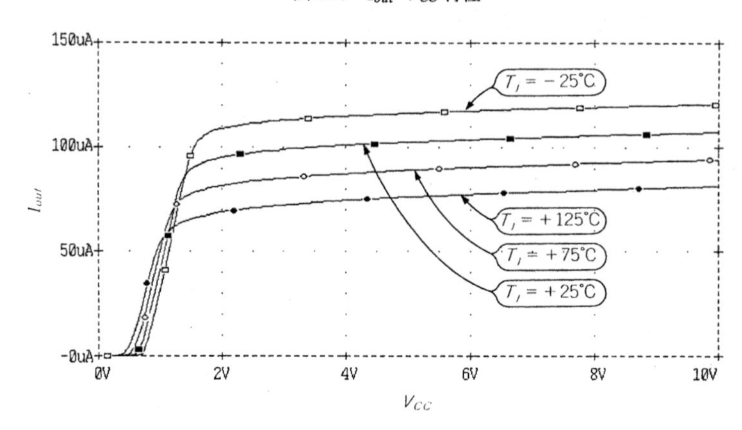

になります.

帰還型の電流源回路の場合, そうでない場合にくらべて V_{CC} 変動などの外乱に対する出力電流の変化が小さいという特徴があります. これは, かりに I_{out} が増加して R_2の両端の電圧が増えると $I_{C(Q1)}$ も増加し, そうすると R_1の電圧降下が増えて Q_2のベース電位が下がり, 結局 I_{out} は減少するという負帰還動作によるものです. I_{out} が減少したときは, 同様に帰還作用により I_{out} を増やす方向に働き, 結局 I_{out} は一定になるというわけです. ただし実際には V_{CC} が高くなると, Q_1の電流が増えて V_{BE} も大きくなるので, I_{out} も大きくなります.

なお Q_2とベース・エミッタを共通にするトランジスタを設けることにより, 複数の電流出力を得ることができます. その場合, 出力電流の大きさはトータルの電流値が V_{BE}/R_2 となります.

● **シミュレーション**

シミュレーションは**図4.8**において, 抵抗の温度係数を0, 接合温度 T_j を−25/+25/+75/+125℃として, V_{CC} を0~10Vまで変化させました.

図4.10はそのシミュレーション結果です. V_{CC} が高くなるにつれて I_{out}も増加していますが, その割合は帰還をかけていない場合(**図4.7**)にくらべて小さくなっています. これよりもさらに変化を小さくしたい場合には, Q_1に流し込む電流を V_{CC} から抵抗で決めるのはやめて, ここにも V_{BE} 依存電流源のような基本的に V_{CC} には依存しない電流を接続します. こうするとかなりの効果が期待できます.

4.5　バンド・ギャップ電流源回路

● 特徴

IC特有の電流源回路にバンド・ギャップ電流源があります．バンド・ギャップ電流源回路の特徴は，温度係数が熱電圧 V_T に比例するため，同じ種類の抵抗を負荷とする増幅回路に用いると，その増幅回路の(開ループ)利得の温度係数が0となるということです．このため温度変化に対して安定な増幅回路を実現することができ，IC内で使われる電流源回路としては非常にポピュラなものです．

● 回路動作

図4.11にバンド・ギャップ電流源回路の一例を示します．Q_4とQ_5のペア・トランジスタがバンド・ギャップ電流を決定するためのもっとも重要なトランジスタで，Q_1～Q_3のカレント・ミラーによりQ_4とQ_5の電流は等しくなります．これによりQ_4，Q_5のコレクタ電流 $I_{C(Q4)}$，$I_{C(Q5)}$ は，

図4.11　バンドギャップ電流源回路

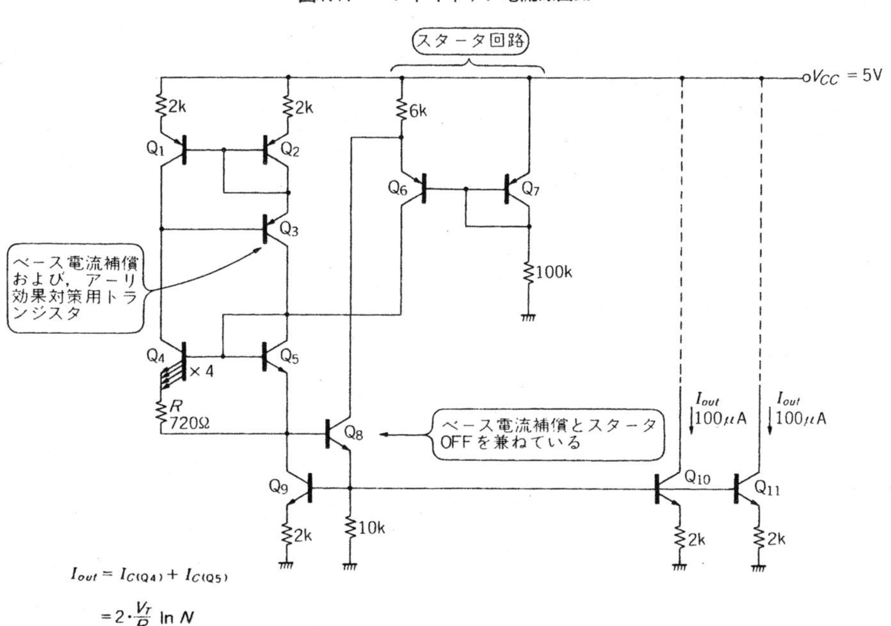

$$I_{out} = I_{C(Q4)} + I_{C(Q5)}$$

$$= 2 \cdot \frac{V_T}{R} \ln N$$

(N：Q_4のQ_5に対するエミッタ面積比)

図4.12　I_{out}-V_{CC} 特性

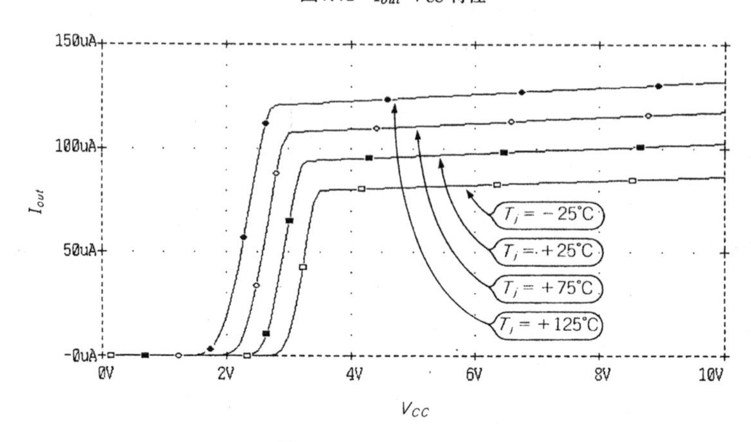

$I_{C(Q4)} = I_{C(Q5)} = (V_T/R)\ln N = (26\,\mathrm{m}/720)\ln 4 = 50\,\mu\mathrm{A}$

N：Q_4のQ_5に対するエミッタ面積比

となり，またQ_1～Q_3も同じ大きさの電流が流れます．Q_4とQ_5の電流の和がQ_9に流れ，ミラー反転されてQ_{10}，Q_{11}より出力されるので，出力電流は100 μAとなります．

Q_8はQ_9～Q_{11}のカレント・ミラー回路のベース電流を供給していますが，Q_6，Q_7とともにスタータ回路をも構成しています．バンド・ギャップ電流源回路の場合，電流の安定点が先に述べたポイントのほかに$I_{C(Q4)} = I_{C(Q5)} = 0$という点にもあるので，スタータ回路を設けないと$V_{CC}$を与えたにもかかわらず電流がまったく流れないということが起きます．スタータ回路のQ_6は電源ON時だけ電流が流れ，定常時はOFFしています．

バンド・ギャップ電流源の温度係数 TC ［ppm/℃］は，

$TC = TC_{VT} - TC_R$

TC_{VT}：V_Tの温度係数で常温で約3300 ppm/℃

TC_R：抵抗の温度係数［ppm/℃］

と表され，通常 TC は正となり V_{BE} 依存型電流源とは逆になります．

● シミュレーション

電源電圧 V_{CC} に対する出力電流 $I_{C(Q10)}$ を－25～＋125℃まで50℃ステップでシミュレーションしたものを**図4.12**に示しますが，これを見ると $I_{C(Q10)}$ は正常動作可能な V_{CC} の範囲では V_{CC} によらずほぼ一定で，また温度が高くなると V_{BE} 依存型電流源とは反対に増加しているのがわかります．

4.6 V_{CC} 依存型電圧源回路(1)

● 特徴

電源電圧 V_{CC} を抵抗で分圧しただけで内部抵抗の高い V_{CC} 依存型電圧源と考えることができますし，さらにそこにエミッタ・フォロワを付けるだけで内部抵抗を小さくできます．ここで紹介するのは図4.13に示すように，(1/2) V_{CC} が出力されるような帰還型電圧源回路で，出力電圧安定度を高めたものです．この回路では I_{out} を取り出さなければ，V_{CC} に正比例する電流を取り出すこともできます．

● 回路動作

この回路で出力電圧 V_{out} すなわちQ_1のエミッタ電位は，

$$V_{out}=\{R_2/(R_1+R_2)\}V_{CC}+\{(R_1-R_2)/(R_1+R_2)\}V_{BE}$$

となるので，$R_1=R_2$ に定数設定すると，

$$V_{out}=(1/2)V_{CC}$$

となり，V_{CC} に正比例するようになります．$R_1 \neq R_2$では V_{BE} の項が残ってしまい，V_{out} が V_{CC} に正比例するとは言えなくなりますが，単調増加の関係にあることには変わりありません．R_3には抵抗を使っていますが，電流源で置き換えてもなんら差し支えありません．

出力電流として取り出せる電流の大きさについては，出力が NPN トランジスタのエミ

図4.13 V_{CC} 依存型電圧源回路

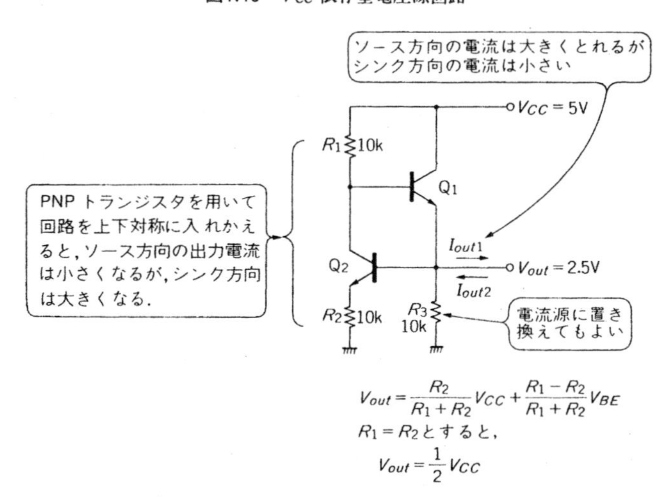

図4.14　V_{out}-V_{CC} 特性

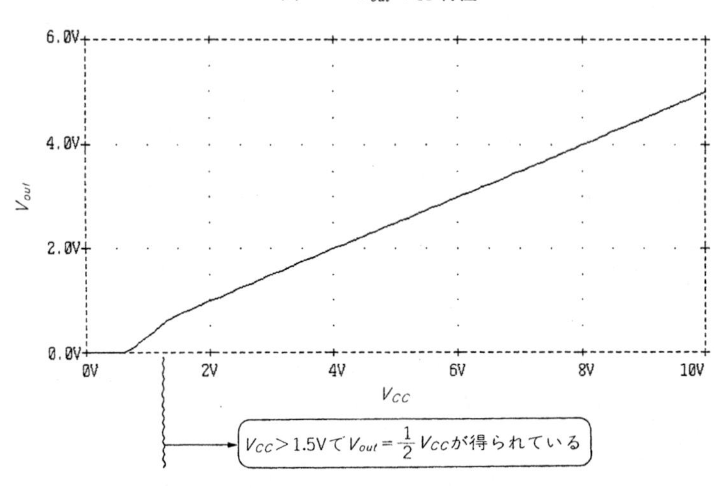

図4.15　V_{out}-I_{out} 特性

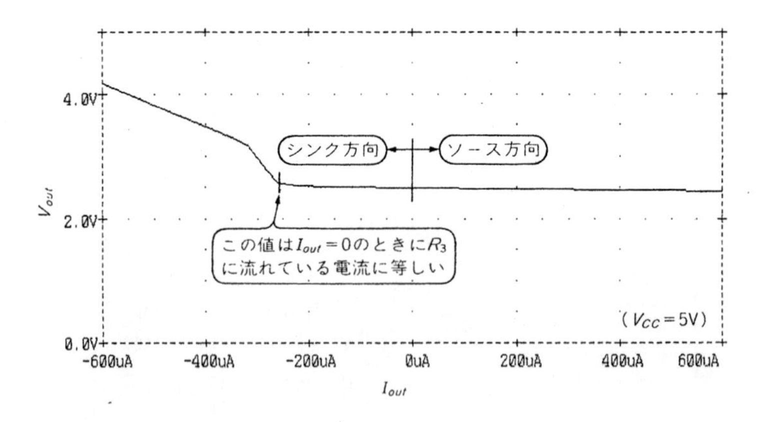

ッタ・フォロワなので出力電流がソース方向($I_{out}>0$)のときは大きくとれますが，シンク方向($I_{out}<0$)のときはR_3で制限されてしまいます．R_3を小さくすれば，シンク方向の電流もそれに応じて大きくとることができますが，電流が小さいときのむだ電流が増え好ましい使い方ではありません．

シンク方向の電流を大きく取り出したい場合は，トランジスタにPNPトランジスタを用いる(ソース方向の出力電流は小さくなる)か，あるいはつぎに述べる「V_{CC} 依存型電圧源回路(2)」のようにSEPP出力で電流を取り出すようにします(シンク/ソース両方向の電流ともに大きく取り出せる)．

出力電流を取り出さなければ，Q_1のコレクタから V_{CC} に正比例する電流を取り出すことができます．このときの電流 $I_{C(Q1)}$ は，

$$I_{C(Q1)}=V_{out}/R_3=V_{CC}/(2R_3)$$

ただし，$R_1=R_2$

となり，V_{CC} に正比例していることがわかります．ただしこれは $R_1=R_2$としているためで，$R_1 \neq R_2$では単調増加の関係となります．また先に述べたように R_3を定電流源で置き換えると，これらのことは成り立たなくなるというのは言うまでもありません．

● **シミュレーション**

V_{CC} を 0～10 V まで変化させたときの出力電圧 V_{out} を，シミュレーションで求めたものを**図4.14**に示します．V_{CC} が約 1.5 V 以上(*5)では，$V_{out}=(1/2)V_{CC}$ という出力が得られており，上式が成り立っていることがわかります．なおこのシミュレーションでは，$I_{out}=0$ としていますが，I_{out} をパラメータにとると，$I_{out}>0$ では V_{out} はわずかに低くなり，$I_{out}<0$ では高めになります．

また $V_{CC}=5$ V 一定として，出力電流 I_{out} を $-600\,\mu$～$+600\,\mu$A まで変化させたときの V_{out} のシミュレーション結果が**図4.15**です．出力電流がソース方向($I_{out}>0$)では，V_{out} は $I_{out}=600\,\mu$A でも一定ですが，シンク方向($I_{out}<0$)では I_{out} が 250 μA を越える付近から急激に V_{out} が上昇してきています．この 250 μA という値は，$I_{out}=0$ のときの R_3に流れる電流値に等しいものです．このことからも R_3を小さくすると，シンク方向の出力電流を増やすことができるということがわかります．

(＊5)　$V_{CC}<1.5$ V では Q_1，Q_2が正常に動作するために必要な V_{BE} が不足して，正常に動作できない．

4.7 V_{CC} 依存型電圧源回路(2)

● 特徴

図4.16は「V_{CC} 依存型電圧源回路(1)」と同様に，(1/2) V_{CC} を出力する V_{CC} 依存型の電圧源回路ですが，出力電流をソース/シンクの両方向いずれも大きくとれるのが特徴です．この回路では Q_1～Q_4 で SEPP 回路を形成しているので，原理的には h_{FE} が十分大きければ出力電流も十分大きな値を取り出すことができます．

また Q_1 または Q_2 のベース・コレクタやエミッタに電圧信号を入れると，バッファ・アンプとして動作させることができます．

● 回路動作

出力電圧 V_{out} は，

$$V_{out}=\{R_2/(R_1+R_2)\}V_{CC}+\{(R_1-R_2)/(R_1+R_2)\}V_{BE}$$

となるので，$R_1=R_2$ に定数設定すると，

$$V_{out}=(1/2)\,V_{CC}$$

となり，V_{CC} に比例するようになります．

図4.16　シンク出力電流も大きくとれる V_{CC} 依存型電圧源回路

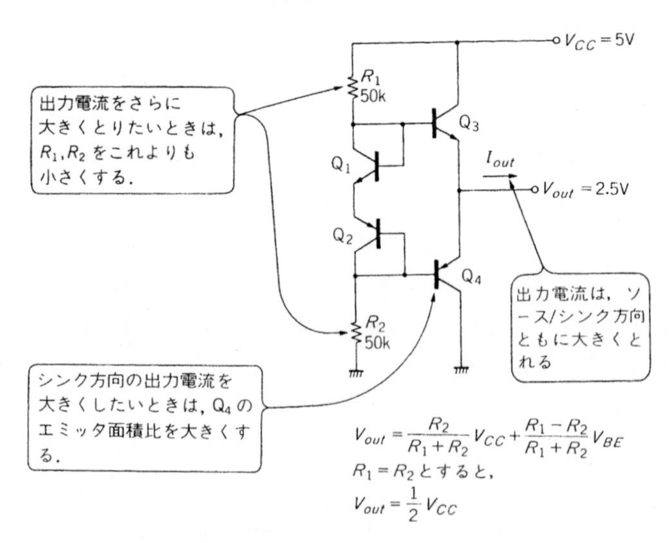

図4.17　V_{out}-V_{CC} 特性

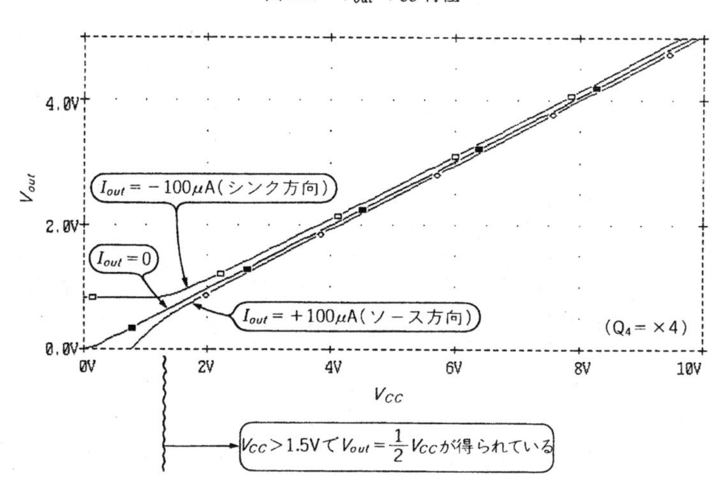

図4.18　V_{out}-I_{out} 特性

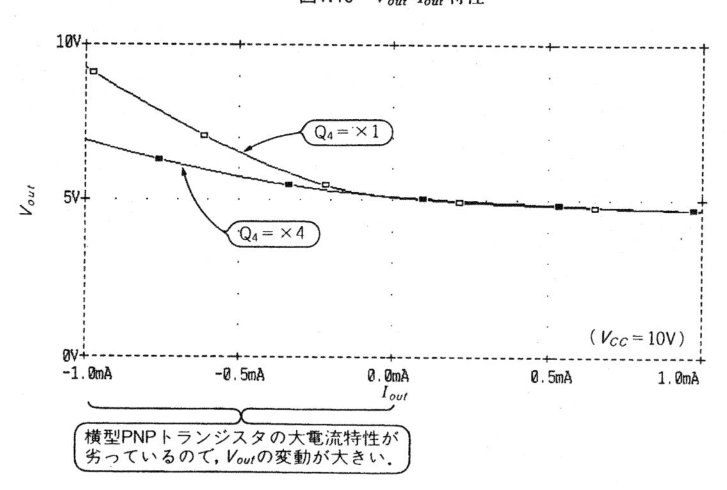

また出力電流を取り出さないときのQ_3, Q_4の電流はR_1～Q_1～Q_2～R_2の経路に流れる電流に等しくなりますが，これは同一チップ内の同極性のトランジスタの特性は同じであることによるものです．

出力電流の最大値はh_{FE}による制限で決まっています．これは通常領域でのh_{FE}のほかに，大電流でh_{FE}の低下の度合いの両方が利いてきます．とくに横型PNPトランジスタでは，NPNトランジスタにくらべてはるかに小さい電流からh_{FE}が低下してくるので，ソース方向にくらべシンク方向の出力電流はどうしても小さくなります．エミッタ1個当たり，NPNトランジスタでは数百μ～数mA，横型PNPトランジスタでは100μ～数百μAが一つの目安です．なお同じPNPトランジスタでも，縦型PNPトランジスタならばNPNトランジスタに匹敵する電流を流すことができます．

● シミュレーション

$I_{out}=0$でV_{CC}を0～10Vまで変化させたときの出力電圧V_{out}を，シミュレーションで求めたものを**図4.17**に示します．I_{out}により多少異なるものの，V_{CC}が約1.5V以上(*6)では$V_{out}=(1/2)V_{CC}$なる出力電圧が得られているのがわかります．

I_{out}がソース方向ではV_{out}は低めに，シンク方向では高めになっていますが，これはI_{out}がソース方向ではQ_3の電流が増加，Q_4の電流が減少して，$V_{BE(Q3)}>V_{BE(Q4)}$となるためで，I_{out}がシンク方向では同様に$V_{BE(Q3)}<V_{BE(Q4)}$となるためです．

また**図4.18**は$V_{CC}=10$Vとして，出力電流を－1m～＋1mA(ソース方向を＋としている)まで変化させたときにV_{out}がどのようになるか，Q_4の面積比を1倍と4倍のときについてシミュレーションしたものです．これを見るとソース方向($I_{out}>0$)のときは$V_{out}=5$Vでさほど電圧変動はありませんが，シンク方向($I_{out}<0$)では早いうちから電圧上昇が見られ，実用に供するのは100μ～数百μAであるというのがわかります．これは横型PNPトランジスタの大電流特性がNPNトランジスタとはくらべものにならないくらい劣っていることによるものです．

シンク方向に出力電流を得ているときのV_{out}の変動をこれよりも小さくするためには，エミッタ面積比を4倍よりもさらに大きくする必要がありますが，それと同時にR_1, R_2の抵抗値を今よりも小さくする必要があります．これはQ_4のベース電流がR_2に流れることによって生じる電圧降下の増加を抑えるためです．

(＊6)　$V_{CC}<1.5$Vでは各トランジスタが正常に動作するために必要なV_{BE}が不足して，正常に動作できない．

4.8　V_{CC} 依存型電圧源回路(3)

● 特徴

「V_{CC} 依存型電圧源回路(1)」，「V_{CC} 依存型電流源回路(2)」では出力電圧を(1/2) V_{CC} 以外に設定すると，V_{CC} に正比例はせずにオフセット項が生じてしまいますが，ここで紹介するのは1/2以外の任意の値に設定しても V_{CC} に正比例した電圧が得られる電圧源回路です．

● 回路動作

回路図を図4.19に示します．

Q_1，R_3，R_4からなる回路は，次項で説明する V_{BE} マルチプライヤを構成しています．この回路はエミッタ-コレクタ間が，

$$V_{CE(Q1)}=\{(R_3+R_4)/R_4\}V_{BE}$$

となります．このためQ_1のベース電位は，

$$V_{B(Q1)}=\frac{R_2}{R_1+R_2}V_{CC}+\left(1-\frac{R_2}{R_1+R_2}\cdot\frac{R_3+R_4}{R_4}\right)V_{BE}$$

となります．したがって，$R_2/(R_1+R_2)=R_4/(R_3+R_4)$ に設定すると，$V_{B(Q1)}$ は，

$$V_{B(Q1)}=\{R_2/(R_1+R_2)\}V_{CC}$$

となり，$V_{B(Q1)}$ は V_{CC} に正比例した電圧となることがわかります．またR_1とR_2の比を適当に選ぶことにより，V_{CC} の係数は0～1までの任意の値を取ることができることもわかります．図中の定数では，$V_{B(Q1)}=(3/4)V_{CC}$ です．

図4.19　V_{CC} 減衰比を任意に設定できる V_{CC} 依存型電圧源回路

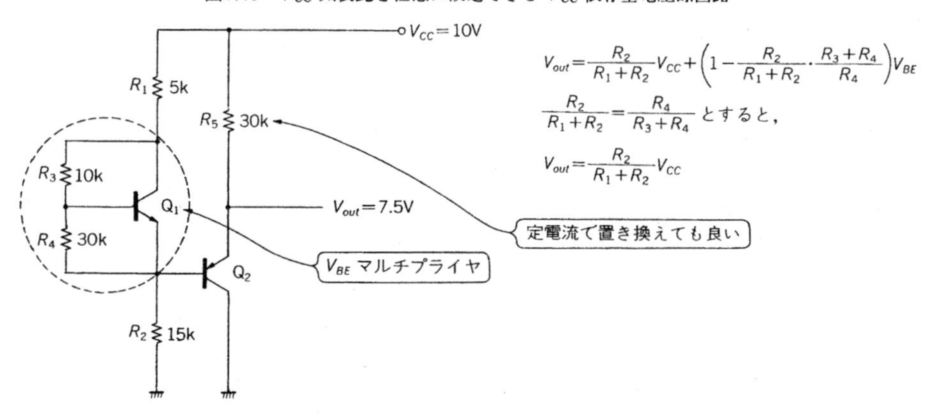

図4.20　V_{out}-V_{CC}特性

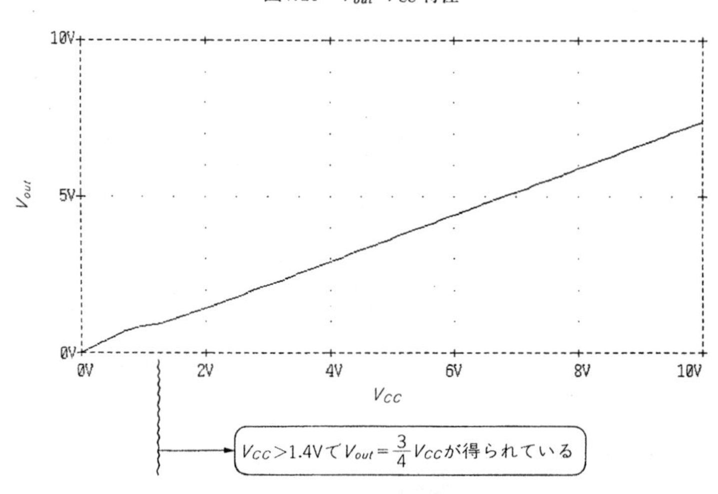

この $V_{B(Q1)}$ を出力電圧としてもよいのですが，インピーダンスが高いのでこのままでは使いにくく，低インピーダンス出力が欲しいところです．そのためにQ_2の PNP エミッタ・フォロワを設けて，出力インピーダンスを低くしています．Q_1のエミッタ電位は，先の $V_{B(Q1)}$ よりも V_{BE} だけ低くなりますが，Q_2のエミッタ電位 V_{out} はそれよりも V_{BE} だけ高くなるので，結局 V_{out} は $V_{B(Q1)}$ に等しくなることになります．正確には NPN トランジスタと PNP トランジスタの V_{BE} は等しくないので，完全に $V_{B(Q1)}$ と V_{out} が等しいとはいえませんが，これは誤差の範囲と考えてさしつかえありません．

計算式のうえでは $R_2/(R_1+R_2)=R_4/(R_3+R_4)$ が成り立てばよいのですが，実際の抵抗値設定については，それ以外の条件もあります．これはQ_1に流れる電流を確保するために，R_3，R_4に流れる電流を R_1，R_2に流れる電流よりも小さくする必要があるということです．さらにR_2に流れる電流はQ_2のベース電流よりも十分大きく，R_3に流れる電流はQ_1のベース電流よりも十分大きくしなければならないということです．こうしないとベース電流による誤差が生じて，V_{out} は V_{CC} に正比例しなくなってしまいます．

なおQ_2の動作電流は抵抗 R_5で決めていますが，定電流源に置き換えてもかまいません．

● シミュレーション

$I_{out}=0$ で V_{CC} を 0～10 V まで変化させたときの出力電圧 V_{out} を，シミュレーションで求めたものを図4.20に示します．V_{CC} が 1.4 V 程度以上では，V_{out} はほぼ(3/4) V_{CC} なる出力電圧が得られているのがわかります．

4.9　V_{BE} マルチプライヤ

● 特徴

V_{BE} をある定数倍するような回路を V_{BE} マルチプライヤといいます．図4.21は V_{BE} マルチプライヤとしてはたいへんポピュラなもので，ディスクリート回路でもよく使われています．

● 回路動作

図4.21の回路において，トランジスタQのベース電流が R_2 に流れる電流よりも十分小さいとすると，R_1 に流れる電流と R_2 に流れる電流は等しいと考えることができます．そうすると R_2 の両端の電圧は V_{BE} なので，R_1 の両端の電圧は $(R_1/R_2)\,V_{BE}$ ということになります．したがって R_1 の両端の電圧と R_2 の両端の電圧の和 V_{out} は，

$$V_{out}=(1+R_1/R_2)\,V_{BE}$$　（V_{BE} はトランジスタQのベース-エミッタ間電圧）

と表され，V_{out} はほぼ一定の電圧となります．ほぼといったのは，Qに流れる電流が増加すると V_{BE} も多少大きくなるので，I_O が増加すると V_{out} も多少増加するということです．

V_{out} の温度係数はQに流れる電流が温度が変化しても一定とすると，[ppm/℃]で表す

図4.21　V_{BE} マルチプライヤ

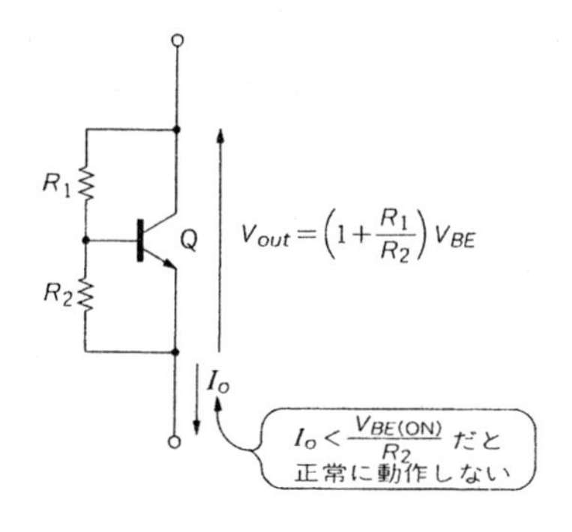

図4.22　V_{BE} マルチプライヤの変形

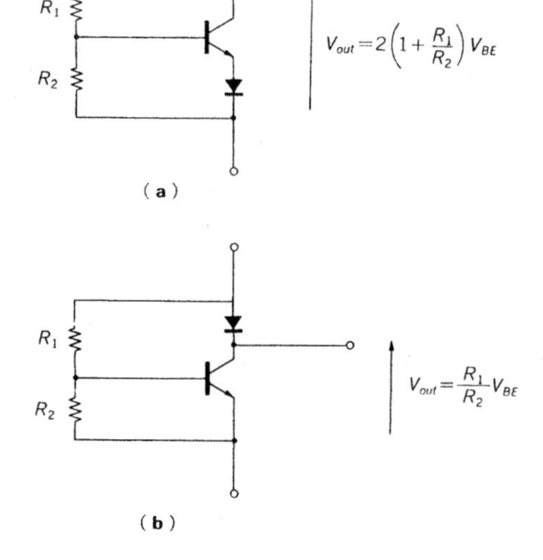

図4.23　V_{out}-I_{out} 特性

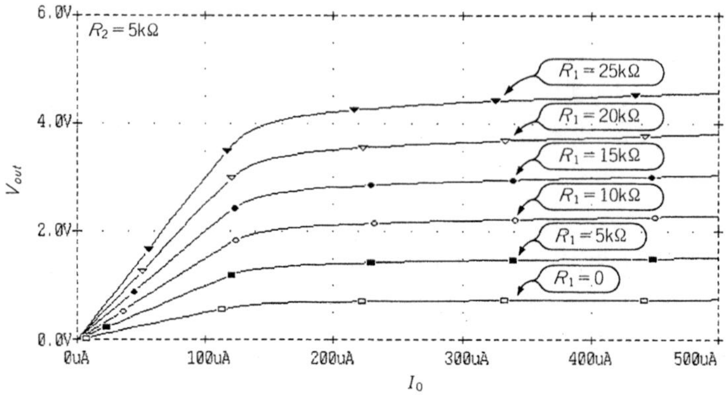

と V_{BE} の温度係数(約−3000 ppm/℃)と同じになり，［mV/℃］で表すと V_{BE} の温度係数(−2～2.5 mV/℃)の$(1+R_1/R_2)$倍になります．先に述べたように R_1，R_2の経路で流れる電流は，トランジスタ Q のベース電流にくらべて十分大きく設定する必要があります．そうでないとベース電流誤差により，上記の式よりも V_{out} は大きめになります．また I_O は，$I_O > V_{BE(ON)}/R_2$ である必要があります．なぜならば $I_O < V_{BE(ON)}/R_2$ では Q に流れる電流が 0 になり，正常な動作ができなくなるからです．

図4.21の回路の変形例として，**図4.22**のような回路があります．図(a)の回路では R_2の両端の電圧が $2V_{BE}$ なので，

$$V_{out}=2(1+R_1/R_2)\,V_{BE}$$

となります．また図(b)の回路では**図4.21**よりもダイオード 1 個分低いので，

$$V_{out}=(R_1/R_2)\,V_{BE}$$

となります．

● シミュレーション

シミュレーションでは抵抗の温度係数を 0 とし，$R_2=5\,\mathrm{k\Omega}$，R_1を 0 から 25 kΩ まで 5 kΩ ステップで変化させたときの V_{out} を求めました．これは**図4.23**に示すような結果になります．たとえば $I_O=200\,\mu\mathrm{A}$ における V_{out} を見てみると，R_1=0/5 k/10 k/15 k/20 k/25 kΩ に対して V_{out}=0.7/1.4/2.1/2.8/3.5/4.2 V となっており，V_{BE} がちょうど 1/2/3/4/5/6/7 倍されているのがわかります．また $V_{BE(ON)}=0.7\,\mathrm{V}$ と考えると，この回路が正常に働くには $I_O>140\,\mu\mathrm{A}$ となりますが，このこともシミュレーション結果からわかると思います．

4.10 V_{BE} 依存型電圧源回路(1)

● 特徴

V_{BE} 依存型電圧源回路は V_{BE} を定数倍した電圧が得られる電圧源回路です．基本的に V_{BE} を積み重ねて電圧を得るか，V_{BE} マルチプライヤで所定の電圧を得ています．温度係数的には V_{BE} に依存するので負の温度係数をもち，高温になるほど出力電圧は低くなります．

● 回路動作

図4.24は V_{BE} マルチプライヤにエミッタ・フォロワをつけた V_{BE} 依存型電圧源回路です．Q_2，R_2，R_3が V_{BE} マルチプライヤで，**図4.21**と同じ形になっています．Q_2のコレクタを出力としても良いのですが，このままでは出力抵抗が大きいので，Q_1のエミッタ・フォロワを入れています．

V_{BE} マルチプライヤでは $(1+R_2/R_3)\,V_{BE}$ なる電圧が発生するので，Q_2のコレクタが $(1+R_2/R_3)\,V_{BE}$ になります．Q_1のバイアス電流はQ_3で与えていますが，その電流値は V_{BE} が等しいのでQ_2と同じになり，$V_{BE(Q1)}=V_{BE(Q2)}=V_{BE(Q3)}$(*7)となります．したがって，出力電圧 V_{out} は，

図4.24 V_{BE} 依存型電圧源回路

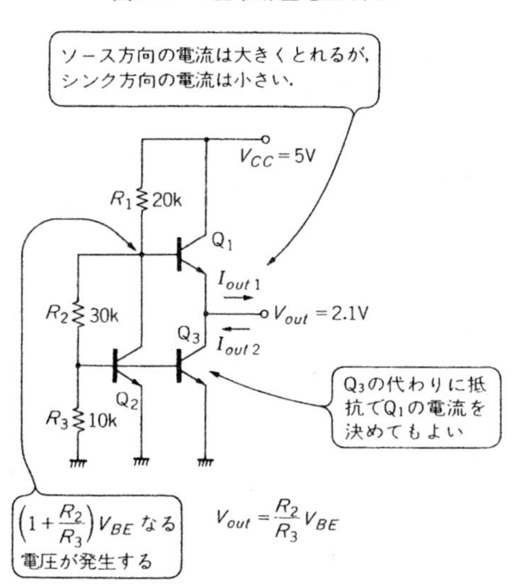

図4.25　V_{out}-V_{CC} 特性

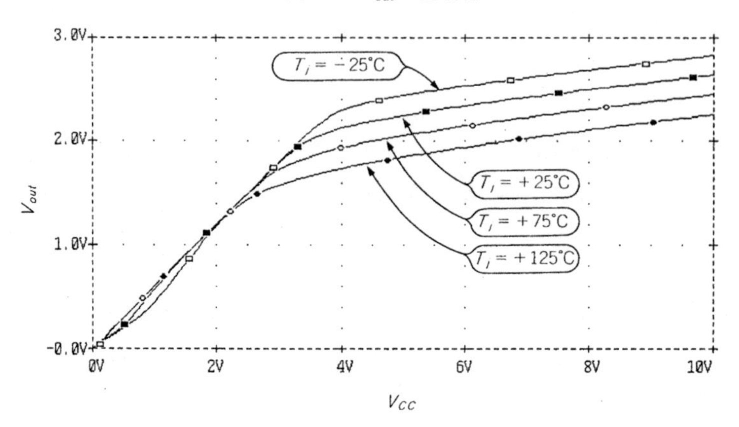

図4.26　V_{CC} 依存性をなくした V_{BE} 依存型電圧源回路

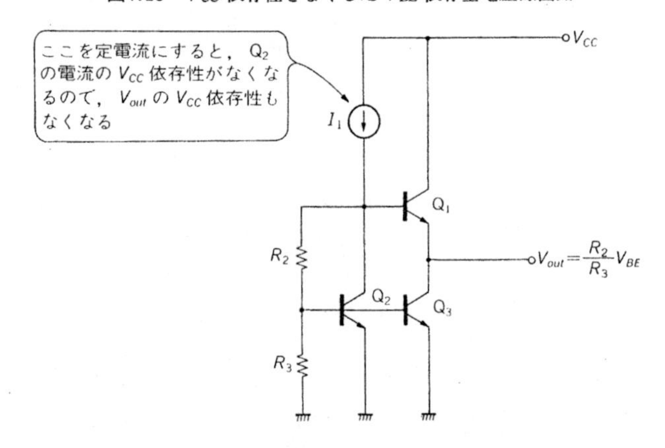

$$V_{out}=(R_2/R_3)\,V_{BE}$$

となり，V_{BE} に比例した出力電圧が得られることになります．この回路定数では $V_{BE}=0.7$ V とすると，

$$V_{out}=(30\text{ k}/10\text{ k})\times 0.7=2.1\text{ V}$$

となります．

温度係数は抵抗の温度係数が0とすると，[ppm/℃]で表したとき V_{BE} の温度係数(約−3000 ppm/℃)と同じに，[mV/℃]で表したとき V_{BE} の温度係数(−2〜2.5 mV/℃)の R_2/R_3倍になります．抵抗の温度係数が0でないときは，温度により Q_2に流れる電流が変化してしまうので，このような単純な形では表されません．

出力電流はNPNエミッタ・フォロワなので，ソース方向は大きな値が得られます(数mA)が，シンク方向は小さくなります．シンク方向の電流は，最大でも Q_2の電流と同じなので，

$$I_{out(\text{sink})\max}=\frac{V_{CC}-(1+R_2/R_3)\,V_{BE}}{R_1}$$

で与えられます．したがって，**図4.24**の定数では，

$$I_{out(\text{sink})\max}=\frac{5-(1+30\text{ k}/10\text{ k})\times 0.7}{20\text{ k}}=110\,\mu\text{A}$$

となります．

なお Q_3の代わりに，抵抗で Q_1の電流を決めてもかまいません．

● シミュレーション

この回路では $R_2=30\text{ k}\Omega$，$R_3=10\text{ k}\Omega$ としているので，先に述べたように $V_{out}=2.1$ V となりますが，抵抗の温度係数を0としたシミュレーションでは**図4.25**のようになります．V_{CC} が高くなるにしたがって V_{out} も高くなるのは，V_{CC} が高くなると Q_2に流れる電流が増加して V_{BE} も大きくなるためです．また V_{BE} の温度係数が現れて，温度が高くなるほど V_{out} は低くなっています．

V_{CC} 依存性を小さくするには，**図4.26**のように R_1の代わりに定電流回路を設けると小さくできます．ただし，この定電流源の温度特性によって，V_{BE} の温度特性が違ってくるのは抵抗の場合と同じです．

(＊7)　出力電流を取り出すと正確にはこの関係は成り立たなくなるが，ほとんど無視できるレベルである．

4.11　V_{BE} 依存型電圧源回路(2)

● 特徴

ここに紹介する V_{BE} 依存型電圧源回路は出力電流はあまり大きく取り出せませんが，電源電圧依存性の少ない電圧源回路です．

● 回路動作

回路図を**図4.27**に示します．Q_1，R_2，R_3が基本となる V_{BE} マルチプライヤですが，変わっているのはQ_1のコレクタに抵抗 R_4と Q_2が入っている点です．R_1に流れる電流は V_{CC} が変化するとそれにともなって変化しますが，R_4, Q_2がないとこの変化分はすべてQ_1の電流変化となり，V_{BE} を変化させて V_{out} の変動の原因となります．ところが R_4，Q_2が入っていると R_4の両端の電圧がQ_2の V_{BE} でほぼ一定となるのでQ_1の電流もほぼ一定となり，V_{CC} による電流変化分はQ_2に流れることになります．つまり V_{out} を作り出すQ_1の V_{BE} が V_{CC} で大きくは変化しないので，V_{out} も V_{CC} の影響を受けにくくなります．V_{out}は，

$$V_{out}=(1+R_2/R_3)\,V_{BE}$$

となります．

この回路が本来の動作をするためにはQ_1と Q_2の両方のトランジスタに電流が流れてい

図4.27　V_{CC} 依存性を改善した V_{BE} 依存型電圧源回路

図4.29　さらに V_{CC} 依存性を改善した V_{BE} 依存型電圧源回路

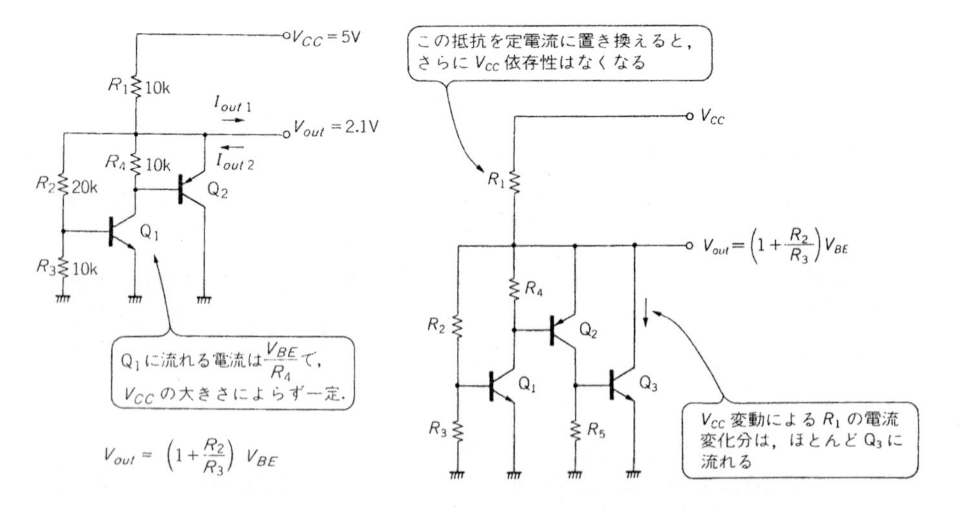

図4.28 V_{out}-V_{CC} 特性

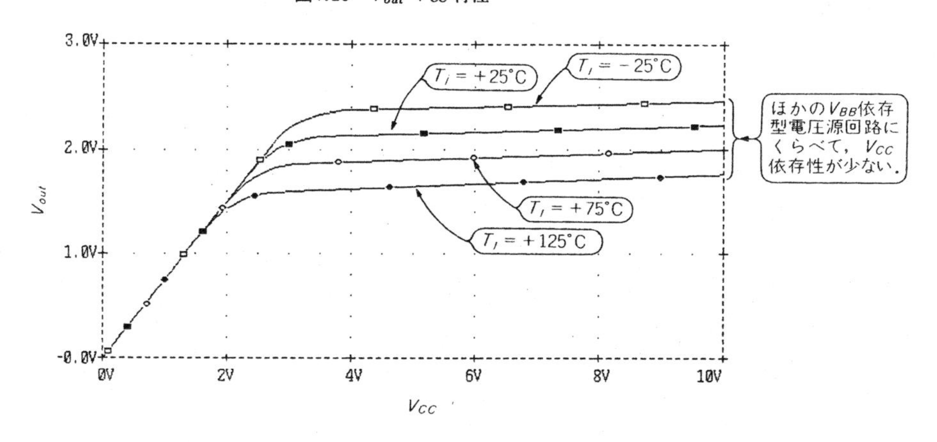

る必要があるので，R_1はそれを満足するように設定しますが，かりにQ_2に電流が流れなくても，Q_1にさえ電流が流れていれば V_{CC} 依存性が大きくなるだけで，V_{out} は先の式で表されます．

このままでは出力電流はソース方向(I_{out1})，シンク方向(I_{out2})ともに電流はほとんど取り出せませんが，この出力にNPN エミッタ・フォロワを付けるとソース方向のドライブ能力が強化され，V_{out} は$(R_2/R_3)\,V_{BE}$ となります．PNP エミッタ・フォロワを付ければ，シンク方向のドライブ能力が強化され，V_{out} は$(2+R_2/R_3)\,V_{BE}$ となります．

● シミュレーション

抵抗の温度係数を0として，温度をパラメータとして V_{CC} を変化させたときのシミュレーション結果を**図4.28**に示します．「V_{BE} 依存型電圧源回路(1)」のシミュレーション結果とくらべれば明らかなように，V_{CC} に対する V_{out} の変化はかなり小さなものとなっています．また温度に対しては V_{BE} の温度特性が出て，温度が高くなるほど V_{out} は低くなります．

これよりもさらに小さくするには**図4.29**のようにQ_3，R_5を設けてQ_2の電流を安定化します．こうすると V_{CC} 変動によるR_1の電流変動分はそのほとんどがQ_3に流れ，Q_2の電流は安定化されるため，Q_1の電流はQ_3がない場合よりもさらに安定化されることになります．さらにR_1を定電流源に置き換えると，さらに V_{CC} 依存性が改善されるのはいうまでもありません．

4.12　バンド・ギャップ電圧源回路

● 特徴

バンド・ギャップ電圧源回路とは，V_{BE} 依存型電圧源(温度係数が負)と V_T(熱電圧)依存型電圧源(温度係数が正)を合成して作り出される，温度特性をもたない(温度係数が0)電圧源回路のことです．1個のPN接合に対して得られるバンド・ギャップ電圧は1.2～1.3V程度と決まっており，この電圧を元に必要な電圧を得ます．温度特性をもたないという特徴から，3端子レギュレータなどに広く使われています．バンド・ギャップ電流源回路と同様に，ディスクリート回路で作ることはできません．

● 回路動作

回路図を図4.30に示しますが，重要なのはQ_1～Q_3までの部分で，Q_4～Q_6からなる部分は電流源回路です．この回路で V_{out} は，

$$V_{out} = V_{BE(Q3)} + V_{R3}$$

すなわちQ_3の V_{BE} と R_3の電圧降下の和で表されます．

図4.30　バンド・ギャップ電圧源回路

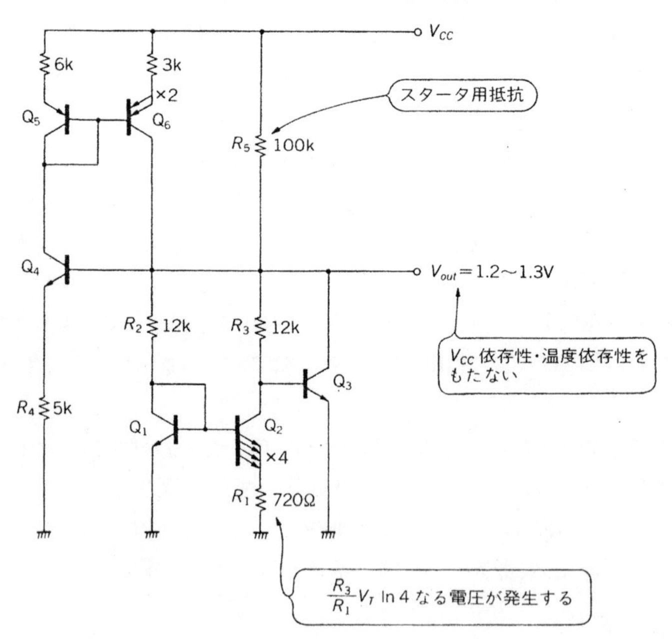

図4.31　V_{out}-V_{CC} 特性

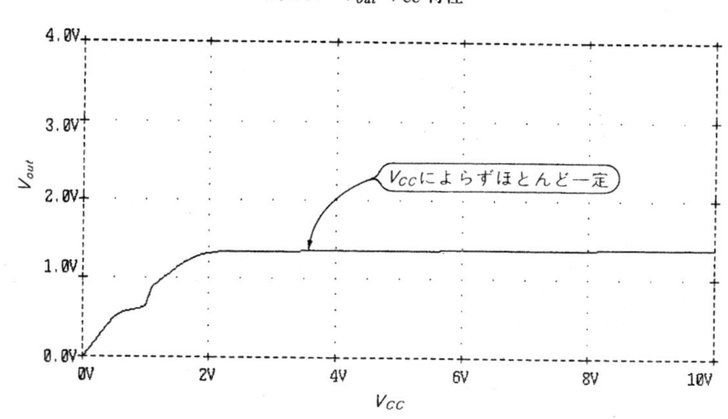

図4.32　V_{out}-T_j 特性

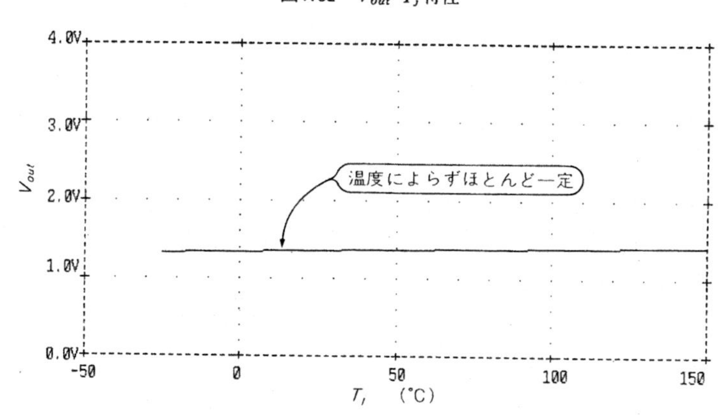

ここでR_3の電圧降下V_{R3}を求めてみましょう．まず$V_{BE(Q1)}$～$V_{BE(Q2)}$～V_{R1}のループで考えると，

$$\underbrace{V_T \ln(I_{C(Q1)}/I_S)}_{V_{BE(Q1)}} = \underbrace{V_T \ln(I_{C(Q2)}/4\,I_S)}_{V_{BE(Q2)}} + \underbrace{I_{C(Q2)}\,R_1}_{V_{R1}}$$

となるので，これを変形すると，

$$I_{C(Q2)}\,R_1 = V_T \ln(4\,I_{C(Q1)}/I_{C(Q2)})$$

が得られます．ここでQ_1とQ_3のV_{BE}が等しいとすると，$R_2=R_3$であることから，

$$I_{C(Q1)} = I_{C(Q2)}$$

となるので，先の式よりQ_1, Q_2の電流は，

$$I_{C(Q1)} = I_{C(Q2)} = (V_T \ln 4)/R_1$$

となります．これよりV_{R3}は，

$$V_{R3} = (R_3/R_1)\,V_T \ln 4$$

となり，V_T依存型電圧源となります．ここでV_{BE}を0.6～0.7Vとすると，V_{R3}を0.5～0.6Vにすれば温度係数0が得られます．

Q_4～Q_6はたんにR_2，R_3，Q_3に電流を流し込む電流源回路なので，基本的にはV_{CC}からの抵抗1本でも可能ですが，これではV_{CC}依存性が大きくなってしまいます．このため一定電位であるV_{out}を利用してQ_4に定電流を作り出し，これをQ_5，Q_6の1対2のカレント・ミラーで折り返して電流源にしています．この電流値は$R_2=R_3$であれば，$3I_{R3}$程度に設定しておけばよいでしょう(*8)．

R_5はスタータ用の抵抗で，これがないと電源ON時にV_{out}が立ち上がらず，$V_{out}=0$のままである可能性があります．これは$V_{out}=0$ではQ_4に電流が流れず，したがってQ_6の電流も0で，$I_{C(Q6)}$が0ではQ_1～Q_3の回路が動作し始めず，そうするといつまでたっても$V_{out}=0$のままであるということを防ぐためです．

● シミュレーション

V_{out}のV_{CC}依存特性をシミュレーションしたのが**図4.31**，温度依存性をシミュレーションしたのが**図4.32**です．なお抵抗の温度係数は1000 ppm/℃としました．

図4.31を見ると，V_{out}はV_{CC}には依存せず，$V_{CC}=2$～10Vまでほとんど一定であるというのがわかります．また**図4.32**を見ると温度依存性も非常に小さく，−25～150℃までV_{out}はほとんど変化していないのがわかります．

(*8)　$R_2=R_3$ならば$I_{C(Q1)}=I_{C(Q2)}=I_{R3}$であり，$I_{C(Q3)}$は任意の大きさでよいので$I_{C(Q3)}=I_{R3}$とすると，$I_{C(Q6)}=3I_{R3}$という値が出てくる．

第5章　増幅回路

増幅回路はIC回路の中でも重要なもので，その中でも差動増幅回路はもっとも重要です．第2章でその動作を詳細に調べてみました．第2章の差動増幅回路を知っているとたいへん役に立ちますが，これだけで構成できる増幅器というと限られたものになってしまいます．本章で紹介する回路はいろいろな増幅器を構成するのに必要な増幅回路で，それぞれについて動作を説明し，シミュレーション結果を紹介します．

5.1　低ひずみ差動増幅回路(1)

● 特徴

通常の差動増幅回路では入力電圧と出力電流の関係がリニアになっていないので，入力電圧の振幅が大きくなるにつれてひずみが増加してきます．これに対して本回路は，出力電流が最小から最大までリニアに変化する回路なので，低ひずみ増幅が期待できます．ただし最大入力振幅は利得の大小にかかわらず300～400 mVで，それ以上になると正常な動作ができなくなります．

● 回路動作

入力が大きいときの差動増幅回路のひずみというのは，V_{BE}が無信号時のV_{BE}にくらべて変化してしまっているからです．そのためこのV_{BE}変化を補償すれば低ひずみになるはずで，それが**図5.1**の回路です．

この考え方はつぎのとおりです．h_{FE}が十分に大きければベース電流は無視できるので，Q_1とQ_3，およびQ_2とQ_4のコレクタ電流は等しくなります．コレクタ電流が等しいということは，すなわちV_{BE}が等しいことになりますので，$V_{BE(Q1)}=V_{BE(Q3)}$，$V_{BE(Q2)}=V_{BE(Q4)}$ということです．これより，

$$V_{BE(Q1)}+V_{BE(Q4)}=V_{BE(Q2)}+V_{BE(Q3)}$$

図5.1　低ひずみ差動増幅回路

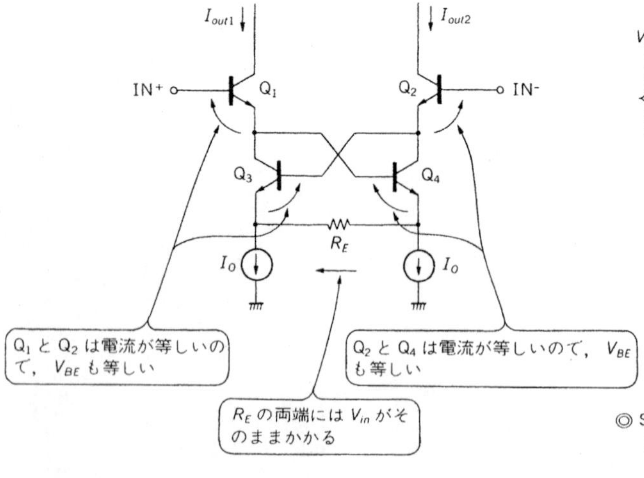

$V_{in}=V_{IN+}-V_{IN-}$とすると，

$$\begin{cases} I_{out1}=I_O-\dfrac{V_{in}}{R_E} \\ I_{out2}=I_O+\dfrac{V_{in}}{R_E} \end{cases}$$

$$g_m=\frac{1}{R_E}$$

◎ Simulation Data
(I_O=100μA, R_E=1k/2k/4kΩ)

図5.2 V_{in}-I_{out}特性

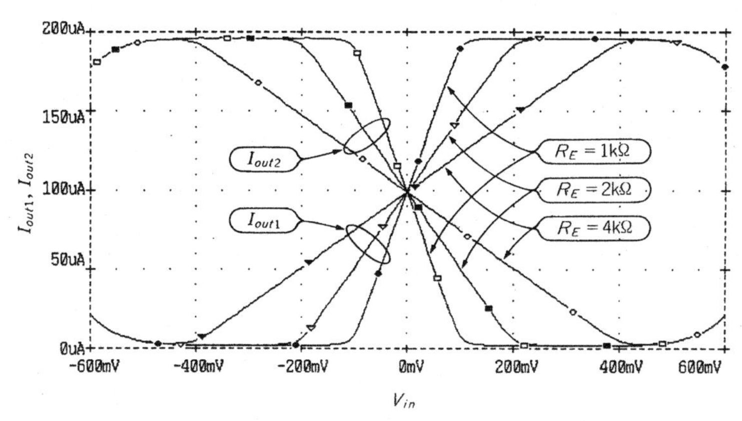

となりますが，このことはIN⁺端子とIN⁻端子間の電圧 V_{in} がそのまま R_E の両端にかかるということで，そのときの R_E に流れる電流が Q_1，Q_2のコレクタ電流の変化分となります．したがって，この電流変化分の中に V_{BE} による非直線は入っておらず，低ひずみとなるわけです．

Q_1，Q_2のコレクタ電流 I_{out1}，I_{out2} は V_{in} が R_E の両端にかかるので，

$$I_{out1} = I_O - (V_{in}/R_E)$$

$$I_{out2} = I_O + (V_{in}/R_E)$$

となります．I_O がバイアス電流で，V_{in}/R_E は入力電圧 V_{in} による電流変化分です．この式を見るとわかるように，式中にひずみの原因となる非線形項(exp，ln など)はありません．

ここで注意したいのは，Q_3，Q_4があるために位相が逆転して一般的な差動増幅回路とは逆に，V_{in} が大きくなるとQ_1のコレクタ電流は減少し，Q_2のコレクタ電流が増加するということです．

リニアに動作する許容入力は $I_O R_E$(ただし $V_{BE} - V_{CE(sat)}$ 以上にはならない)，コンダクタンス g_m は先の I_{out} の式を V_{in} で微分して得られ，$g_m = 1/R_E$ となります．

● **シミュレーション**

$I_O = 100\,\mu A$ とし，R_E を 1 k/2 k/4 kΩ とステップ変化させたときの V_{in}-I_{out} 特性を，**図5.2**に示します．これを見ると R_E の大きさによりコンダクタンスは変化していますが，線形な領域では特性はすべて直線に乗っていることがわかります．

なお $|V_{in}| > 400$ mV で動作がおかしくなっていますが，これは先に述べたようにQ_3またはQ_4が飽和に入ってしまうからです．

5.2　低ひずみ差動増幅回路(2)

● 特徴

「低ひずみ差動増幅回路(1)」(図5.1)ではQ_1あるいはQ_2のコレクタに負荷抵抗を付けて電圧振幅が出ると，ベースとコレクタが同相なので，コレクタ-ベース間容量によって出力が入力に帰還して動作が不安定になる場合もあります．図5.3の回路では，出力の取り出しをQ_1から取るのはやめているので，そのような不都合が起こる心配はありません．

なおそれ以外の特徴は「低ひずみ差動増幅回路(1)」と同じです．

● 回路動作

本回路では出力取り出し用のトランジスタとして，新たにQ_5，Q_6を設けています．これらのトランジスタのV_{BE}はQ_3，Q_4のV_{BE}に等しいので，電流もQ_3，Q_4の電流に等しくなります．Q_3，Q_4の電流はQ_1，Q_2の電流に等しいので，結局Q_5，Q_6の電流I_{out1}，I_{out2}は，

$$I_{out1}=(1/2)\{I_O-(V_{in}/R_E)\} \qquad I_{out2}=(1/2)\{I_O+(V_{in}/R_E)\}$$

ということになり，非線形項(ln，expなど)は含まないことになります．電流が「低ひずみ差動増幅回路(1)」の式の1/2になっているのは，Q_3とQ_5，およびQ_4とQ_6で電流が二分されるからです．コンダクタンスは$1/(2R_E)$です．

出力はQ_5，Q_6のコレクタから取り出しますが，ここにコレクタ-ベース間容量がついても，ベースとコレクタは同相ではないので，高域特性が不安定になることはありません．

図5.3　高域特性を悪化させない低ひずみ差動増幅回路

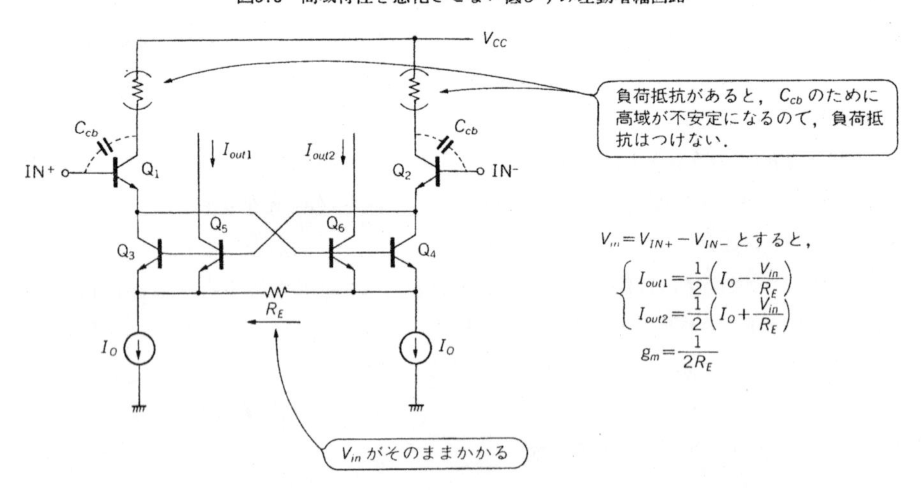

5.3 差動電流増幅回路(1)

● 特徴

通常の差動増幅回路が差動電圧を入力として増幅するのに対して，差動電流増幅回路は差動電流を入力として電流増幅します．差動電流が入力となるので，その前段につながれるのは，一般的な差動増幅回路のような差動電流を出力とする回路になります．当然のことながら，出力も差動電流です．

● 回路動作

回路図を**図5.4**に示します．図(a)は入力電流が上から流し込まれる場合，図(b)は下に引っ張る入力電流の場合です．構成はいずれも通常の差動増幅回路の入力端子(ベース端子)に対基準電圧に対してダイオードを入れており，入力電流をこのダイオードで電圧に変換しているものです．

もう少し詳しく動作を見てみましょう．ここでは**図5.4**(a)の回路について説明しますが，図(b)の回路についても同じ考え方で理解できます．

入力電流が差動電流なので$I+i$，$I-i$(I：バイアス電流，i：変化分)とし，$V_{BE(Q1)}$ ～$V_{BE(Q2)}$～$V_{BE(Q3)}$～$V_{BE(Q4)}$ のループで電圧の式を立ててみると，

$$V_{BE(Q1)}-V_{BE(Q2)}+V_{BE(Q3)}-V_{BE(Q4)}=0$$

となります．この式に V_{BE} と I_C の関係式，

図5.4 差動電流増幅回路

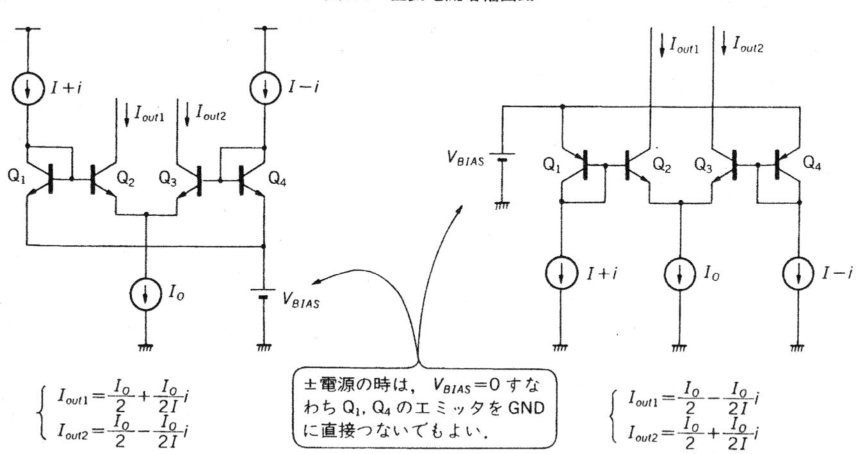

$$\begin{cases} I_{out1}=\dfrac{I_O}{2}+\dfrac{I_O}{2I}i \\ I_{out2}=\dfrac{I_O}{2}-\dfrac{I_O}{2I}i \end{cases}$$

(a) 入力電流を流し込む時

$$\begin{cases} I_{out1}=\dfrac{I_O}{2}-\dfrac{I_O}{2I}i \\ I_{out2}=\dfrac{I_O}{2}+\dfrac{I_O}{2I}i \end{cases}$$

(b) 入力電流を引っ張る時

図5.5　I_{out}-V_{in} 特性

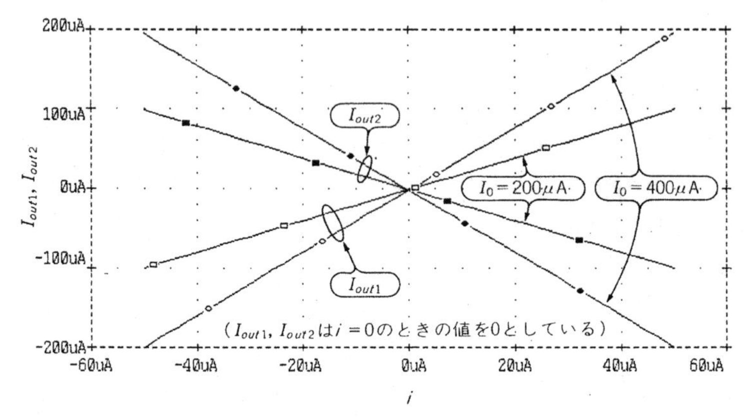

$V_{BE}=V_T\cdot\ln(I_C/I_S)$ および，$I_{out1}+I_{out2}=I_O$

を代入して，I_{out1}，I_{out2} について求めると，

$I_{out1}=\{I_O/(2I)\}(I+i)=I_O/2+\{I_O/(2I)\}i$

$I_{out2}=\{I_O/(2I)\}(I-i)=I_O/2-\{I_O/(2I)\}i$

となります．ここで $I_O/2$ はバイアス電流で，$\{I_O/(2I)\}i$ が入力電流変化に対する出力電流変化です．この式を見ると，入力電流がそのまま $I_O/(2I)$ 倍されて，出力電流になっていることがわかります．すなわち**図5.4**(a)の回路は，電流利得 $I_O/(2I)$ 倍の差動電流増幅回路になっているわけです．

図5.4(b)の回路についても同様で，出力電流の式は**図5.4**(a)の回路の式で，$\{I_O/(2I)\}i$ の符号が反対になるだけです．つまり同じ入力電流に対して，出力電流は(a)の回路とくらべて大きさは同じですが位相が反対になるわけです．

● シミュレーション

図5.4(a)の回路で $I_O=200\,\mu/400\,\mu$A，$I=50\,\mu$A として，i を $-50\,\mu$A から $+50\,\mu$A まで変化させたときの I_{out1}，I_{out2} を，シミュレーションで求めた結果を**図5.5**に示します．先の式から電流利得は，$I_O=200\,\mu$A のとき2倍，$I_O=400\,\mu$A のとき4倍と計算されますが，**図5.5**からシミュレーション結果はこの計算結果とほぼ合っていることがわかります．

なお多少の違いは，先の計算式にはベース電流は考慮されていない(h_{FE} が十分に大きいとしている)ためで，ベース電流を考慮に入れれば正確に合うはずです．またベース電流の影響は利得 $I_O/(2I)$ を高くとるほど大きく現れ，ベース電流補償でもしない限り実用的に使える利得は数倍までです．

5.4　差動電流増幅回路(2)

● 特徴

基本的には「差動電流増幅回路(1)」と同じですが，利得が差動電流増幅回路(1)よりも1だけ大きく取れます．なお「差動電流増幅回路(1)」では，入力電流を上から流し込む場合〔**図5.4**(a)〕でも下から引っ張る場合〔同図(b)〕でも可能でしたが，**図5.6**に示す本回路では下から引っ張る場合だけ(*1)です．

● 回路動作

本回路において，Q_1～Q_4の V_{BE} のループで電圧の式を立ててみると，

$$V_{BE(Q1)}+V_{BE(Q2)}-V_{BE(Q3)}-V_{BE(Q4)}=0$$

となります．ここに V_{BE} と I_C の式，$V_{BE}=V_T \cdot \ln(I_C/I_S)$ を代入して計算すると，

$$I_{C(Q1)}I_{C(Q2)}=I_{C(Q3)}I_{C(Q4)}$$

となります．入力電流は差動電流なので $I+i$，$I-i$ とし，ベース電流を無視すると，Q_3，Q_4のコレクタ電流は，

$$I_{C(Q1)}=I+i,\ I_{C(Q4)}=I-i$$

であり，また $I_{C(Q2)}+I_{C(Q3)}=I_O$ なので，これらより Q_2，Q_3のコレクタ電流を求めると，

$$I_{C(Q2)}=\{I_O/(2I)\}(I-i)=I_O/2-\{I_O/(2I)\}i$$

$$I_{C(Q3)}=\{I_O/(2I)\}(I+i)=I_O/2+\{I_O/(2I)\}i$$

が得られます．ここで $I_O/2$ はバイアス電流，$\{I_O/(2I)\}i$ は入力電流に対応する変化分です．この式を見るとわかるように，$I_{C(Q2)}$，$I_{C(Q3)}$ は入力差動電流を$(I_O/2I)$倍した大きさに

図5.6　差動電流増幅回路

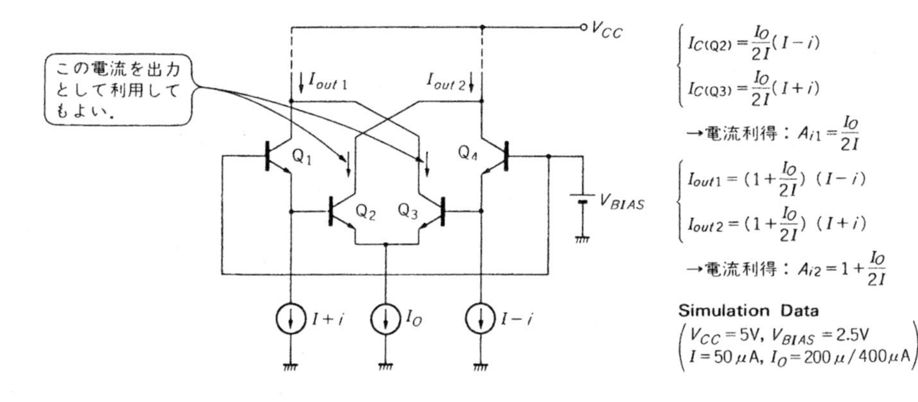

図5.7　I_{out}-I_{in}特性

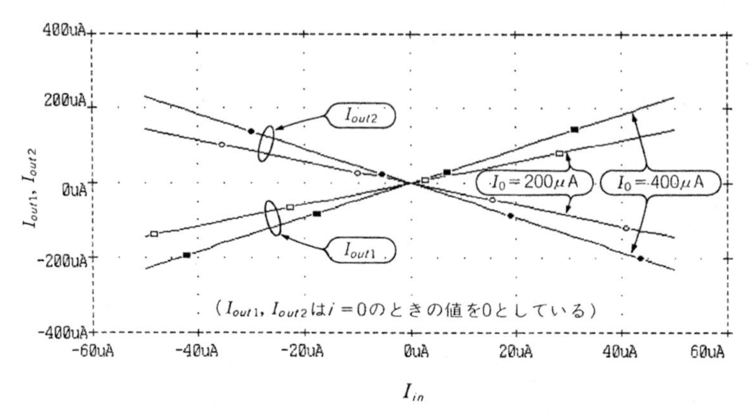

なっており，これを出力電流として取り出すと「差動電流増幅回路(1)」と同じ電流利得になります．

また最終的な出力電流 I_{out1}, I_{out2}は，

$$I_{out1}=I_{C(Q1)}+I_{C(Q3)}=\{1+I_O/(2I)\}(I+i)$$

$$I_{out2}=I_{C(Q2)}+I_{C(Q4)}=\{1+I_O/(2I)\}(I-i)$$

となるので，電流利得 A_i は，

$$A_i=1+I_O/(2I)$$

になり，$I_{C(Q2)}$，$I_{C(Q3)}$ だけの場合よりも1だけ大きな利得となります．なお I_{out1}，I_{out2} のバイアス電流は，$i=0$ とすればよいので $I+I_O/2$ となります．

● シミュレーション

$I_O=200\,\mu/400\,\mu$A, $I=50\,\mu$A として，i を$-50\,\mu$A から$+50\,\mu$A まで変化させたときの I_{out1}，I_{out2}のシミュレーション結果を**図5.7**に示します．先の式より電流利得は，$I_O=200\,\mu$A のとき3倍，$I_O=400\,\mu$A のとき5倍と計算されますが，**図5.7**ではそれよりもやや小さくなっています．これはQ_2，Q_3のベース電流がQ_1，Q_4のエミッタに流れ，等価的に I が大きくなったように働いているからです．これより，精度を考慮すると，実用になる利得は数倍までということができるでしょう．

（＊1）　トランジスタの極性をすべてPNPトランジスタにすると，入出力電流の向きもすべて反対になる．

5.5 差動電流増幅回路(3)

● 特徴

「差動電流増幅回路(1), (2)」では利得は一定でしたが，ここで示す回路は入出力関係がエミッタ抵抗のないもっとも基本的な差動増幅回路と同じ特性を示します．また「差動電流増幅回路(1), (2)」では利得を変えようとするとバイアス電流を変えなければなりませんでしたが，本回路ではバイアス電流はそのままで抵抗値を変えるだけで小信号電流利得を変えられます．

● 回路動作

図5.8に回路図を示します．まず無信号時についてみてみましょう．Q_1とQ_2，Q_3とQ_4はベースとエミッタが共通であり，またR_1とR_2による電圧降下は等しいのでQ_1~Q_4のV_{BE}はすべて等しいことになります．またQ_2とQ_3のコレクタ電流はIなので，Q_1とQ_4はともにNIということになります．

信号があると入力電流は$I+i$，$I-i$（I：バイアス電流，i：変化分）となり，iは抵抗に流れます．これにより抵抗の電圧降下はiRだけ変化し，Q_1のベース電位は定常時よりもiR_1だけ高くなり，Q_4のベース電位はiR_2だけ低くなります．これより，GND~$V_{BE(Q2)}$~V_{R1}~V_{R2}~$V_{BE(Q3)}$~GNDのループで電圧の式を立てると，

$$V_T \cdot \ln(I_{C(Q2)}/I_S)-(I+i)R+(I-i)R+V_T \cdot \ln(I_{C(Q3)}/I_S)=0$$

となります（第1項：$V_{BE(Q2)}$，第2項：V_{R1}，第3項：V_{R2}，第4項：$V_{BE(Q3)}$）．ここで，$I_{C(Q2)}+I_{C(Q3)}=2I$なので，これより$I_{C(Q2)}$，$I_{C(Q3)}$が求められ，

図5.8 基本的な差動増幅回路と同じ特性をもった差動電流増幅回路

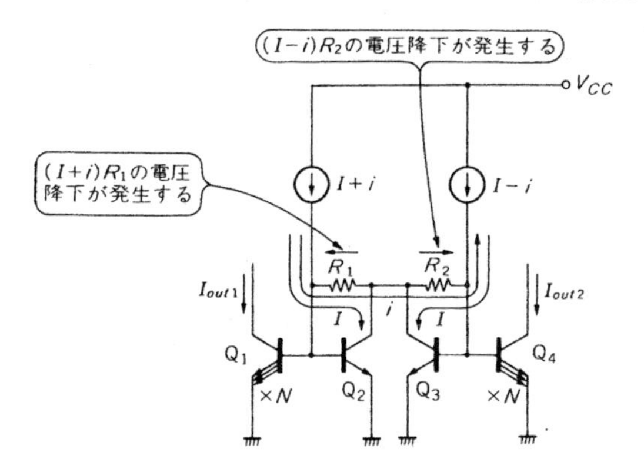

$$\begin{cases} I_{out1}=\dfrac{2NI}{1+\exp\left(\dfrac{-2iR}{V_T}\right)} \\ I_{out2}=\dfrac{2NI}{1+\exp\left(\dfrac{2iR}{V_T}\right)} \end{cases}$$

小信号電流利得：$A_i=N\dfrac{IR}{V_T}$

（ただし，$R_1=R_2=R$）

Simulation Data

（$V_{CC}=5V$, $I=100\mu A$, $N=1$
$R_1=R_2=500/1k/2k\Omega$）

図5.9　I_{out}-i 特性

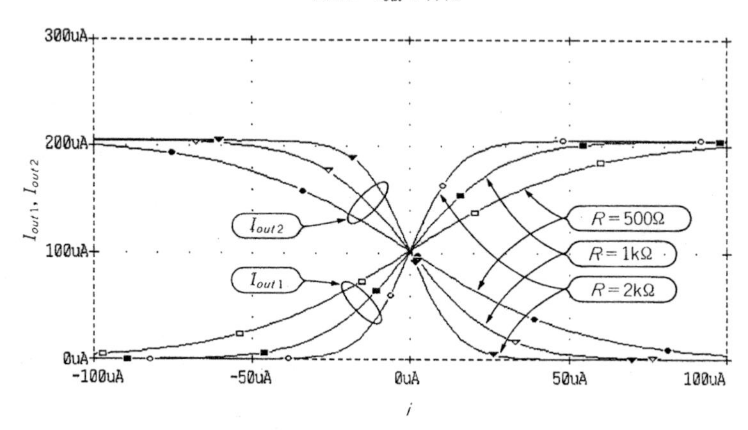

$$I_{C(Q2)}=2I/\{1+\exp(-2\,iR/V_T)\}$$
$$I_{C(Q3)}=2I/\{1+\exp(2\,iR/V_T)\}$$
ただし，$R=R_1=R_2$

が得られます．この式を見るとエミッタ抵抗のない基本的な差動増幅回路の式と同じ形になっていることがわかると思います．I_{out1}，I_{out4} は $I_{C(Q2)}$，$I_{C(Q3)}$ の N 倍なので，

$$I_{out1}=2\,NI/\{1+\exp(-2iR/V_T)\}$$
$$I_{out4}=2\,NI/\{1+\exp(2iR/V_T)\}$$

ということになります．当然のことながら，I_{out1}，I_{out4} のとり得る範囲は 0～$2NI$ までですが，ベース電流も考慮にいれると上限はそれよりも多少小さくなります．

小信号電流利得 A_i は上式を i で微分して，$i=0$ とすることによって得られ，

$$A_i=NIR/V_T$$

となります．

なお Q_2，Q_3のコレクタ電位はベース電位よりも直流的に IR だけ低くなるので，この電圧降下が 400 mV 程度を越すと Q_2，Q_3が飽和に入り，正常な動作ができなくなるので注意してください．

● シミュレーション

シミュレーションは図5.8の回路で $N=1$，$I=100\,\mu$A，$R=500/1\,k/2\,k\Omega$ として行いました．これを図5.9に示しますが，R が大きいほど傾きが急である，すなわち利得が高いのがわかります．また $|i|$ が大きくなると傾きが緩くなり，非直線性が現れてきていますが，これは通常の差動増幅回路の特性と同じです．

5.6　差動電流増幅回路(4)

● 特徴

通常は増幅回路の利得というのは入力信号の大きさによらず一定であることが望ましいのですが，本回路では入力電流が大きくなるにしたがって出力電流は指数関数的に増加するというものです．パワー・アンプの出力段駆動のようにドライブ能力が要求されるところには，単純に一定利得のものよりもこのような特性をもった回路のほうが適しています．

● 回路動作

回路図を**図5.10**に示します．まず無信号時ですが，ベース電流を無視すると抵抗 R に電流は流れないので，Q_1～Q_4のベース電位は等しくなります．このためQ_1，Q_4のコレクタ電流はQ_2，Q_3とのエミッタ面積比 N で決まってきて，Q_2，Q_3のコレクタ電流の N 倍のコレクタ電流がQ_1，Q_4に流れます．

つぎに入力電流が変化した場合ですが，入力電流は差動電流なので $I+i$，$I-i$（I：バイアス電流，i：変化分）とすると，抵抗 R には入力電流の変化分 i のみが流れます．そうするとそれによる電圧降下が生じ，Q_1のベース電位は無信号時にくらべて iR だけ高くなり，またQ_4のベース電位は iR だけ低くなります．したがって入力電流変化 i に対する出力電流 I_{out1}，I_{out4} は，

$$I_{out1}=NI\exp(iR/V_T)$$

$$I_{out4}=NI\exp(-iR/V_T)$$

図5.10　出力電流が指数的に増大する差動電流増幅回路

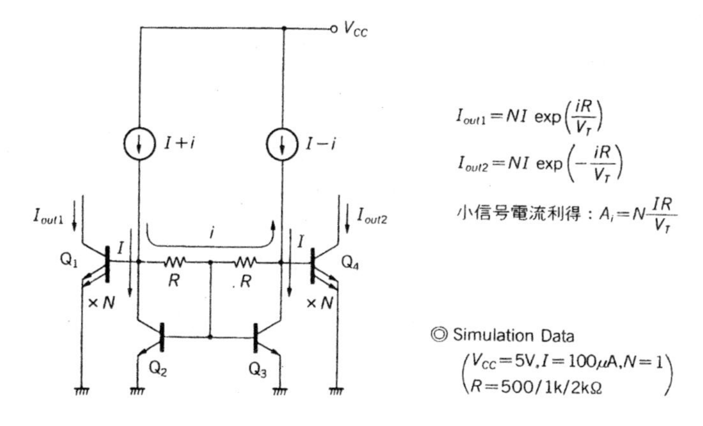

図5.11　B級P.P.出力電流を得る回路

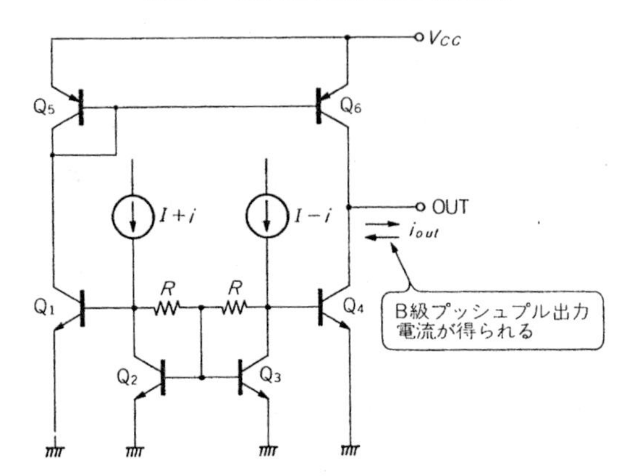

図5.12　差動増幅回路との組み合わせ

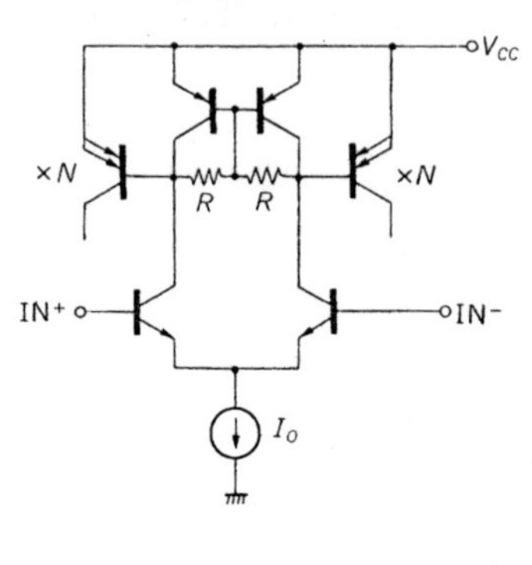

図5.13　I_{out}-i 特性

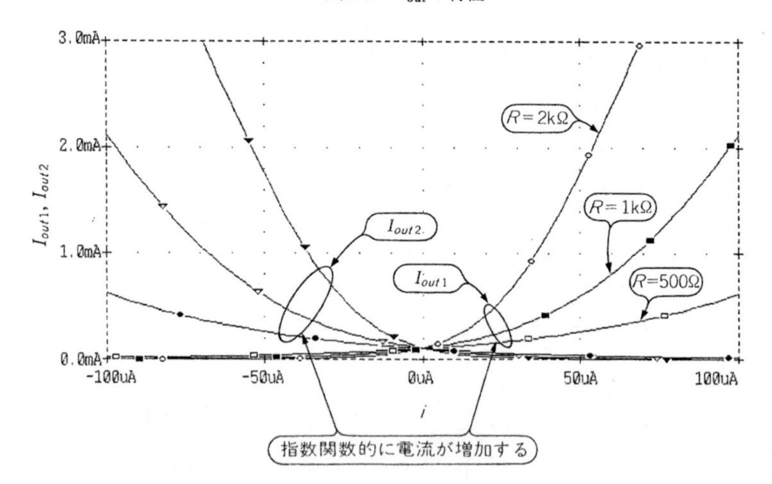

となります．この式から出力電流は i に対して指数関数的に増大していることがわかります．なおこの電流の上限は h_{FE} で決まってきます．

またこの特性から，本回路を用いると疑似的にA級からB級への変換を行うことができるといえます(*2)．たとえば**図5.11**のように Q_1 の出力を Q_5，Q_6 のカレント・ミラーで折り返して Q_4 のコレクタに接続してここを出力とすると，B級プッシュプルの電流が得られます．

小信号利得は上式を i で微分することによって得られます．微小レベルではバイアス点と考え $i=0$ とすればよいので，小信号電流利得 A_i は，

$$A_i = NIR/V_T$$

となります．

なお通常の使い方では，入力電流に差動電流が必要なので，**図5.12**のように差動増幅回路と組み合わせて使うのが一般的です．差動増幅回路のコンダクタンス g_m'（入力電圧変化に対する出力電流変化）は，

$$g_m' = \frac{I_O}{4V_T}$$

なので，全体のコンダクタンス g_m は，

$$g_m = g_m' \cdot A_i = \frac{I_O}{4V_T} \times \frac{NI_OR}{2V_T} = \frac{N}{8}\left(\frac{I_O}{V_T}\right)^2 R$$

となります．ただしこの式で与えられるコンダクタンスは信号が微小レベルのときのものであり，信号が大きくなるにしたがってコンダクタンスは大きくなっていきます．

● シミュレーション

図5.10の回路で，$I=100\ \mu$A，$R=500/1\ \text{k}/2\ \text{k}\Omega$，$N=1$ としたときの入出力特性のシミュレーション結果を**図5.13**に示します．これを見ると $|i|$ が大きくなるにしたがって，指数関数的に出力電流が大きくなっていくのがわかると思います．

なおこのシミュレーション結果では現れていませんが，I_{out1}，I_{out4} は h_{FE} の制限で一定のところで頭打ちになります．これは入力電流変化分 i が Q_1 あるいは Q_4 のベース電流にとられてしまい，R での電圧変化がそれ以上生じなくなるためです．

(＊2)　帰還ループの中で使う分には完全にB級への変換ができるといえるが，そうでない場合はひずみが大きくなる．

5.7 トランスコンダクタンス・アンプ(1)

● 特徴

トランスコンダクタンス・アンプとは，入力信号が電圧なのに対して出力信号が電流であるようなアンプで，そのコンダクタンス(出力電流/入力電圧)を可変できるようなものをいいます．トランスコンダクタンス・アンプは，出力に抵抗を接続すれば可変利得増幅回路に，コンデンサを接続すればフィルタになります．

図5.14は，トランスコンダクタンス・アンプとしてはもっとも簡単なもので，エミッタ抵抗のない差動増幅回路にカレント・ミラー負荷をつないだだけのものです．ただし回路が簡単であるために欠点もあり，オフセットが出やすい，高精度が得にくい，大レベル時のリニアリティがよくない，エミッタ抵抗を入れられない，などの問題があります．

● 回路動作

この回路で入力電圧 V_{in} と出力電流 I_{out} の関係は，

$$I_{out}=\frac{\exp(V_{in}/V_T)-1}{\exp(V_{in}/V_T)+1}I_O$$

となります．また V_{in} から I_{out} までのコンダクタンス g_m は，I_{out} が Q_1 のコレクタ電流変化と Q_2 のコレクタ電流変化の和なので，差動増幅回路のコンダクタンス $I_O/(4V_T)$ の2倍で，

$$g_m=\Delta I_{out}/\Delta V_{in}=I_O/(2V_T)$$

となります(*3)．この式からコンダクタンスは I_O に比例するので，I_O を制御することによりコンダクタンスをリニアに可変できることがわかります．上式から g_m-I_O の関係を計算で求めたのが**図5.15**ですが，実用性があるのは I_O が 1μ～1 mA 程度までで，この範囲外のコンダクタンスを得たいときはほかの回路を使うことになります．

エミッタ抵抗を入れると，I_O を変えてもコンダクタンスを制御できなくなるので，エミッタ抵抗は入れられません．このため入力レベルが大きいときのリニアリティがよくなくて，入力信号レベルとしてはできれば 10 mV 以下，最大でも 50 mV 程度以下の振幅に抑える必要があります．

図5.14のカレント・ミラー負荷の代わりに，**図5.16**のように $I_O/2$ の大きさの定電流負荷としてもかまいません．その場合 g_m は，差動増幅回路のコンダクタンス $I_O/(4V_T)$ となりますので，少しでも g_m を小さくしたいときはそのほうがよいでしょう．

図5.14 もっとも簡単なトランスコンダクタンス・アンプ

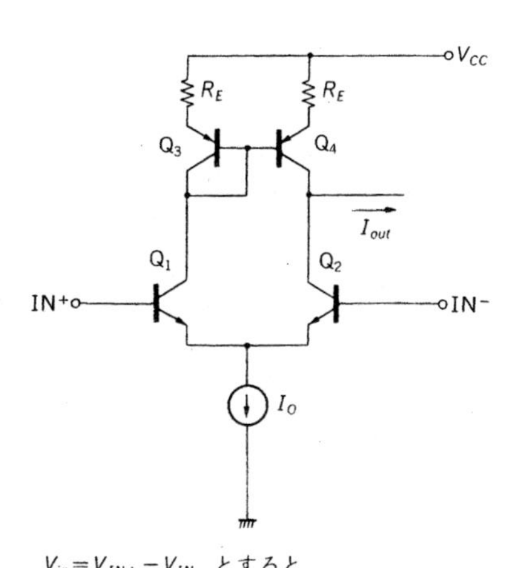

$V_{in}=V_{IN+}-V_{IN-}$ とすると，

$$I_{out}=\frac{\exp\frac{V_{in}}{V_T}-1}{\exp\frac{V_{in}}{V_T}+1}\cdot I_O$$

小信号コンダクタンス：$g_m=\frac{\Delta I_{out}}{\Delta V_{in}}=\frac{I_O}{2V_T}$

図5.16 カレント・ミラー負荷を定電流負荷とした回路

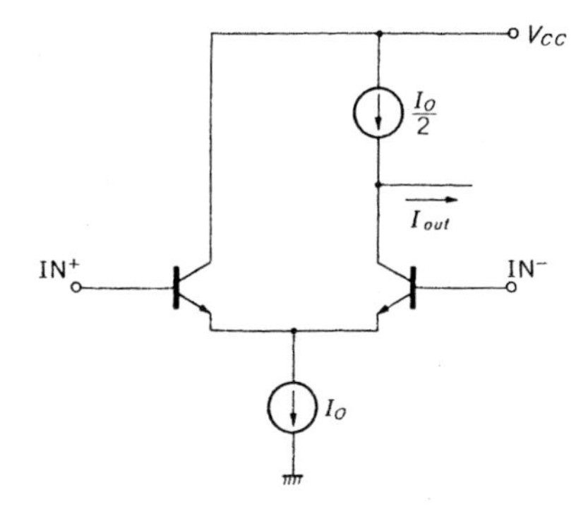

$V_{in}=V_{IN+}-V_{IN-}$ とすると，

$$I_{out}=\frac{1}{2}\cdot\frac{\exp\frac{V_{in}}{V_T}-1}{\exp\frac{V_{in}}{V_T}+1}\cdot I_O$$

小信号コンダクタンス：$g_m=\frac{\Delta I_{out}}{\Delta V_{in}}=\frac{I_O}{4V_T}$

図5.15 g_m-I_O 特性(計算値)

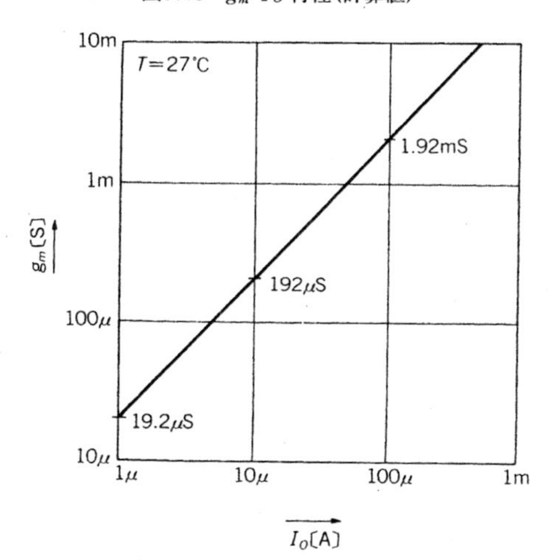

(＊3) I_{out} の式を V_{in} で微分しても g_m は同様の式になる．

5.8 トランスコンダクタンス・アンプ(2)

● 特徴

図5.17は「トランスコンダクタンス・アンプ(1)」を高精度化するとともに，出力電圧範囲を広く取れるようにしたもので，コンダクタンスの値としては「トランスコンダクタンス・アンプ(1)」と同じです．けっこう広く使われている回路で，CA3080/3094(RCA)やLM13600/13700(NS)などに使われているのも，基本的にはこれと同じ回路です．ただし，Q_1，Q_2のエミッタには抵抗を入れられないので，入力信号が大きいときのリニアリティは，「トランスコンダクタンス・アンプ(1)」と同様に良くありません．

● 回路動作

Q_1,Q_2はエミッタ抵抗のない差動増幅回路で，ここで入力電圧を電流に変換します．Q_1の出力電流はQ_6～Q_8のカレント・ミラーで折り返されてI_1になり，Q_2の出力電流はQ_3～Q_5およびQ_9～Q_{11}のカレント・ミラーで折り返されてI_2になります．このI_1とI_2の差が出力電流I_{out}になって出力されます．

図5.17　高精度，高出力電圧化を図ったトランスコンダクタンス・アンプ

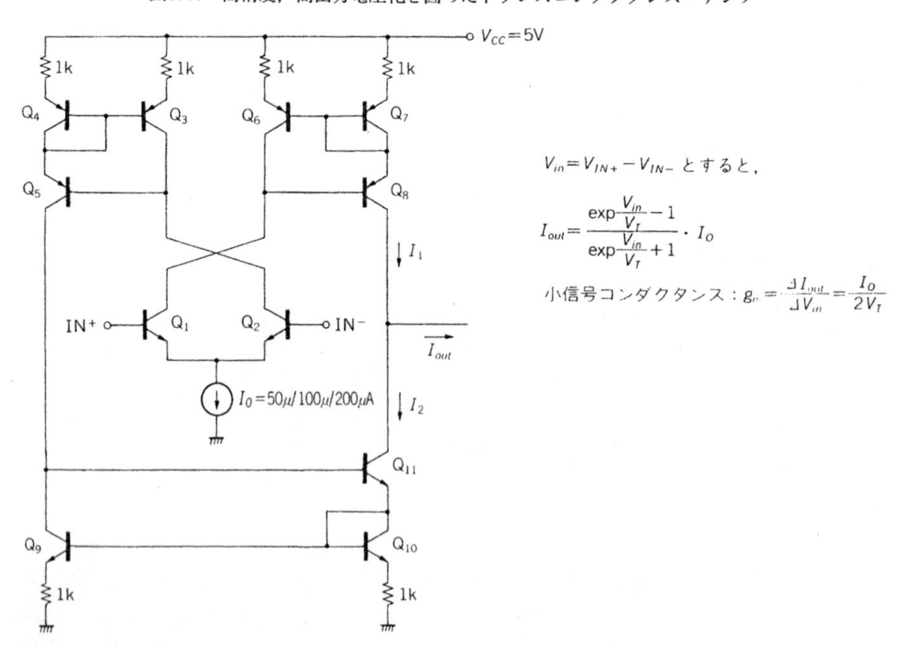

図5.18 I_{out}-V_{in} 特性

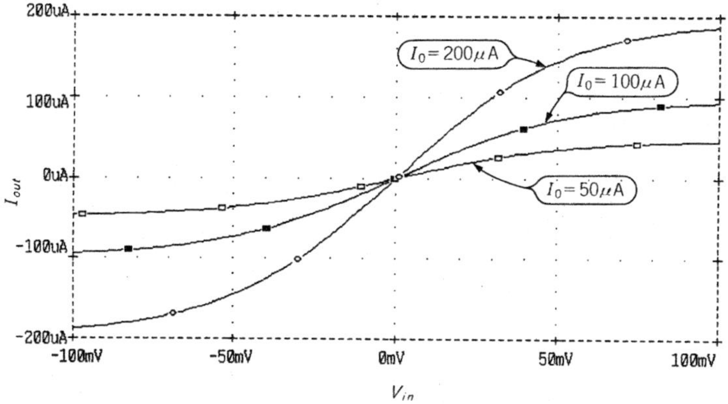

Q_2のコレクタを直接Q_8のコレクタにつながずに，Q_3～Q_5のカレント・ミラー回路で折り返し，つぎにQ_9～Q_{11}のカレント・ミラー回路で折り返しているのは，出力端子の電圧ダイナミック・レンジを最大限に大きく取るためです．もしもQ_2のコレクタをQ_8のコレクタにつないでここを出力端子とすると，下側の振幅が入力バイアス電圧で制限されてしまいます．

Q_3～Q_5，Q_6～Q_8，Q_9～Q_{11}のカレント・ミラー回路は，すべてアーリ効果対策とベース電流補償を行った高精度カレント・ミラー回路を使用しており，基本的には**図3.10**のカレント・ミラー回路と同じです．何の対策も施していないカレント・ミラー回路では，けっこう誤差が多くなります．

Q_1，Q_2のベース間に印加される入力電圧 V_{in} により，Q_1，Q_2のコレクタ電流は，

$$I_{C(Q1)}=\frac{I_O}{1+\exp(-V_{in}/V_T)}$$

$$I_{C(Q2)}=\frac{I_O}{1+\exp(V_{in}/V_T)}$$

となります．Q_3～Q_5，Q_6～Q_8，Q_9～Q_{11}の各カレント・ミラー回路の入出力電流比は1：1になっているので，$I_1=I_{C(Q1)}$，$I_2=I_{C(Q2)}$となり，結局出力電流 I_{out} は，

$$I_{out}=I_1-I_2=I_{C(Q1)}-I_{C(Q2)}$$

$$=\frac{\exp(V_{in}/V_T)-1}{\exp(V_{in}/V_T)+1}\cdot I_O$$

となり，「トランスコンダクタンス・アンプ(1)」と同じになります．微小レベルでのコンダ

図5.19 リニアリティの改善方法

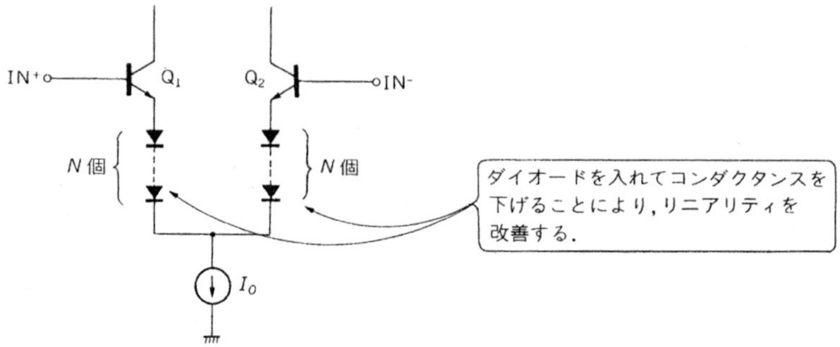

クタンス g_m も同様に，

$$g_m = \Delta I_{out}/\Delta V_{in} = I_O/(2V_T)$$

となります．この式からわかるようにコンダクタンスは I_O に比例しているので，I_O を制御することによりコンダクタンスを制御することができることがわかります．

なお実際にトランスコンダクタンス・アンプを用いて，その出力に負荷をつないだ場合，かならずバッファを介して出力するようにします．トランスコンダクタンス・アンプの出力抵抗は高いので，そうしないと負荷に発生する電圧が正確に次段に伝達されません．

● シミュレーション

I_O をパラメータにとって50 μ/100 μ/200 μA とし，V_{in} を−100 μA から+100 μA まで変化させたときのシミュレーション結果を**図5.18**に示します．これを見ると V_{in} が大きくなるにつれて非直線ひずみが増加していますが，これは Q_1，Q_2 の差動増幅回路の許容入力に起因しているもので，ひずみを小さく抑えようと思ったら V_{in} を必要以上に大きくしてはいけません．

もしも V_{in} が大きくなってもリニアリティを保とうと思ったならば，**図5.19**のように Q_1，Q_2 のエミッタにシリーズにダイオードを入れます．ダイオードの数が多いほど大入力まで扱えるようになりますが，これにより g_m は $1/(N+1)$ になり，最低動作電源電圧も高くなります．

5.9 トランスコンダクタンス・アンプ(3)

● 特徴

図5.20はトランスコンダクタンス・アンプとしては有名な回路で，定数設定により1本の抵抗と電流比だけでコンダクタンスを決めることができる回路です．このため取り得るコンダクタンスの範囲が，「トランスコンダクタンス・アンプ(1)，(2)」にくらべて格段に広くなります．また温度特性をなくすことも可能です．

● 回路動作

回路は，入力段がエミッタ間に抵抗を有する差動増幅回路(Q_1，Q_2)で，その負荷にダイオード(Q_3，Q_4)をもち，2段目はエミッタ抵抗のない差動増幅回路(Q_8，Q_9)です．入力段の差動増幅回路の負荷は，とくにダイオードに限ったわけではなくPN接合ならばよいので，ダイオードの代わりにベースを共通とするエミッタ・フォロワ(ベース-エミッタ間の

図5.20 広範囲なg_mを得られるトランスコンダクタンス・アンプ

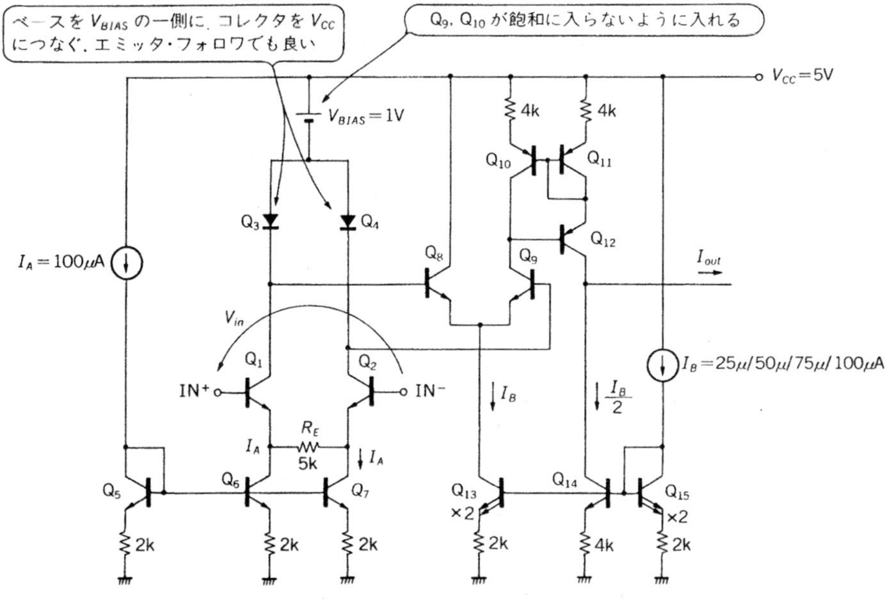

$$g_m = \frac{\Delta I_{out}}{\Delta V_{in}} = \frac{1}{R_E + \frac{2V_T}{I_A}} \cdot \frac{I_B}{2I_A}$$

※ギルバート・セル

図5.21　I_{out}-V_{in} 特性

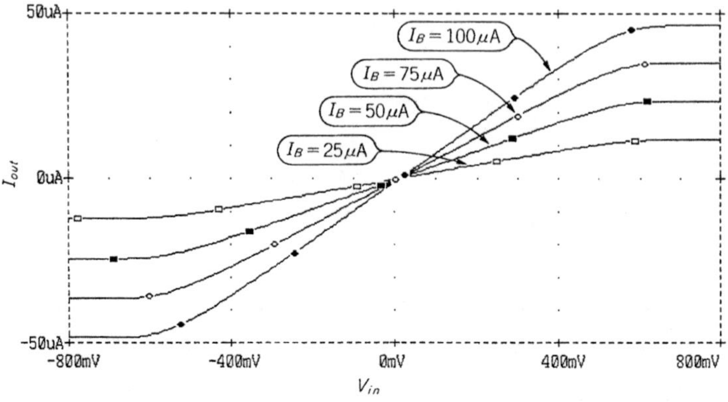

PN 接合を利用する）もよく使われます．また V_{BIAS} は Q_9 が飽和に入らないように入れているもので，ダイオード 1 個で置き換えることも可能です．

入力電圧 V_{in} の変化に対する出力電流 I_{out} の変化をコンダクタンス g_m とすると，Q_6，Q_7 には I_A，Q_{12} には I_B，Q_{14} には $I_B/2$ なる定電流が流れているので，

$$g_m=\frac{\Delta I_{out}}{\Delta V_{in}}=\frac{1}{R_E+(2V_T/I_A)}\cdot\frac{I_B}{2I_A}$$

となります．さらに R_E が $2V_T/I_A$ よりも十分大きくなるように定数設定すると，この式は，

$$g_m=(1/R_E)\{I_B/(2I_A)\}$$

とたいへんすっきりした形になり，1 本の抵抗と電流比だけで g_m が決まることがわかります．

回路図中の定数で，たとえば $I_B=100\,\mu\text{A}$ のときの g_m は，

$$g_m=[1/\{5\,\text{k}+(2\times 26\,\text{m}/100\,\mu)\}]\{100\,\mu/(2\times 100\,\mu)\}=90.6\,\mu\text{s}$$

と計算されます．

この式より，I_A と I_B の温度係数が等しければ g_m の温度係数は R_E だけで決まる(*4)ので，R_E の温度係数が 0 のものを使えば g_m は温度特性をもたない（温度係数 0）ことがわかります．また R_E の温度係数が 0 でなくても，I_A を作るときの基準となる抵抗の温度係数と R_E の温度係数が等しく，かつ I_A と I_B が同じ種類（バンドギャップ電流源，V_{CC} 基準電流源など）の電流源で，I_B を作るときの基準となる抵抗の温度係数が 0 ならば，g_m は温度

図5.22 g_mの周波数特性

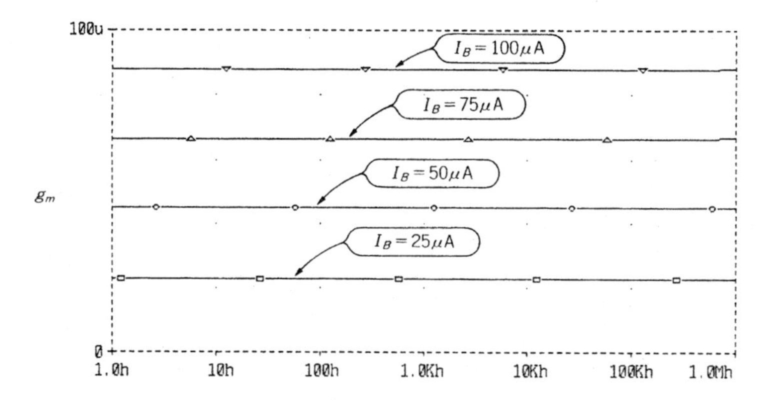

特性をもちません．フィルタを作るときなど温度によってf_cが変化してはまずいときなど，この特性を利用します．

g_mを可変させたいときは，I_Aは変化させずにI_Bのほうを変化させます．これはg_mがI_Aには比例しないことと，入力の許容レベルがI_AR_Eなので，I_Aを変化させると許容レベルまで変わってしまうからです．

なおここではQ_9の負荷はQ_{10}〜Q_{12}のカレント・ミラーを介してQ_{14}の定電流負荷となっていますが，Q_8，Q_9の負荷を「トランスコンダクタンス・アンプ(4)」のようにカレント・ミラー負荷にしてもかまいません．そのときはg_mは2倍になります．

● シミュレーション

$I_B=25\,\mu/50\,\mu/75\,\mu/100\,\mu A$とステップ変化させたときの$I_{out}$-$V_{in}$特性を**図5.21**に示します．曲線の傾きが$g_m$に相当しますが，シミュレーション結果はほぼ上式の計算どおりになっているのが確認できます．若干の差はベース電流補正を行っていないNPNカレント・ミラー回路のベース電流誤差によるものです．

図5.22はg_mの周波数特性です．先ほどと同様にI_Bをパラメータとしていますが，1 Hz〜1 MHzで周波数特性はほとんどフラットですが，I_Bの大きさによりg_mが移動しているのがわかります．なおシミュレーションでは直接g_mを求めることはできず，実際に表示しているのは入力電圧変化に対する出力電流変化です．

(＊4) R_E，I_A，I_Bの温度係数をそれぞれTC_{RE}，TC_{IA}，TC_{IB}(単位はいずれも[ppm/℃])とすると，g_mの温度係数は$-TC_{RE}+TC_{IB}-TC_{IA}$となる．

5.10 トランスコンダクタンス・アンプ(4)

● 特徴

この回路は「トランスコンダクタンス・アンプ(3)」に準じてよく使われる回路で，同じように抵抗と電流比だけでコンダクタンスを決めることができます．基本的な特徴は「トランスコンダクタンス・アンプ(3)」と同じですが，より少ない素子数で回路を構成することができる代わりに，非直線ひずみが大きいという欠点があります．

● 回路動作

回路図を図5.23に示します．トランジスタQ_1，Q_2のエミッタにシリーズに抵抗R_{E1}，R_{E2}とダイオードQ_3，Q_4が入り，この抵抗とダイオードの接続点にエミッタ抵抗をもたない差動増幅回路Q_5，Q_6がつながっています．この差動増幅回路の負荷はカレント・ミラーQ_7，Q_8になっており，Q_6のコレクタとQ_8のコレクタの接続点から電流出力として出力されます．非直線ひずみが大きいのはIN⁺端子とIN⁻端子の間に入っている電圧経路が，IN⁺〜$V_{BE(Q1)}$〜R_{E1}〜$V_{BE(Q3)}$〜$V_{BE(Q4)}$〜R_{E2}〜$V_{BE(Q2)}$〜IN⁻と，非線形項であるV_{BE}が多く入っているからです．

入力電圧$V_{in}(=V_{IN+}-V_{IN-})$の変化に対する出力電流I_{out}の変化をコンダクタンスg_mとすると，

図5.23　広範囲なg_mを得られるトランスコンダクタンス・アンプ

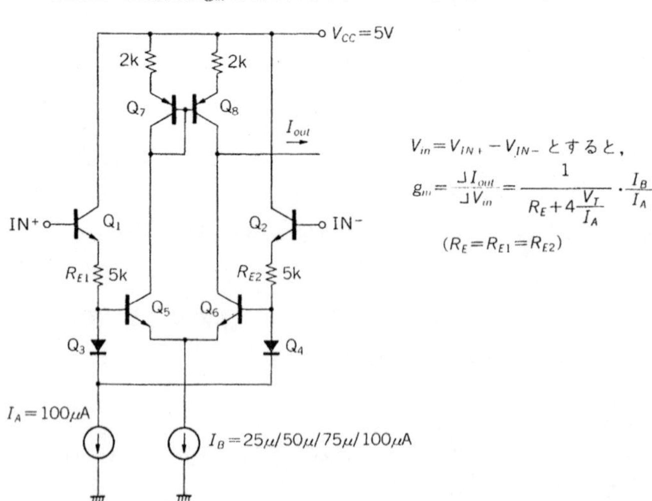

図5.24 I_{out}-V_{in} 特性

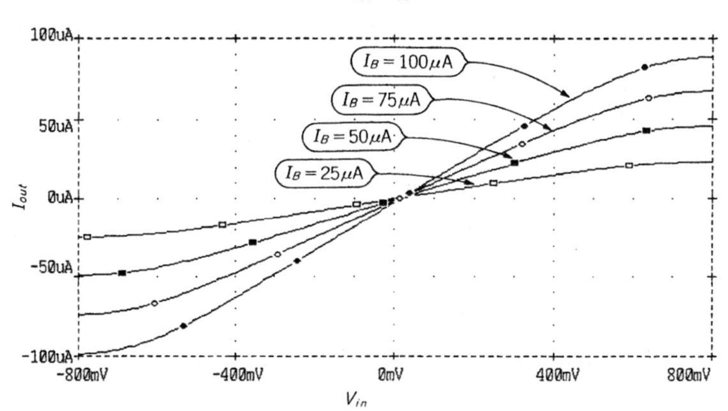

$$g_m = \frac{\Delta I_{out}}{\Delta V_{in}} = \frac{1}{R_E + (4V_T/I_A)} \cdot \frac{I_B}{I_A}$$

ただし，$R_E = R_{E1} = R_{E2}$

となります．さらに R_E が $4V_T/I_A$ よりも十分大きくなるように定数設定すると，この式は，

$$g_m = (1/R_E)(I_B/I_A)$$

となり，エミッタ抵抗と電流比だけで g_m が決まることがわかります．

図中の定数で $I_B = 100\,\mu$A のときは，

$$g_m = [1/\{5\,\mathrm{k} + (4 \times 26\,\mathrm{m}/100\,\mu)\}](100\,\mu/100\,\mu) = 166\,\mu\mathrm{S}$$

と計算されます．

g_mを可変させたいときは，I_A は変化させずに I_B のほうを変化させます．これは g_m が I_A に比例しないことと，入力の許容レベルが $I_A R_E$ なので，I_A を変化させると許容レベルまで変わってしまうからです．

この回路ではQ_5，Q_6の負荷はカレント・ミラー回路になっていますが，「トランスコンダクタンス・アンプ(3)」で示したように定電流負荷として使うこともよくあります．ただしその場合は，g_m はカレント・ミラー負荷の場合にくらべて半分になります．

● シミュレーション

$I_B = 25\,\mu/50\,\mu/75\,\mu/100\,\mu$A とステップ変化させたときの I_{out}-V_{in} 特性を**図5.24**に示します．これよりシミュレーション結果はほぼ上式の計算どおりになっているのが確認できます．$V_{in}=0$ で $I_{out}=0$ にならず若干オフセットをもっているのは，Q_7，Q_8のカレント・ミラーにベース電流補正を行っていないためです．

5.11　双方向電流増幅回路

● 特徴

通常の電流増幅回路というのはバイアス電流に信号電流が乗っており，その信号電流を増幅するもので，信号電流だけが増幅されそれが正負に振れるというのはあまりありません．**図5.25**に示す電流増幅回路はバイアス電流に相当するものはなく，入力電流が0ならば出力電流も0，入力電流が正負に振れればそれに対応して出力電流も正負に振れるというものです．

また入力端子の電位は出力端子の電位に等しくなり，出力端子の電位は負荷回路で決まりこの回路だけでは決まらないので，フローティング型と言うこともできます．

● 回路動作

図5.25の回路図で，Q_1～Q_4の V_{BE} のループに着目してみると，

$$V_{BE(Q1)}-V_{BE(Q2)}+V_{BE(Q3)}-V_{BE(Q4)}=0$$

なので，$I_{C(Q1)}I_{C(Q3)}=I_{C(Q2)}I_{C(Q4)}$ となりますが，ベース電流を無視すると，

$$I_{C(Q1)}=I_{C(Q9)}+I_{in},\qquad I_{C(Q4)}=I_{C(Q7)}-I_{C(Q9)}-I_{in}$$

$$I_{C(Q3)}=I_{C(Q15)}-I_{out},\qquad I_{C(Q2)}=I_{C(Q13)}-I_{C(Q9)}+I_{out}$$

という関係があるので，これを先の式に入れて I_{out} について求めると，

$$I_{out}=(I_{C(Q13)}/I_{C(Q7)})I_{in}+I_{C(Q9)}I_{C(Q13)}/I_{C(Q7)}-I_{C(Q13)}+I_{C(Q15)}$$

図5.25　双方向電流増幅回路

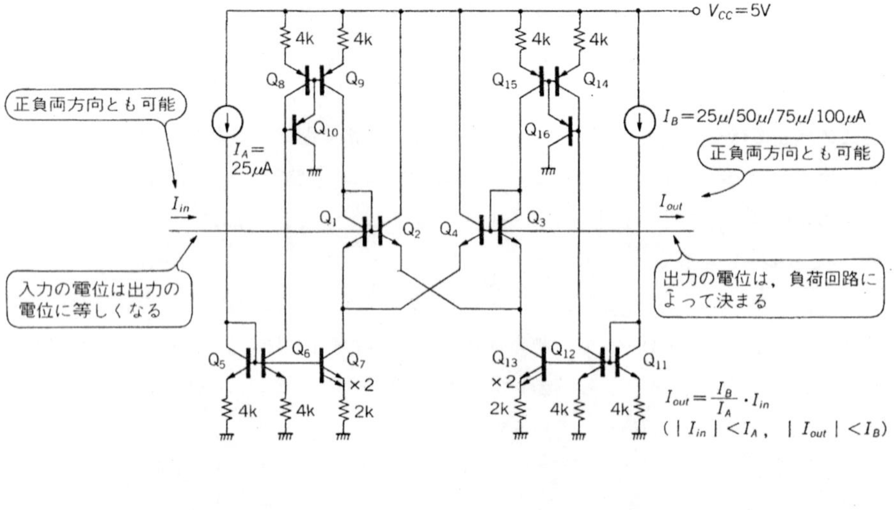

図5.26 I_{out}-I_{in} 特性

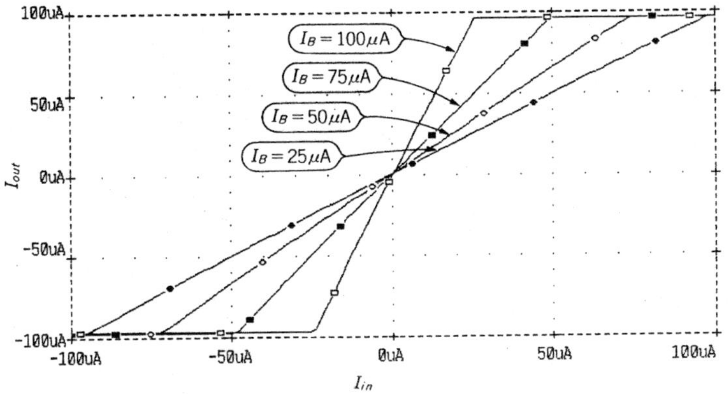

となります．ここでQ_5〜Q_7，およびQ_{11}〜Q_{13}は1対1対2のカレント・ミラーになっており，Q_8とQ_9，およびQ_{14}とQ_{15}は1対1のカレント・ミラーになっているので，

$$I_{C(Q7)}=2I_A,\quad I_{C(Q9)}=I_A,\quad I_{C(Q13)}=2I_B,\quad I_{C(Q15)}=I_B$$

となります．したがってこれより，

$$I_{out}=(I_B/I_A)\,I_{in}$$

が得られます．これを見るとわかるように出力電流 I_{out} は入力電流 I_{in} を I_B/I_A 倍したものであることがわかります．また I_{out} は I_{in} が正ならば正の電流が，負ならば負の電流が流れることになります(正負は電流の向き)．

なお入出力電流には上限下限があります．I_{in} については，

$$I_{in}+I_{C(Q4)}<I_{C(Q9)}<I_{C(Q7)}\quad(I_{in}>0),\qquad I_{in}<I_{C(Q9)}\quad(I_{in}<0)$$

でなければならないので，$|I_{in}|<I_A$ ということになります．また I_{out} については，

$$I_{out}+I_{C(Q2)}+I_{C(Q15)}<I_{C(Q13)}\quad(I_{out}<0),\qquad I_{out}<I_{C(Q15)}\quad(I_{out}>0)$$

でなければならないので，$|I_{out}|<I_B$ ということになります．ただし I_{in} による制限と I_{out} による制限は，その関係より等価であるといえます．

● **シミュレーション**

$I_A=25\,\mu$Aとし，I_Bをパラメータとして25/50/75/100 μAと変化させて，I_{in}を−100〜+100 μAまで変化させたときのI_{out}のようすを**図5.26**に示します．これを見るとI_{out}はI_{in}をI_B/I_A倍したものが出力されていることが確認できます．なおPNPカレント・ミラー回路(Q_8〜Q_{10}，Q_{14}〜Q_{16})のベース電流補償を省略してシミュレーションを行ってみると，けっこう誤差が大きくなります．

5.12　加算増幅回路(1)

● 特徴

この回路は二つの差動入力信号を増幅して足し合わせた信号が出力される加算増幅回路です．負荷抵抗をつける場所を変えることにより逆相の出力を得ることも可能で，また差動出力として取り出すこともできます．

● 回路動作

回路図を**図5.27**に示します．Q_1～Q_3は一つ目の入力信号電圧 v_{in1}を増幅する差動増幅回路，Q_4～Q_6は二つ目の信号 v_{in2}を増幅する差動増幅回路，R_C はこれら二つの差動増幅回路の負荷抵抗，Q_7はエミッタ・フォロワでこのエミッタが出力となります．

この回路が線形動作している限りは，出力電圧変化 v_{out} は $v_{in2}=0$ としたときの v_{in1}による v_{out} と，$v_{in1}=0$ としたときの v_{in2}による v_{out}の和となります．$v_{in2}=0$ としたときの v_{in1}による出力電圧変化を v_{out1}，$v_{in1}=0$ としたときの v_{in2}による出力電圧変化を v_{out2}とすると，これらの値は，

$$v_{out1}=R_C/(4V_T/I_{C(Q3)})\,v_{in1}=R_O/(4V_T/I_O)\,v_{in1}$$

$$v_{out2}=R_C/(4V_T/I_{C(Q6)})\,v_{in2}=R_C/(4V_T/I_O)\,v_{in2}$$

となるので，v_{in1}と v_{in2}が同時に印加されたときの出力電圧変化は，

$$v_{out}=v_{out1}+v_{out2}=\{I_OR_C/(4V_T)\}(v_{in1}+v_{in2})$$

図5.27　加算増幅回路(A_v≒17)

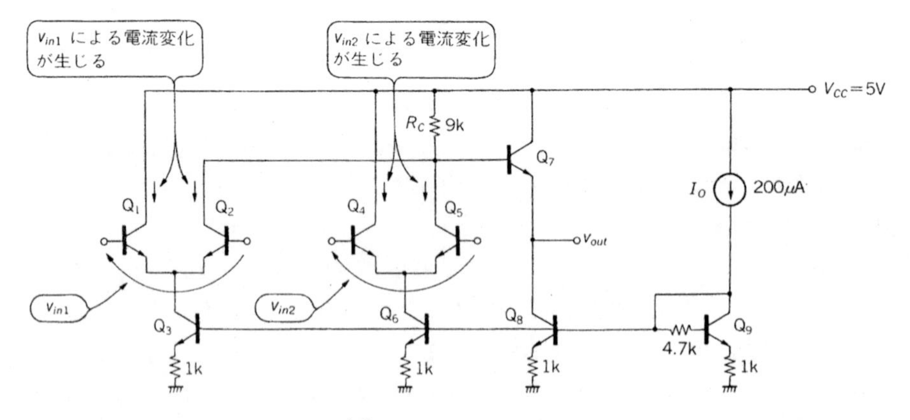

図5.28 入出力電圧波形

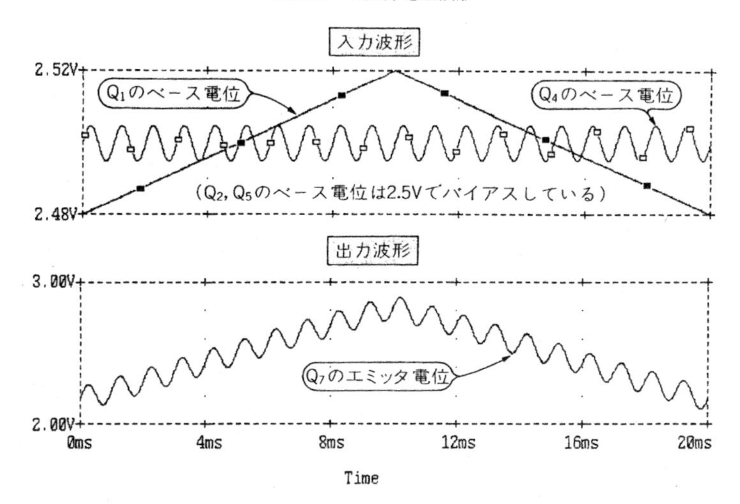

となります．

Q_3またはQ_6の電流の大きさを変えたり，あるいはQ_1，Q_2またはQ_4，Q_5のエミッタに抵抗を入れれば，v_{in1}とv_{in2}に対する利得を変えることもできます．**図5.27**の定数では，

$$v_{out}=\{9\,\mathrm{k}\times 200\,\mu/(4\times 26\,\mathrm{m})\}(v_{in1}+v_{in2})=17.3(v_{in1}+v_{in2})$$

となります．許容入力レベルは各差動増幅回路のエミッタに抵抗が入っていないので数十mVまでですが，エミッタ抵抗を入れれば大きくすることができます．また出力電圧範囲(Q_7エミッタ電位の取り得る範囲)は，上側はV_{CC}からV_{BE}分だけ低い4.3Vまで，下側は入力バイアス電圧を2.5Vとすると1.3V程度(*5)までです．

この回路図では負荷抵抗R_CはQ_2，Q_5のコレクタにつながっていますが，Q_1，Q_4のコレクタにつなげば，今とは逆相の出力信号が得られます．

● シミュレーション

入力信号v_{in2}にf=1kHzで振幅が5mVの正弦波を入れ，v_{in1}を−20mV→+20mV→−20mVと変化させたときに，シミュレーションで得られる各入力波形と出力波形を**図5.28**に載せておきます．上段が入力波形，下段が出力波形です．これを見ると出力波形は，二つの入力波形を増幅して足し合わせたような波形になっていることがわかります．

(＊5) 下側の電圧は入力信号振幅を無視すると，V_{BIAS}(Q1, Q2, Q4, Q5 のベース・バイアス) − V_{BE}(Q2, Q5) + $V_{BE(sat)}$(Q2, Q5) − V_{BE}(Q7) となる．

5.13　加算増幅回路(2)

● 特徴

この回路は二つの入力信号を1倍の利得で足し合わせて，それを出力とする加算増幅回路です．利得が低い分，許容入力レベルは大きく取ることができます．

● 回路動作

回路図を**図5.29**に示しますが，Q_1～Q_4は一つ目の入力信号電圧 v_{in1} を増幅する差動増幅回路，Q_5～Q_8は二つ目の信号 v_{in2} を増幅する差動増幅回路で，共通のカレント・ミラー負荷Q_9，Q_{10}をもっています．Q_{11}はエミッタ・フォロワでこのエミッタが出力となります．

この回路では入出力関係は，

$v_{out}=(1/2)\{(R_f+R_s)/R_s\}(v_{in1}+v_{in2})$（ただし，$R_{E1}=R_{E2}$, $I_{C(Q3)}=I_{C(Q4)}=I_{C(Q7)}=I_{C(Q8)}$）

と表されます．ここで最初に1/2をかけているのは，Q_2とQ_6のベースが直接接続され，この電圧が$(v_{in1}+v_{in2})/2$ になっているからです．出力はこの点がこうなるように帰還がかかるので，結局先の式が出てくるわけです．Q_2とQ_6のベースを接続せずに独立に帰還をかけると，このようなことにはならないような気がするかもしれませんが，正常に動作し

図5.29　加算増幅回路($A_v=1$)

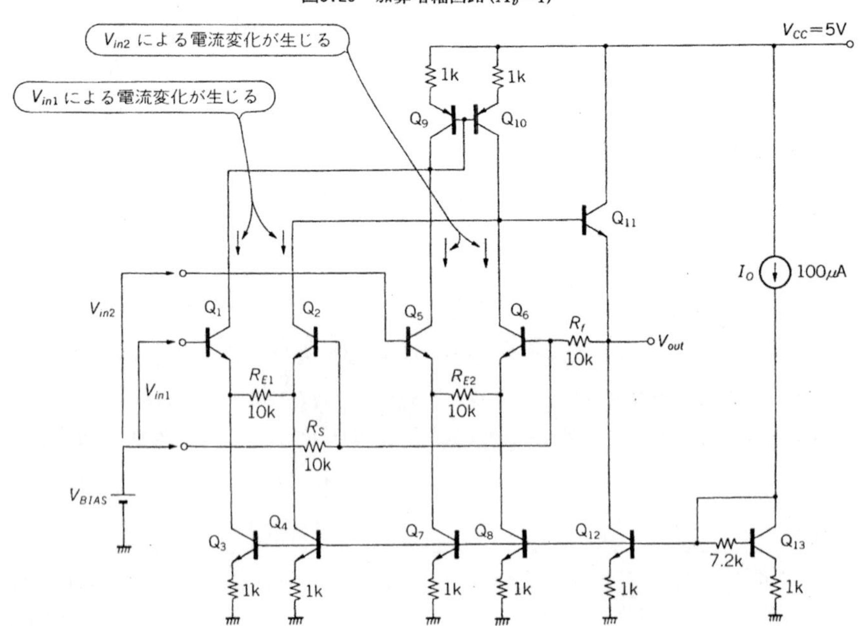

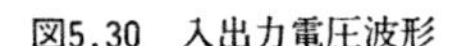

図5.30 入出力電圧波形

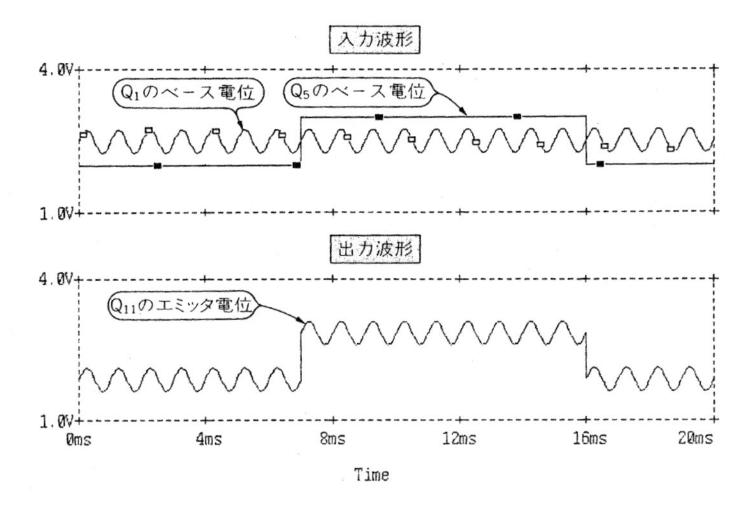

なくなる可能性があります．回路図中の定数では，$R_f=R_S=10\,\mathrm{k\Omega}$ になっているので，

$$v_{out}=v_{in1}+v_{in2}$$

となります．

v_{in1}，v_{in2}の最大値は $V_{CC}=5\,\mathrm{V}$ なので 4.6 V 程度まで，最小値は 1.1 V 程度までですが，$|v_{in1}-v_{in2}|$ は 2 V 程度が限界です(*6)．$|v_{in1}-v_{in2}|$ を大きくするには，R_{E1}，R_{E2} を大きくするか I_O を大きくして，R_{E1}, R_{E2} での最大電圧降下を大きくする必要があります．また出力電圧範囲(Q_{11}エミッタ電位の取り得る範囲)は，上側は V_{CC} から $V_{CE(sat)}$ と V_{BE} 分だけ低い 4 V 程度まで，下側は 1.1 V 程度(*7)までです．

● シミュレーション

Q_1，Q_5のベース・バイアス電圧を 2.5 V とし，入力信号 v_{in1}に $f=1\,\mathrm{kHz}$ で振幅が 0.25 V の正弦波を入れ，v_{in2}に $1\,\mathrm{V_{p-p}}$の方形波を入力したときのシミュレーション結果を**図5.30**に示します．上段が Q_1 と Q_5のベース電位の波形を示し，下段が Q_{11}のエミッタ電位の波形です．これを見ると出力電圧波形は，二つの入力波形を足し合わせた波形になっていることがわかります．

(＊6) v_{in1}，v_{in2}の最大値は，$V_{CC}-V$(Q_9のエミッタ抵抗)$-V_{BE(Q9)}-V_{CE(sat)(Q1,Q5)}+V_{BE(Q1,Q5)}$ で決まり，最小値は，V(Q_3, Q_7のエミッタ抵抗)$+V_{CE(sat)(Q3,Q7)}+V_{BE(Q1,Q5)}$ で決まり，$|v_{in1}-v_{in2}|$ の最大値は，$I_O(R_{E1}+R_{E2})$ で決まる．

(＊7) 下側の電圧は，V(Q_4, Q_8のエミッタ抵抗)$+V_{CE(sat)(Q4,Q8)}+V_{BE(Q2,Q6)}$ となる．

コラム　エミッタ接地とコレクタ接地

トランジスタによる増幅回路には，エミッタ接地，コレクタ接地，ベース接地の三つの接地方式があります．**図5.A**は比較的よく使われるエミッタ接地とコレクタ接地についての特徴をまとめたものです．

エミッタ接地はもっともよく使われるもので，電力利得(電圧利得×電流利得)を大きくとれるものですが，ミラー効果により周波数特性はあまりよくありません．

コレクタ接地は通常エミッタ・フォロワと言われているもので，高入力インピーダンス，低出力インピーダンスを特徴としているものです．増幅回路というよりもバッファと考えたほうが理解しやすいでしょう．また電流利得が大きいことから，パワー段の電流増幅にもよく使われます．

図5.A　接地方式の種類とその特徴(近似式)

	エミッタ接地	コレクタ接地 (エミッタ・フォロワ)
基本回路	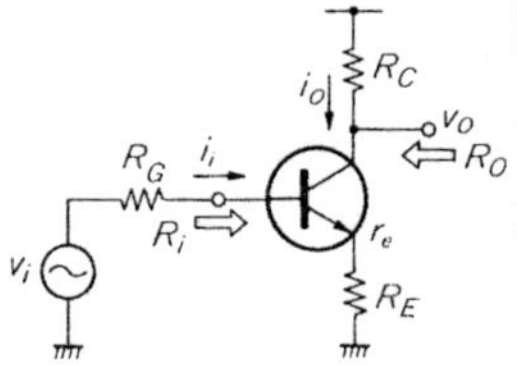	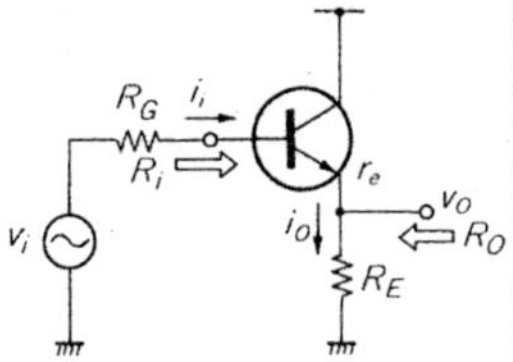
特徴	・電力利得を大きくとれる ・周波数特性はあまり良くない	・電圧利得はほぼ1 ・入力インピーダンスが高い ・出力インピーダンスが低い
電圧利得：$\frac{v_O}{v_i}$	$\frac{R_C}{r_e+R_E+\frac{R_G}{h_{fe}}}$	1
電流利得：$\frac{i_O}{i_i}$	h_{fe}	h_{fe}
伝達コンダクタンス：$\frac{i_O}{v_i}$	$\frac{1}{r_e+R_E+\frac{R_G}{h_{fe}}}$	$\frac{1}{r_e+R_E+\frac{R_G}{h_{fe}}}$
入力インピーダンス：R_i	$h_{fe}(r_e+R_E)$	$h_{fe}(r_e+R_E)$
出力インピーダンス：R_O	R_C　(注)	$\left(r_e+\frac{R_G}{h_{fe}}\right) /\!/ R_E$

ただし，$r_e=\frac{V_T}{I_O}=\frac{26\,(\text{mV})}{I_O}$　(常温)

第6章　フィルタ回路

フィルタと一口に言っても，簡単なものでは1次のパッシブ・フィルタから，複雑なものでは高次のアクティブ・フィルタまでたいへん広い範囲におよびます．電源のリプル・フィルタもフィルタの一つです．ここでは各種のアクティブ・フィルタと電源リプル・フィルタについていくつかの回路例を紹介します．

6.1 エミッタ・フォロワ型2次LPF

● 特徴

図6.1に示すフィルタはアクティブ・フィルタとしてはもっとも簡単なもので，エミッタ・フォロワ1石で2次のLPFを実現したものです．エミッタ・フォロワを用いてフィルタを構成しているので，改めてフィルタとしての回路を用意しなくても回路中に使われているエミッタ・フォロワをこの回路に置き換えることにより，フィルタ特性をもたせることができます．回路が簡単なだけに周波数特性的にも，エミッタ・フォロワ部にOPアンプ形式のバッファを用いたものよりも高い周波数まで扱えます．

回路構成が簡単なので，IC回路に限らずディスクリート回路でもときどき用いられます．

図6.1　エミッタ・フォロワ型2次LPF(f_c=10 MHz)

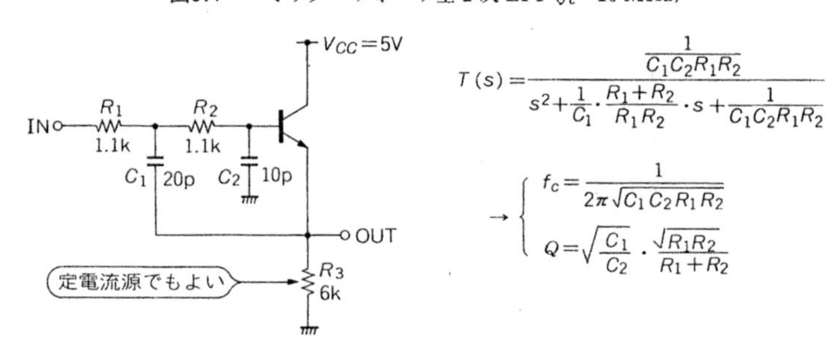

図6.2　周波数特性

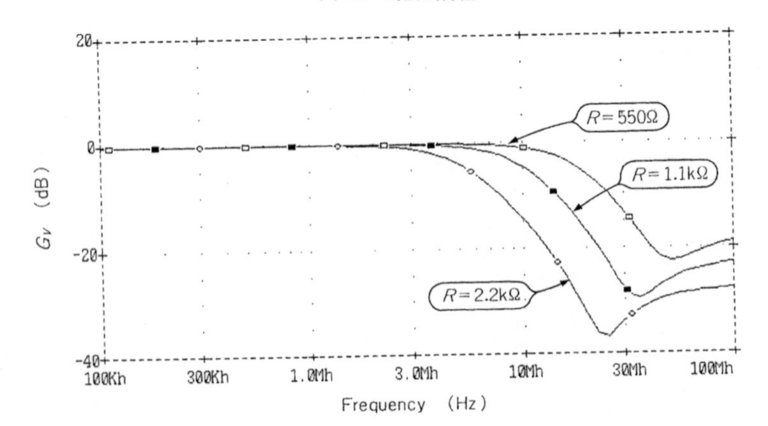

● 回路動作

この回路はフィルタとしては利得1の正帰還型LPFの構成になっており，伝達関数は，

$$T(s)=\frac{1/C_1C_2R_1R_2}{s^2+(1/C_1)\{(R_1+R_2)/(R_1R_2)\}s+1/(C_1C_2R_1R_2)}$$

と表されます(*1)．したがって，カットオフ周波数f_CおよびQは，

$$f_C=1/\{2\pi\sqrt{C_1C_2R_1R_2}\}$$

$$Q=\sqrt{C_1/C_2}\cdot\sqrt{R_1R_2}/(R_1+R_2)$$

と表されます．

これより図中の定数では，

$$f_C=1/\{2\pi\sqrt{(20\,\mathrm{p}\times10\,\mathrm{p}\times1.1\,\mathrm{k}\times1.1\,\mathrm{k})}\}=10.2\,\mathrm{MHz}$$

$$Q=\sqrt{20\,\mathrm{p}/10\,\mathrm{p}}\times\sqrt{1.1\,\mathrm{k}\times1.1\,\mathrm{k}}/(1.1\,\mathrm{k}+1.1\,\mathrm{k})=0.707$$

となり，バタワース特性(*2)のLPFになっているのがわかります．

トランジスタの動作電流はベース・バイアス電圧に対して，エミッタ抵抗R_3で決めていますが，ここをトランジスタによる定電流源に置き換えてもかまいません．その場合，電流源トランジスタのコレクタ-サブ間容量が付くので，高周波大振幅信号を扱うときはスルーレートに注意する必要があります．

なお当然のことながら，この回路がきちんとしたフィルタの特性を示すのは，エミッタ・フォロワのトランジスタのf_Tよりも十分低い周波数でなければなりません．

● シミュレーション

周波数特性をシミュレーションで求めたものが**図6.2**ですが，R_1, R_2を1.1 kΩ以外に550 Ωと2.2 kΩでも行ってみました．カットオフ周波数f_Cは計算で求めた値よりも多少低くなっていますが，これはトランジスタのベース-エミッタ間の接合容量などが影響しているものと思われます．

また減衰域で周波数がある程度以上高くなると減衰していたものが，ふたたび上昇し始めますが，これは周波数が高くなるとエミッタ・フォロワとしての働きがおかしくなってくるためで，R_3を小さくして動作電流を増やすと改善されます(*3)．

(＊1) 2次LPFの伝達関数の一般式は，$T(s)=\omega_o{}^2/\{s^2+(\omega_o/Q)s+\omega_o{}^2\}$ である．

(＊2) 2次のフィルタで$Q=1/\sqrt{2}$のものはバタワース特性を示す．

(＊3) トランジスタのf_Tは，とくに大電流領域でなければ動作電流が大きいほうがf_Tも高くなる傾向にある．

6.2 エミッタ・フォロワ型2次HPF

● 特徴

先ほどのエミッタ・フォロワ型2次LPFと同じ考え方で，HPFにしたのが**図6.3**です．特徴はエミッタ・フォロワ型2次LPFと同じです．

● 回路動作

この回路は基本的に先ほどの「エミッタ・フォロワ型2次LPF(**図6.1**)」のCRを入れ換えただけのものですが，エミッタ・フォロワをダーリントンとしているものです．利得1の正帰還型になっており，伝達関数は，

$$T(s)=\frac{s^2}{s^2+(1/R_2)\{(C_1+C_2)/(C_1C_2)\}s+1/(C_1C_2R_1R_2)}$$

表されます(*4)．したがって，カットオフ周波数f_cおよびQは，

$$f_c=1/\{2\pi\sqrt{C_1C_2R_1R_2}\}$$

$$Q=\sqrt{R_2/R_1}\cdot\sqrt{C_1C_2}/(C_1+C_2)$$

と表されます．これより**図6.3**の定数では，

$$f_c=1/\{2\pi\sqrt{10\,\text{p}\times10\,\text{p}\times11\,\text{k}\times22\,\text{k}}\}=1.02\,\text{MHz}$$

$$Q=\sqrt{22\,\text{k}/11\,\text{k}}\times\sqrt{10\,\text{p}\times10\,\text{p}}/(10\,\text{p}+10\,\text{p})=0.707$$

となり，f_c=1 MHzのバタワースHPFになっています．

図6.3　エミッタ・フォロワ型2次HPF(f_c=1 MHz)

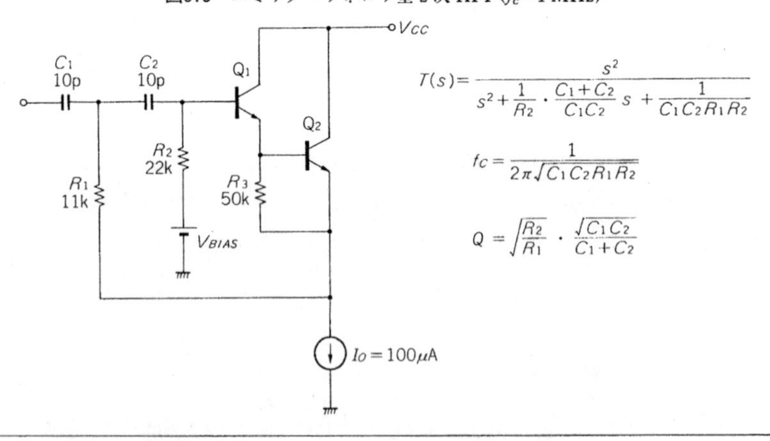

(＊4)　2次HPFの伝達関数の一般式は，$T(s)=s^2/\{s^2+(\omega_o/Q)s+\omega_o^2\}$である．

6.3　1次LPF/HPF

● 特徴

バイポーラIC内でフィルタを構成する場合，エミッタ・フォロワ型フィルタのような簡単な構成のものを除いては，コンダクタンス・アンプ(電圧入力電流出力型アンプ)＋コンデンサ＋バッファという構成が一般的です．**図6.4**はこの構成のフィルタとしてはもっとも簡単な部類に属する1次のフィルタですが，このフィルタのおもしろいところは入力信号を与えるところを変えることにより，LPFにもHPFにもなるところです．

● 回路動作

図6.4において，Q_1〜Q_4，Q_6〜Q_8がコンダクタンス・アンプ，Q_5がバッファを構成しています．まずLPFとして動作させるときは，コンデンサCを接地し，Q_1のベースに入力信号V_{IN}(LPF)を印加します．このときの伝達関数は，

$$T(s)=V_{OUT}/V_{IN(LPF)}=(g_m/C)/(s+g_m/C)$$

で，一般的な1次のLPFの形になります．

図6.4　1次LPF/HPF(f_c=1kHz)

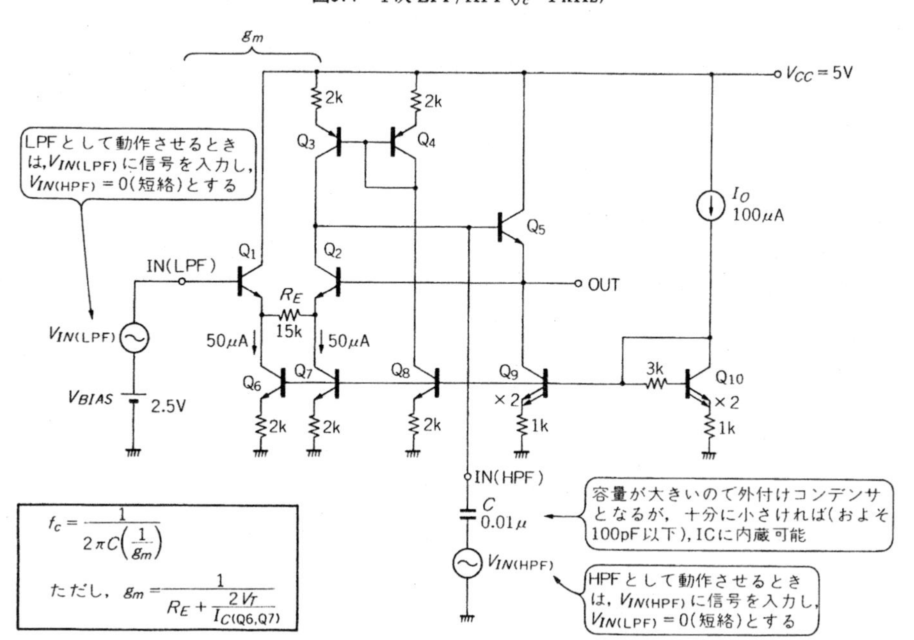

図6.5　周波数特性

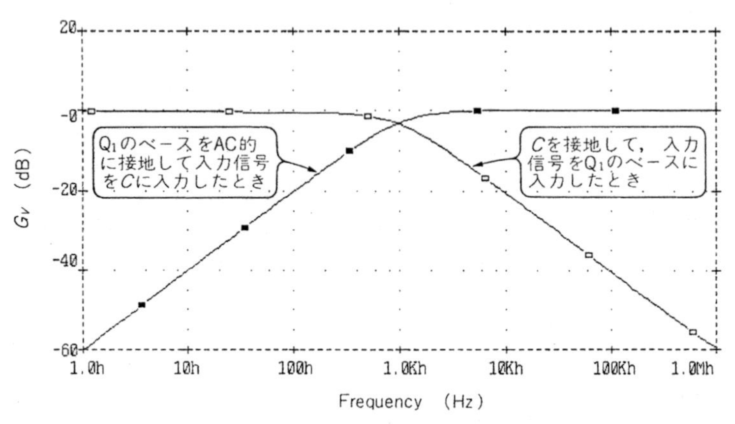

またHPFとして動作させるには，Q_1のベースをAC的に接地し，Cに入力信号$V_{IN(\mathrm{HPF})}$を入力します．このときの伝達関数は，

$$T(s)=V_{OUT}/V_{IN(\mathrm{HPF})}=s/(s+g_m/C)$$

で，これは1次のHPFの形になっています．

これらの伝達関数よりフィルタのカットオフ周波数f_cは，LPF，HPFともに，

$$f_c=1/\{2\pi C(1/g_m)\}\qquad〔ただし，g_m=1/(R_E+2V_T/I_{C(\mathrm{Q6,Q7})})〕$$

と表されます．回路図中の定数では，$I_{C(\mathrm{Q6})}=I_{C(\mathrm{Q7})}=50\,\mu\mathrm{A}$なので，

$$g_m=1/(15\,\mathrm{k}+2\times 26\,\mathrm{m}/50\,\mu)=62.3\,\mu\mathrm{S}$$

したがって，

$$f_c=1/\{2\pi\times 0.01\,\mu\times(1/62.3\,\mu)\}=1\,\mathrm{kHz}$$

となります(*5)．

なお$V_{IN(\mathrm{LPF})}$と$V_{IN(\mathrm{HPF})}$を同時に加えれば，出力には$V_{IN(\mathrm{LPF})}$のLPF出力と$V_{IN(\mathrm{HPF})}$のHPF出力の和が現れます．またQ_1，Q_2のエミッタ間の抵抗R_Eはコンダクタンスg_m(=出力電流/入力電圧)を小さくするためのものです．

● シミュレーション

シミュレーションで求めた周波数特性を**図6.5**に示しますが，これより本回路のフィルタは入力ポイントにより，LPF/HPF両方の特性を備えていることがわかり，そのときf_c=1 kHz−3 dBポイントで−20 dB/dec(=−6 dB/oct)で減衰しています．

(＊5)　1次のフィルタなので，$Q=1/\sqrt{2}$である．

6.4　2次LPF/HPF/BPF/BEF

● 特徴

コンダクタンス・アンプ＋コンデンサ＋バッファという組み合わせを2組縦続接続することにより，**図6.6**のようなバイクァッド・フィルタを構成することができます．

このバイクワッド・フィルタの特徴として，入力端子の場所を変えるだけでLPF(ローパス・フィルタ)/HPF(ハイパス・フィルタ)/BPF(バンドパス・フィルタ)/BEF(バンドエリミネート・フィルタ＝ノッチ・フィルタ)のすべての特性のフィルタを簡単に作り出すことができます．具体的には，コンダクタンス・アンプG_1のIN$^+$端子に入力信号を入れるとLPFとして，コンデンサC_1に入力信号を入れるとBPFとして，C_2に入力信号を入れるとHPFとして働き，またG_1のIN$^+$端子とC_2を接続してここに入力を入れるとBEFになります．

● 回路動作

図6.7は**図6.6**を実際の回路で実現したものです．Q_1～Q_4，Q_6～Q_8が**図6.6**のG_1に相当し，Q_{10}～Q_{13}，Q_{15}～Q_{17}がG_2に相当します．このコンダクタンス・アンプの部分は，エミッタ間に抵抗を有し，定電流負荷をもった差動増幅回路で構成されています．Q_5とQ_{14}はバッファとなるエミッタ・フォロワで，これがないとコンデンサの接続されるポイント(Q_5，Q_{14}のベース端子)のインピーダンスが低くなって，まともな周波数特性を得ることはできません．

この回路で，入力信号をQ_1のベースに入れるとLPF，C_1に入れるとBPF，C_2に入れる

図6.6　バイクワッド・フィルタの構成

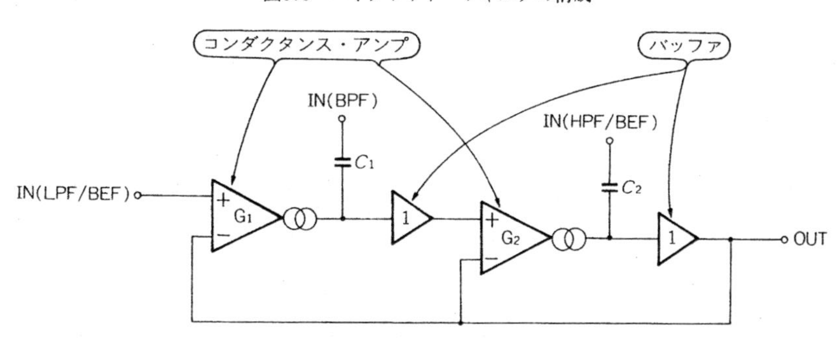

図6.7　バイクワッド型 LPF/HPF/BPF/BEF (f_c=1 MHz)

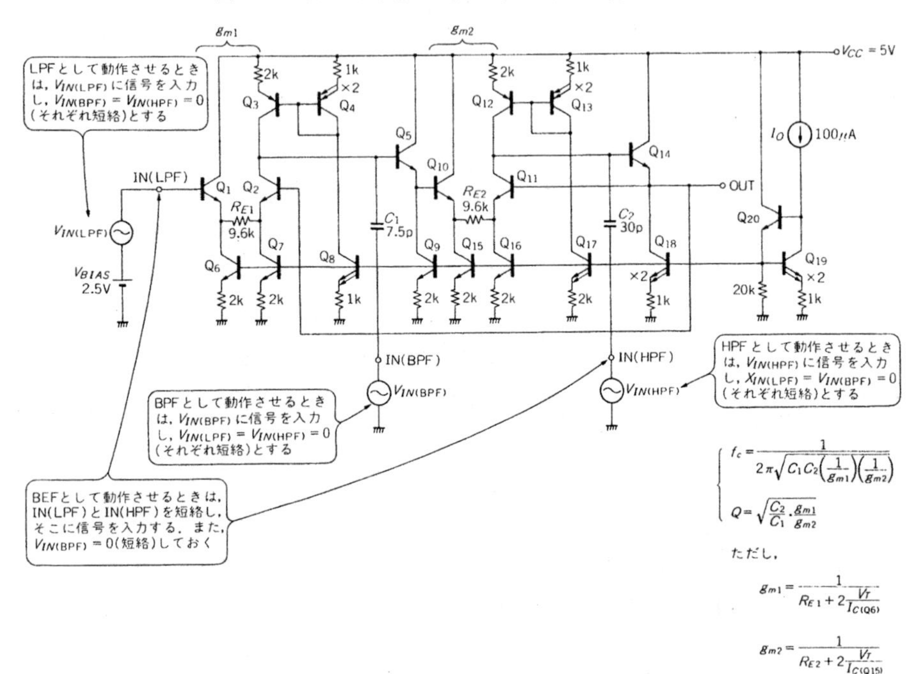

$$
\begin{cases}
f_c=\dfrac{1}{2\pi\sqrt{C_1C_2\left(\dfrac{1}{g_{m1}}\right)\left(\dfrac{1}{g_{m2}}\right)}}\\
Q=\sqrt{\dfrac{C_2}{C_1}\cdot\dfrac{g_{m1}}{g_{m2}}}
\end{cases}
$$

ただし，

$$g_{m1}=\frac{1}{R_{E1}+2\dfrac{V_T}{I_{C(Q6)}}}$$

$$g_{m2}=\frac{1}{R_{E2}+2\dfrac{V_T}{I_{C(Q15)}}}$$

と HPF，Q_1のベースとC_2を接続してここに入力信号を入れると BEF 特性が得られます．入力信号を入れない端子は AC 的に接地しておく必要がありますが，同時に複数の入力を与えてもかまいません．そのときはそれぞれの入力のフィルタリングされた信号の和が出力となります．

伝達関数は以下のとおりです．

$$\text{LPF}：T_{\text{LPF}}(s)=\frac{(g_{m1}g_{m2}/C_1C_2)}{s^2+(g_{m2}/C_2)s+(g_{m1}g_{m2}/C_1C_2)}$$

$$\text{HPF}：T_{\text{HPF}}(s)=\frac{s^2}{s^2+(g_{m2}/C_2)s+(g_{m1}g_{m2}/C_1C_2)}$$

$$\text{BPF}：T_{\text{BPF}}(s)=\frac{(g_{m2}/C_2)s}{s^2+(g_{m2}/C_2)s+(g_{m1}g_{m2}/C_1C_2)}\quad(*6)$$

$$\text{BEF}：T_{\text{BEF}}(s)=\frac{s^2+(g_{m1}g_{m2}/C_1C_2)}{s^2+(g_{m2}/C_2)s+(g_{m1}g_{m2}/C_1C_2)}\quad(*7)$$

図6.8 LPF/HPF時の周波数特性

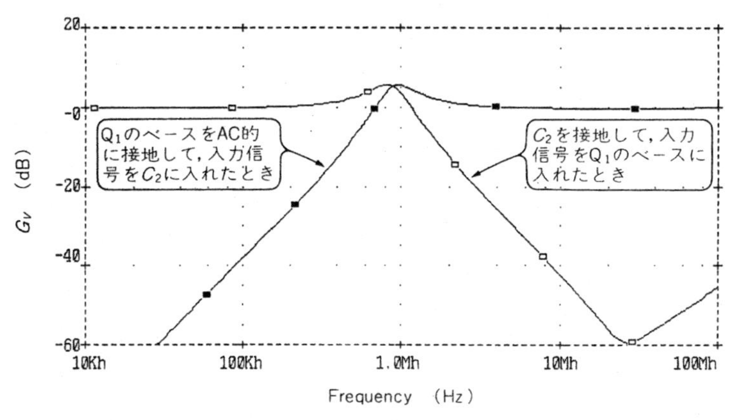

ここでg_{m1}，g_{m2}は，各コンダクタンス・アンプのコンダクタンス(入力電圧変化に対する出力電流変化)で，

$$g_{m1}=1/(R_{E1}+2\ V_T/I_{C(Q6,Q7)}),$$

$$g_{m2}=1/(R_{E2}+2\ V_T/I_{C(Q15,Q16)})$$

と表されます．

これらの伝達関数からわかることは，どの伝達関数においてもカットオフ周波数f_cとQは等しく，

$$f_c=1/\{2\pi\sqrt{C_1C_2(1/g_{m1})(1/g_{m2})}\}$$

$$Q=\sqrt{(C_2/C_1)(g_{m1}/g_{m2})}$$

となるということです．

この回路図中の定数では，$I_{C(Q6)}=I_{C(Q7)}=I_{C(Q15)}=I_{C(Q16)}=50\ \mu\text{A}$なので，

$$g_{m1}=g_{m2}=1/(9.6\text{k}+2\times 26\text{m}/50\mu)=94.0\ \mu\text{S}$$

したがって，

$$f_c=1/\{2\pi\sqrt{7.5\text{p}\times 30\text{p}\times(1/94\mu)(1/94\mu)}\}=997\ \text{kHz}$$

$$Q=\sqrt{(30\text{p}/7.5\text{p})\times(94\mu/94\mu)}=2$$

となります．

● シミュレーション

LPFとHPFとして働かせたときの周波数特性の結果を**図6.8**に，BPFとBEFとして働かせたときの周波数特性を**図6.9**に示します．f_cが計算で求めた結果よりも多少低いほうにずれていますが，これはトランジスタの接合容量と動作電流の誤差(*8)によるものと思

図6.9　BPF/BEFの周波数特性

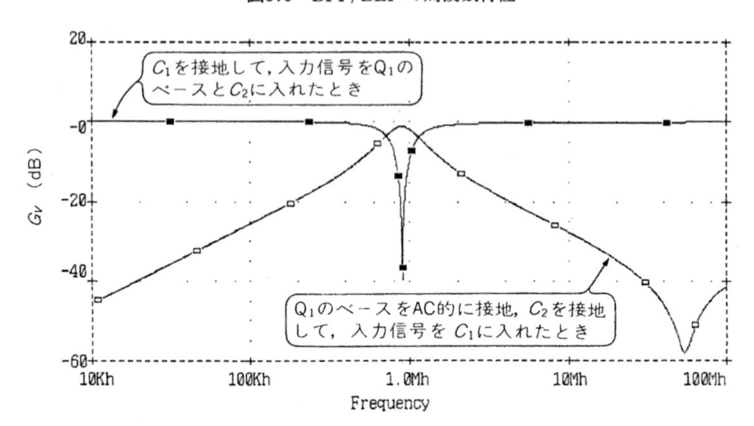

われます．またQはほぼ計算どおり2になっています(f_cにおける利得が約6 dB)．

LPFとHPFの減衰域のスロープ特性は2次なので，－40 dB/dec(＝－12 dB/oct)になっています．BPFのスロープ特性はHi側で1次とLow側で1次なので，Hi側/Low側ともに－20 dB/oct(－6 dB/oct)となっています．

なお，BEFのノッチ・ポイントでの減衰が－40 dBにしかなっていませんが，これはシミュレーションの周波数きざみ幅で制限されているものです．このシミュレーションでは200ポイント/decで行っていますが，この数を少なくすると減衰はこれよりも小さくなり，多くすると大きな減衰が得られます．

(＊6)　2次BPFの伝達関数の一般式は，$T(s)=(\omega_o/Q)s/\{s^2+(\omega_o/Q)s+\omega_o^2\}$である．

(＊7)　2次BEFの伝達関数の一般式は，$T(s)=(s^2+\omega_o^2)/\{s^2+(\omega_o/Q)s+\omega_o^2\}$である．

(＊8)　カレント・ミラー回路の伝達誤差により電流が計算値よりも小さいとすると，g_mが小さくなりf_cは低いほうに移動する．

6.5 周波数可変型 LPF

● 特徴

フィルタでは電流や電圧で周波数を連続して変化させたいということがよくあります．その場合コンデンサは一定なので g_m を可変させることになりますが，「1 次 LPF/HPF」「2 次 LPF/HPF/BPF/BEF」で用いたようなコンダクタンス・アンプでは g_m を可変するのは困難です．「トランスコンダクタンス・アンプ(1)，(2)」の回路ならば使えますが，小さな g_m を実現するのは困難ですし，また入力の許容レベルも大きくとれません．

そこで小さな g_m から大きな g_m まで広範囲にわたって g_m を変えられるトランスコンダクタンス・アンプが必要になってきますが，このような用途には「トランスコンダクタンス・アンプ(3)，(4)」を用いるのが最適で，IC 内蔵フィルタとしてよく使われます．エミッタに抵抗が入っているので，入力のダイナミック・レンジも大きくとれます．

● 回路動作

「トランスコンダクタンス・アンプ(3)」を用いた周波数可変型 LPF の回路図を**図6.10**に示します．もっとも基本的な構成部分は，エミッタ間に抵抗を入れた Q_1, Q_2 の差動増幅回路，PN 接合(ベース-エミッタ間)負荷 Q_3, Q_4，およびエミッタが直結された Q_8, Q_9 の差動増幅器で，これが一つのコンダクタンス・アンプになっています．このコンダクタンス・アンプの出力にコンデンサがついて，その後にバッファがつくのはほかのフィルタと同じ

図6.10 周波数可変型 LPF (f_c=1 k～100 kHz)

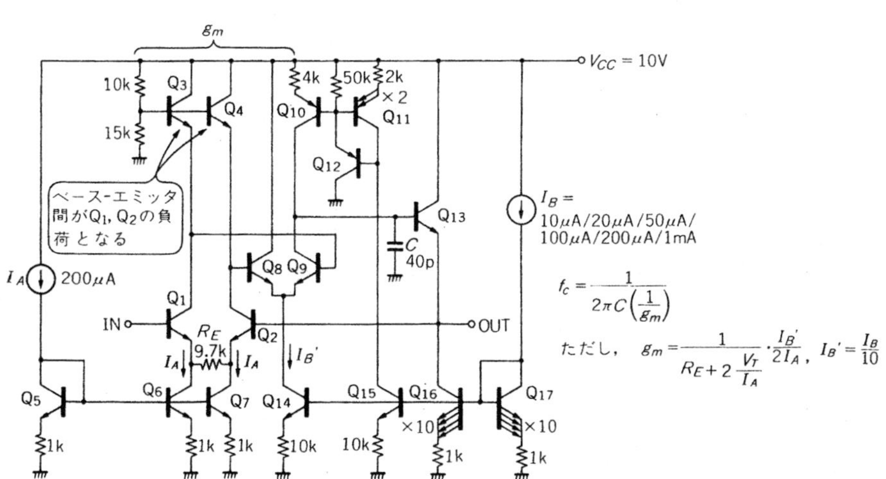

図6.11　周波数特性

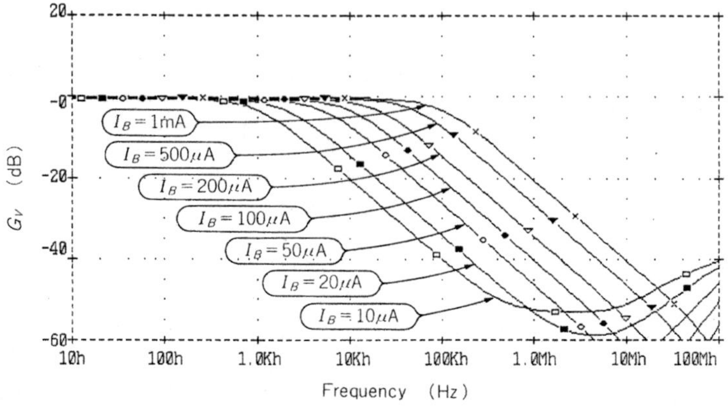

です．このコンダクタンス・アンプのコンダクタンス g_m は，

$$g_m=\{1/(R_E+2\,V_T/I_A)\}(I_B'/2\,I_A)$$

と表されます．すなわち g_m は I_B' に正比例しているわけで，I_B' を変化させれば g_m もそれに比例して変化するトランスコンダクタンス・アンプであるということができます．この g_m に対してカットオフ周波数 f_c は，

$$f_c=1/\{2\,\pi C(1/g_m)\}$$

なので，結局，f_c は I_B' に比例して変化することになります．

図6.10の定数で $I_B=100\,\mu$A として g_m と f_c を求めると $\{I_B'=(1/10)I_B\}$，

$$g_m=\{1/(9.7\,\mathrm{k}+2\times 26\,\mathrm{m}/200\,\mu)\}\{10\,\mu/(2\times 200\,\mu)\}=2.51\,\mu\mathrm{S}$$

したがって，

$$f_c=1/\{2\,\pi\times 40\,\mathrm{p}\times(1/2.44\,\mu)\}=10\,\mathrm{kHz}$$

となり，$f_c=10$ kHz の LPF となっていることがわかりますが，I_B' を変えると f_c もそれに比例して変わります．

● シミュレーション

I_B をパラメータとして 10 μ～1 mA まで変化させて，周波数特性がどうなるかを見たのが**図6.11**です．$I_B=100\,\mu$A すなわち $I_B'=10\,\mu$A のとき f_c は 10 kHz で計算式で求めた値に等しく，I_B を 10 倍にすると f_c も 10 倍，I_B を 1/10 にすると f_c も 1/10 になっているのがわかります．減衰域の高い周波数で周波数特性(f 特)がふたたび上昇していますが，これは高い周波数で C がないときの開ループ利得が減少してくるからで，トランジスタの動作電流を大きくすることである程度改善することができます．

6.6 周波数可変型 HPF

● 特徴

「トランスコンダクタンス・アンプ(4)」を用いて1次のHPFを構成した例を図6.12に示します．特徴は「周波数可変型LPF」と基本的に同じですが，トランスコンダクタンス・アンプの構成が異なるので，リニアリティにおいては「周波数可変型LPF」よりも多少劣ります．なお入力するところをQ_1のベースにするとLPFになります．

● 回路動作

Q_1～Q_8がトランスコンダクタンス・アンプを構成し，入力信号はトランスコンダクタンス・アンプの出力に接続されるコンデンサに入力され，その点にQ_9のエミッタ・フォロワ・バッファがつながります．トランスコンダクタンス・アンプのIN^+端子はQ_1のベースで，HPFなのでこの端子はAC的に接地されていなければなりません．したがってインピーダンスの低いQ_{11}のエミッタ(*9)につないであります．ここの電位は$V_{CC}-2\ V_{BE}$なので，出力端子(Q_9のエミッタ)もこの電位になります．

このコンダクタンス・アンプのコンダクタンスg_mは，

$g_m=\{1/(R_E+4\ V_T/I_A)\}(I_B'/I_A)$　　　(ただし，$R_E=R_{E1}=R_{E2}$)

と表されます．すなわちg_mはI_B'に正比例しているわけで，I_B'を変化させればg_mもそ

図6.12 周波数可変型 HPF (f_C=10 k～1 MHz)

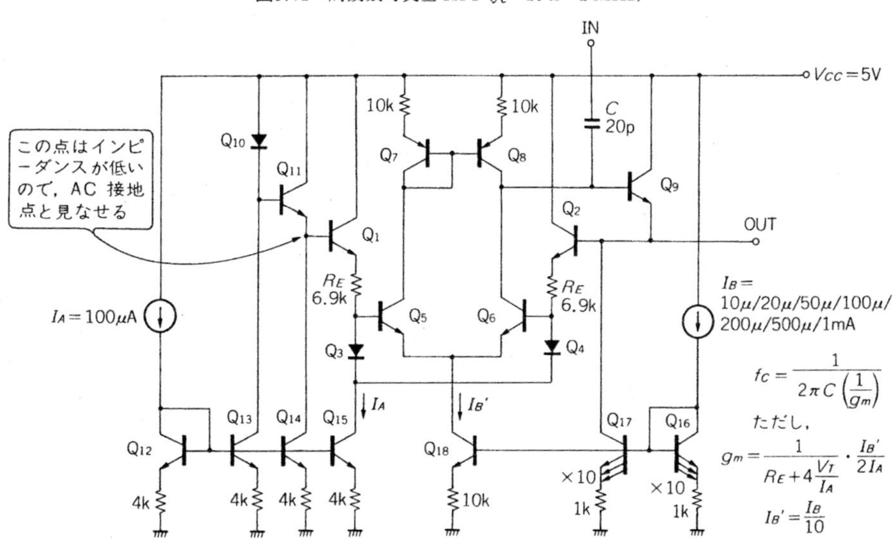

図6.13　周波数特性

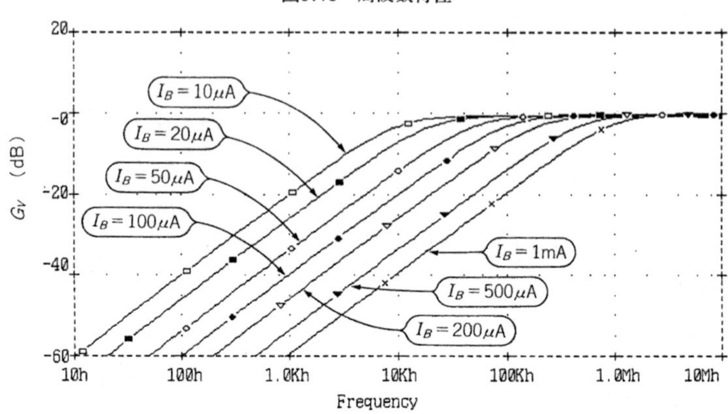

れに比例して変化するわけです．

この g_m に対してカットオフ周波数 f_c は，

$$f_c = 1/\{2\pi C(1/g_m)\}$$

なので，f_c は I_{B}' に比例して変化することになります．Q_{16}～Q_{18}は10：10：1のカレント・ミラー回路になっており，I_{B}' は I_B を1/10したものなので，結局 f_c は I_B に比例して変化することになります．これにより I_B を制御することで，f_c を可変するわけです．

図6.12の定数で $I_B = 100\,\mu A$ とすると $I_{B}' = 10\,\mu A$ となるので，g_m は，

$$g_m = \{1/(6.9\,k + 4 \times 26\,m/100\,\mu)\}\{10\,\mu/(2 \times 100\,\mu)\} = 12.6\,\mu S$$

となり，これより，

$$f_c = 1/\{2\pi \times 20\,p \times (1/12.6\,\mu)\} = 100\,kHz$$

となります．すなわち**図6.12**の回路は，$f_c = 100$ kHz のLPFとなっているわけで，I_B を変えると f_c もそれに比例して変わります．

● シミュレーション

I_B をパラメータとして変化させて，周波数特性がどうなるかを見たのが**図6.13**です．$I_B = 100\,\mu A$ すなわち $I_{B}' = 10\,\mu A$ のとき f_c は100 kHzで，計算式で求めた値に等しく，I_B を10倍にすると f_c も10倍，I_B を1/10にすると f_c も1/10になっているのがわかります．1次のフィルタなので，傾斜は－20 dB/dec(＝－12 dB/oct)となっています．

(＊9)　V_{CC} のインピーダンスが十分低ければ，この点のインピーダンスは，$\{(1+h_{FE})/h_{FE}\}(V_T/I_A)$ となる．

6.7　リプル・フィルタ回路(1)

● 特徴

乾電池のように内部抵抗の大きな電源を使うと，動作電流の変化によって電源電圧も変化してしまい，回路の動作に悪影響を与えたりします．このようなときに，そのリプル分を除去してきれいな電源を作り出すのがリプル・フィルタの役目です．リプル・フィルタは基本的にはLPFで，カットオフ周波数がリプル周波数よりも十分に低いところに設定してあるものですが，たんなるLPFと異なるのは電源としての働きをもたせるために電流供給能力が大きく，DC的に入力電圧よりも出力電圧のほうが低いという点です．

本回路はリプル除去された電圧(1/2) V_{CC} と，同じくリプル除去された V_{CC} 依存型電流を作り出すリプル・フィルタ回路です．

● 回路動作

図6.14は Q_1, Q_2, R_1～R_4 で V_{CC} 依存型の電圧源回路を構成していますが，Q_2のベースにコンデンサ C が入っているので，R_2と C でLPFになっており，Q_2のベースはリプル除去された電圧になります．これにより Q_2のエミッタすなわち V_{out} にはリプル除去された電圧が出力されることになります．この出力電圧 V_{out} は，$R_1=R_3$とすると，

$$V_{out}=(1/2)\,V_{CC}$$

となります．また V_{out} におけるリプル除去率 RR は簡単には，

$$RR=-20\log(f_r/f_c)-6\quad[\mathrm{dB}]$$

ただし，f_r[Hz]：リプル周波数

図6.14　リプル・フィルタ回路

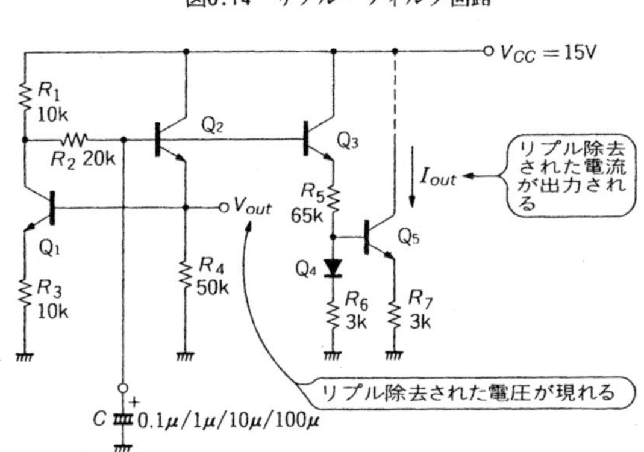

図6.15 リプル除去率の周波数特性

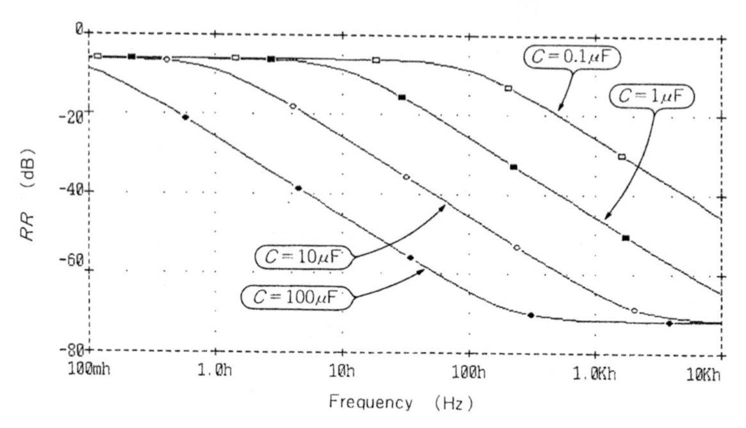

$f_c=1/(2\pi CR_2)$ [Hz]：CR_2による低域カットオフ周波数

と表されます．

回路図中の定数では，出力電圧 V_{out} は，

$$V_{out}=(1/2)\times 15=7.5\text{ V}$$

となり，また $C=10\ \mu$F とすると 100 Hz のリプルに対するリプル除去率 RR は，

$$RR=-20\log\{100\times(2\pi\times 10\mu\times 20\text{k})\}-6=-48\text{ dB}$$

となります．

いっぽう電流源については，出力電流 I_{out}は，

$$I_{out}=\{(1/2)V_{CC}-V_{BE}\}/(R_5+R_5) \qquad (\text{ただし，} R_6=R_7)$$

$$=\{(1/2)\times 15-0.7\}/(65\text{ k}+3\text{ k})=100\ \mu\text{A}$$

となります．なおリプル除去された電流が必要ないときは，Q_3～Q_5および R_5～R_7は必要ありません．

● シミュレーション

シミュレーションは $V_{CC}=15$ V にリプルを乗せて，$C=0.1\mu/1\mu/10\mu/100\ \mu$F として周波数特性を求めました．その結果を**図6.15**に示しますが，C の値に比例してカーブが平行移動していくのがわかります．

$C=100\ \mu$F で周波数が高くなっても RR が−72 dB 以下に下がらないのは，Q_2のベースのリプル分がいくら小さくなってもコレクタにはリプルが乗っているので，ここから入り込んでくるものです．

6.8 リプル・フィルタ回路(2)

● 特徴

本回路は比較的大電流(100 mA～数百 mA)を取り出すことができ，リプル除去された出力電圧が入力電圧よりも約2V低くなるリプル・フィルタです.

● 回路動作

回路図を**図6.16**に示します．一見するとわかりにくいかもしれませんが，Q_1～Q_6からなる回路についてみると，カレント・ミラー負荷(Q_3, Q_4)を有する差動増幅回路(Q_1, Q_2)にダーリントン・エミッタ・フォロワ(Q_5, Q_6)を付けただけの簡単な増幅器であることがわかります．この増幅器についていえば，電源がリプルを有する入力電源電圧で，非反転入力はQ_1のベース，反転入力はQ_2のベース，出力はQ_6のエミッタということになります．そうするとQ_2のベースがQ_6のエミッタにつながっているので，反転入力が出力につながっているバッファ・アンプとして働いているわけです.

そう考えるとQ_1のベースすなわちバッファ入力にはコンデンサCがつながっており，ここでは時定数RCによりリプルは除去されているので，Q_4のエミッタすなわちバッファ出力にもリプルは現れないことになります.

出力 V_{out}におけるリプル除去率RRは簡単には，

$$RR = -20\log(f_m/f_c) \quad [\mathrm{dB}]$$

図6.16 大電流を取り出せるリプル・フィルタ回路

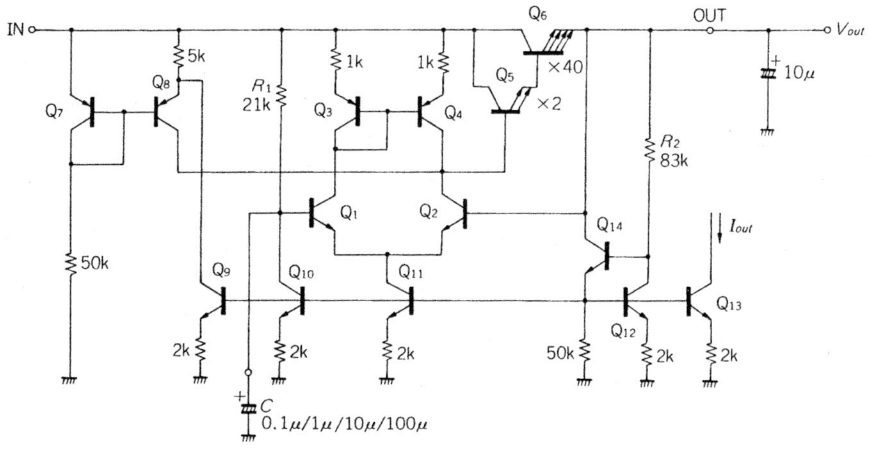

図6.17　リプル除去率の周波数特性

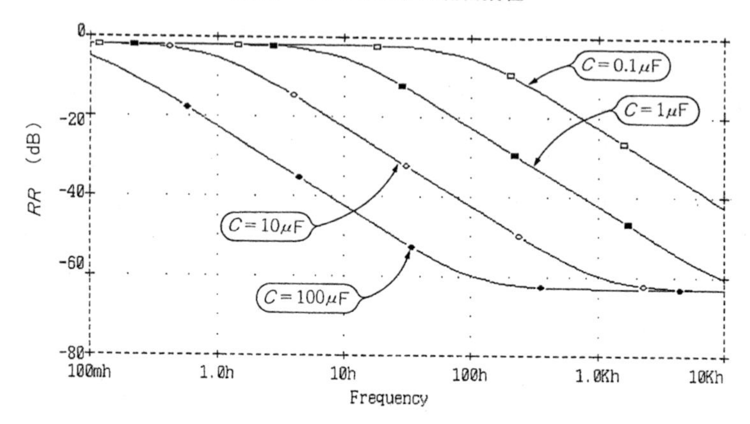

ただし，f_r[Hz]：リプル周波数

$f_c=1/(2\pi CR)$[Hz]：CRによる低域カットオフ周波数

と表されますが，実際にはトランジスタのアーリ効果が加わりますので，これよりも多少悪い値になります．

具体的なリプル除去率は，たとえば$C=10\,\mu$Fとして$f=100$ Hzでは，

$$RR=-20\log\{100\times(2\pi\times10\,\mu\times21\,\mathrm{k})\}=-42.4\,\mathrm{dB}$$

となります．

Q_7, Q_8はスタータ回路で，これがないと電源ON時にスタートせずに，$V_{out}=0$のままという可能性があります．R_2を入力側（リプル除去前の電源）から取ればスタータ回路は不要ですが，リプル除去率が悪化します．

なおリプル振幅が大きくなると，リプルの谷でQ_4が飽和に入りリプル除去率が急激に悪くなるので，この回路定数ではリプルの振幅が0.7 V_{p-p}程度が限界です．これ以上の振幅に対応させるには，R_1の電圧降下を今よりも大きく取る必要があります．またQ_{13}はリプル除去された電流を取り出すためのもので，不要ならば取り去ってしまってかまいません．

● シミュレーション

シミュレーションは$V_{CC}=10$ Vにリプルを乗せて，$C=0.1/1/10/100\,\mu$Fとして周波数特性を求めました．その結果を**図6.17**に示しますが，Cの値に比例してカーブが平行移動していくのがわかります．$C=100\,\mu$Fで周波数が高くなってもRRが-63 dB以下に下がらないのは，Q_1～Q_6からなる増幅器の開ループ利得が有限であることによるものです．

第7章　スイッチ回路

スイッチ回路はどのようなものであれ，トランジスタのON/OFFを利用して行っています．もっとも簡単にはトランジスタそのものをスイッチとして，このトランジスタのON/OFFをスイッチON/OFFとすることもできますが，実際にそうすることは少なく，あるトランジスタをON/OFFしてそれにより制御される回路のON/OFFを切り替えるというのが普通です．

7.1 小信号スイッチ回路

● 特徴

電圧信号をON/OFFするには，トランジスタをON/OFFすることにより，簡単に実現することができます．**図7.1**はその中でももっとも簡単なものですが，スイッチ素子のトランジスタのコレクタ-エミッタ間に残り電圧が発生し，またベース電流が流れるという欠点があります．また扱える信号もせいぜい数百mVまでの小信号だけです．トランジスタを逆並列接続しているのは，V_{in}の極性によって特性が変わるのを防ぐためです．

● 回路動作

トランジスタをスイッチとして使うには，コレクタ-エミッタ間抵抗r_{CE}を利用します．I_Bを多く流すと$r_{CE(ON)}$は小さく(*1)，I_Bを0とすれば$r_{CE(OFF)}$はほとんど無限大になります．

図7.1(a)は短絡型のスイッチ回路です．コントロール電圧$V_C=0$ではベース電流は流れずトランジスタはOFFしているので，r_{CE}は非常に大きく，入力抵抗R_{in}があっても入力信号V_{in}はそのまま出力に現れます．いっぽう$V_C=5$Vでは，トランジスタはONしてr_{CE}が小さくなるので，r_{CE}がR_{in}にくらべて十分小さいとすると，V_{in}は減衰して出力に現れないことになります．

この回路では入力信号の信号源抵抗によりスイッチON時の減衰率が変化してしまいますが，それに加え信号経路にシリーズにR_{in}が入るので，回路によってはこれが次段に影響を及ぼすこともあります．またON時のベース電流はGNDに流れ込むので問題あり

図7.1　小信号スイッチ回路

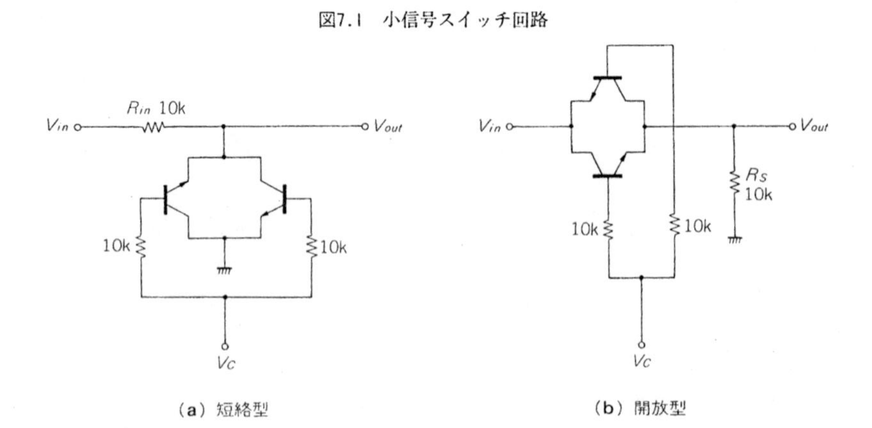

(a) 短絡型　　(b) 開放型

図7.2 入出力波形と制御電圧波形

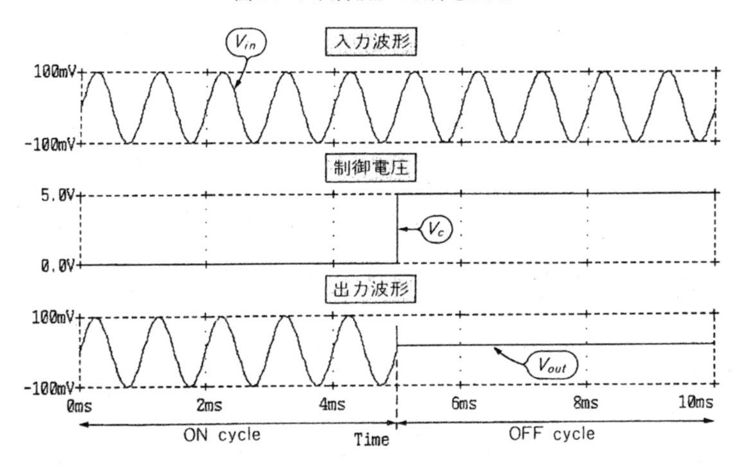

ませんが，コレクタ-エミッタ間に数十～0.1 V 程度の残り電圧が発生するので，次段との結合にはそのことを考慮する必要があります．

図7.1(b)は開放型のスイッチ回路です．$V_C=0$ ではベース電流は流れずトランジスタはOFF しているので，r_{CE} は非常に大きくなり，短絡抵抗 R_S との比で減衰して V_{in} は出力に現れません．いっぽう $V_C=5$ V では r_{CE} が小さくなるので，r_{CE} が R_S にくらべて十分小さいとすると，V_{in} はそのまま出力に現れることになります．

この回路では入力信号の信号源抵抗があると，スイッチ ON 時の出力 V_{out} は V_{in} よりも減衰してしまいます．さらにベース電流が信号源抵抗と R_S に流れて電圧オフセットを生じるので，信号源抵抗は十分低くする必要があり，同時にベース電流を引っ張れる電流容量が必要なので，(a)の短絡型よりも使いにくいといえるでしょう．

● シミュレーション

図7.2は，(a)短絡型の回路でトランジスタのエミッタ面積比を 10 倍にとり，$R_{in}=10$ kΩ として，入力に振幅 50 mV の正弦波を入れ，V_C に 0/5 V を加えたときの各部の波形です．これを見ると $V_C=0$ V では V_{out} には V_{in} がそのまま出ていますが，$V_C=5$ V になると V_{out} には入力信号が現れない代わりに，オフセット電圧が生じていることがわかります．

(＊1) ある程度以上ベース電流を流すと，それ以上増やしても r_{CE} は小さくならなくなる．

7.2 カレント・ミラー電流スイッチ回路(1)

● 特徴

本回路はカレント・ミラー回路の出力電流をON/OFFさせるスイッチ回路で，たいへん簡単な回路なので広く使われています．カレント・ミラー回路はこのタイプに限らず，どのようなものでも使え，出力電流を複数取り出していれば，それが全部同時にON/OFFします．

● 回路動作

まず**図7.3(a)**ですが，Q_1，Q_2は通常のカレント・ミラー回路，Q_{SW}がスイッチ・トランジスタになっています．ここでV_C＝"L"レベルでQ_{SW}がOFFしていれば，出力電流I_{out}は入力電流I_{in}に等しくなっています．ところがV_C＝"H"レベルになりQ_{SW}がONすると，$V_{CE(sat)}$は$V_{BE(ON)}$よりも小さいので，Q_1，Q_2のベース電位は$V_{CE(sat)}$になり，I_{in}はすべてQ_3に流れてしまい，このためQ_1に流れる電流は0となり，I_{out}も流れなくなります．

図7.3(b)の回路はV_C＝"L"レベルで出力電流がOFFするもので，複数出力，ベース電流補償を行っているものです．この場合，Q_{SW}のコレクタをQ_2～Q_5のベース・ラインにつないではいけません．R_2は定電流源に置き換えても一向にさしつかえありません．

とくに難しい点のない回路ですが，一つだけ注意するのはQ_{SW}のON動作がいかなる場合でも確実に行えるように，Q_{SW}のベース電流はI_{in}の1/10以上は流すようにR_1やR_2を設定します．

図7.3　カレント・ミラー電流スイッチ回路

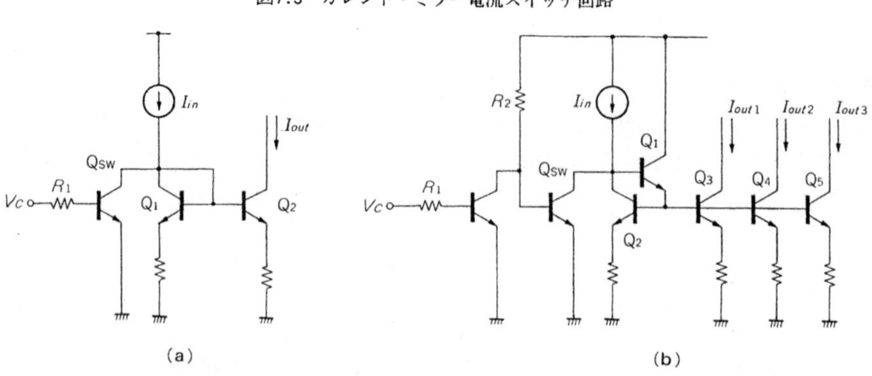

7.3 カレント・ミラー電流スイッチ回路(2)

● 特徴

「カレント・ミラー電流スイッチ回路(1)」は複数の出力電流がある場合，それが全部同時にON/OFFしましたが，この回路は特定の出力電流だけをON/OFFするものです．またコントロール電流を連続的に変えることにより，ON ↔ OFFの間の電流値を連続的に取ることができます．このため電流制御電流源として使うことも可能です．ただ確実にスイッチ動作をさせるためには，比較的大電流を必要とするという欠点や，エミッタ抵抗が小さすぎるとスイッチ動作を行うことができないなどの欠点もあります．

● 回路動作

図7.4に回路図を示します．この回路では出力電流をI_{out1}，I_{out2}の二つ取り出し，そのうちのI_{out2}をON/OFFしようというものです．

まずコントロール電流$I_C=0$のときはQ_4はOFFしているので，Q_1～Q_3は通常のカレント・ミラー動作をし，$I_{out1}=I_{out2}=I_{in}$となります．ところが$I_C>0$となりQ_4に電流が流れると，抵抗R_3に電流が流れ込むのでR_3の電圧降下が大きくなり，Q_3のエミッタ電位は上昇することになります．これに対してQ_3のベース電位は一定なのでQ_3のV_{BE}は小さくなり，これによってI_{out}は減少し，$V_{BE}=0$となればI_{out}も完全に流れなくなります．

ここで注意するのはQ_3を完全にOFFさせるには，I_Cが流れ込むことによるR_3の電圧降下の増加分($I_{C(Q4)}R_3$)がV_{BE}程度以上なくてはならないということです．このためR_3が

図7.4　エミッタ抵抗に電流を流し込むカレント・ミラー電流スイッチ回路

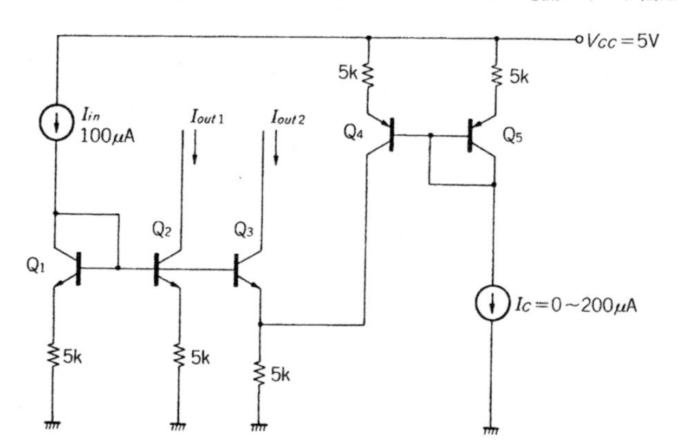

図7.5　制御電流と出力電流の関係

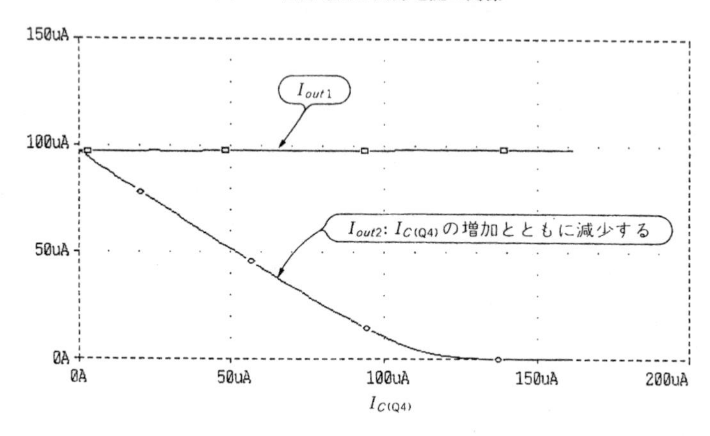

小さいと，I_Cは大電流が必要になってくるので，R_3にはある程度大きな値の抵抗を使うようにします．

またI_C増加による電圧降下の増加分が大きすぎて，かりにQ_3のエミッタ電位がベース電位よりも高くなると，Q_3のV_{EBO}(V_{BE}逆耐圧)(*2)をオーバして，Q_3を壊してしまう可能性があります．このような場合はQ_3のベース-エミッタ間にダイオードを入れて(アノードをエミッタ，カソードをベースにつなぐ)，V_{BE}逆耐圧オーバしないようにします．

● **シミュレーション**

図7.4の回路において，制御電流I_Cを0～200 μAまで変化させたときの，I_{out1}，I_{out2}の電流をシミュレーションしたものを**図7.5**に示します．ここでは横軸をQ_3のエミッタに流れ込む電流$I_{C(Q4)}$としています．

これより$I_{C(Q4)}$が増加するにしたがって，I_{out2}は減少していくことがわかると思います．$I_{C(Q4)}$が0～100 μAの範囲では，I_{out2}は$I_{C(Q4)}$の減少とともに直線的に減少していくので，電流制御電流源として使えることがわかります．またI_{out2}を完全に0にするには，$I_{C(Q4)}$は140 μA以上流す必要があるといえます．

なお横軸が約160 μAまでしか描かれていませんが，これはI_Cに200 μAまで流してもQ_4，Q_5のカレント・ミラーの損失で，電流がそこまで伸びないことによるものです．

(＊2)　プロセスによって異なるが，NPNトランジスタでは4～8 V程度しかない．ただしPNPトランジスタではその限りではない．

7.4 入力信号切り替え回路(1)

● 特徴

この回路は二つの入力信号のいずれかいっぽうをロジック信号で選択して出力するもので，等価回路は図7.6のように表され，入出力は等しく，同レベル同位相となります．入力回路を増やすことにより，3入力，4入力とすることも可能です．

● 回路動作

回路図を図7.7に示します．全体の構成は入力信号を伝えるためのバッファ回路 Q_1～Q_{10}

図7.6 等価回路

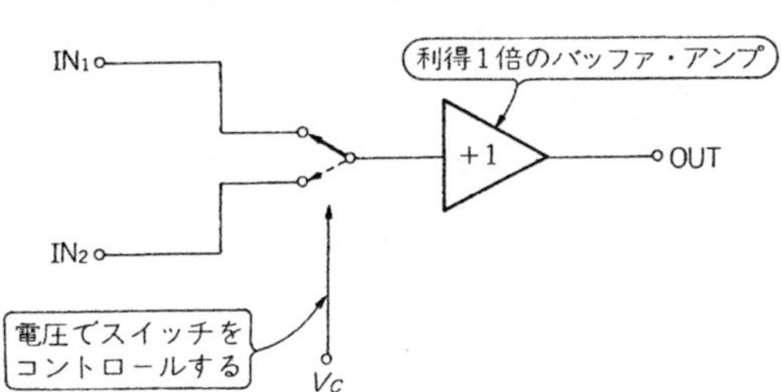

図7.7 入力信号切り替え回路(利得1)

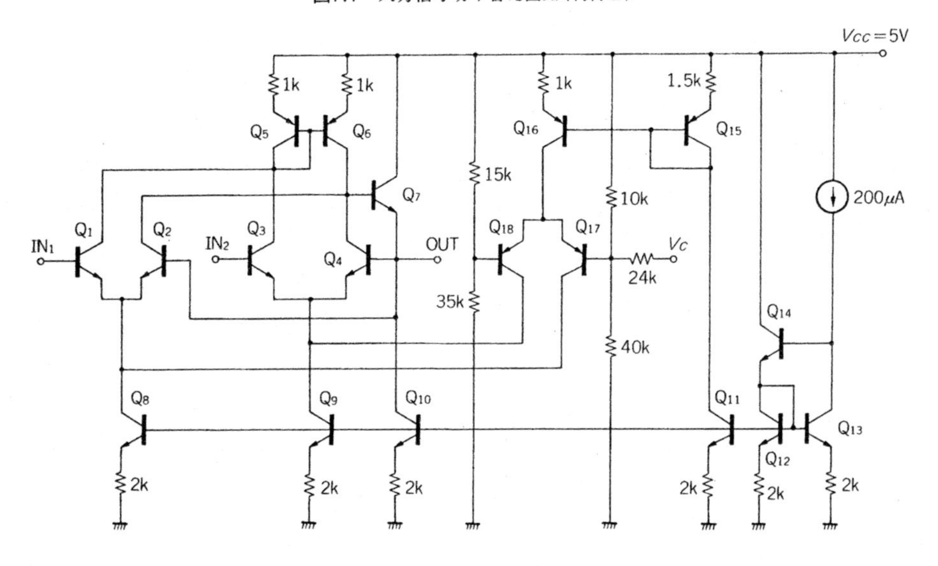

図7.8　入出力波形と制御電圧波形(ステップ変化)

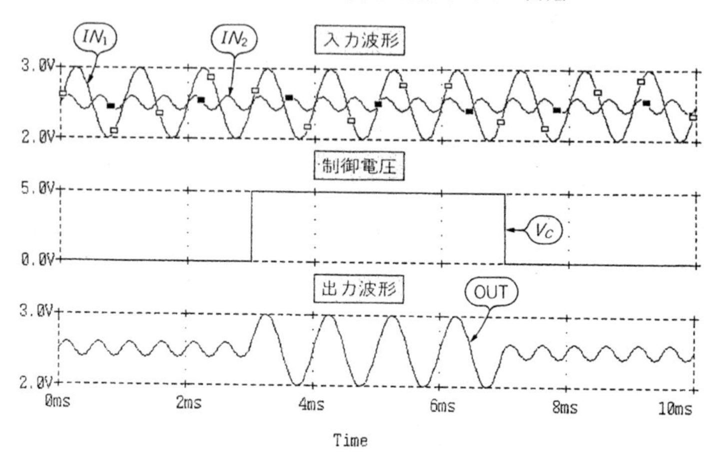

と，入力を切り換えるためのコントロール回路Q_{15}～Q_{18}からなっています．入力の切り替えは，Q_1，Q_2の差動増幅回路と，Q_3，Q_4の差動増幅回路を切り替えることによって行っています

まずコントロール電圧 V_C＝5 V の時ですが，このときはQ_{17}のベース電位は4.25 V(*3)となりQ_{18}のベース電位(3.5 V)よりも高いので，Q_{17}＝OFF，Q_{18}＝ON となります．そうするとQ_{16}のコレクタ電流(約300 μA)はすべてQ_{18}に流れますが，Q_9の電流は200 μA で$I_{C(Q18)}>I_{C(Q9)}$なので，Q_3，Q_4のエミッタは上に引っ張られてQ_3，Q 4 の差動増幅回路はOFF します．これに対してQ_{17}の電流は0なのでQ_1，Q_2の差動増幅回路は正常に動作して，Q_1～Q_{10}のバッファ回路はQ_3，Q_4のないバッファ・アンプとして動作し，出力 OUT には入力 IN_1だけが現れます．

いっぽう V_C＝0 のときは，Q_{17}のベース電位は3 V(*4)となり，先ほどとは逆にQ_{17}＝ON，Q_{18}＝OFF となります．このためQ_{16}のコレクタ電流はすべてQ_{17}に流れて，この電流はQ_1，Q_2のエミッタ電位を引き上げ，Q_1，Q_2の差動増幅回路を OFF させます．このときQ_3，Q_4の差動増幅回路は正常に動作しているので，結局Q_1～Q_{10}のバッファ回路はQ_1，Q_2のないバッファ・アンプとして動作し，出力 OUT には入力 IN_2だけが現れます．

ここで注意するのは，Q_{17}が ON してQ_1，Q_3のエミッタ電位を引き上げるとき，Q_1，Q_2に加えられるベース・バイアス電圧 V_{BIAS} とQ_{17}のベース電圧の関係によっては，Q_1，Q_2を完全に OFF させられないということです．このためQ_{17}のベース電位は V_{BIAS} よりも低く

図7.9 入出力波形と制御電圧波形(連続変化)

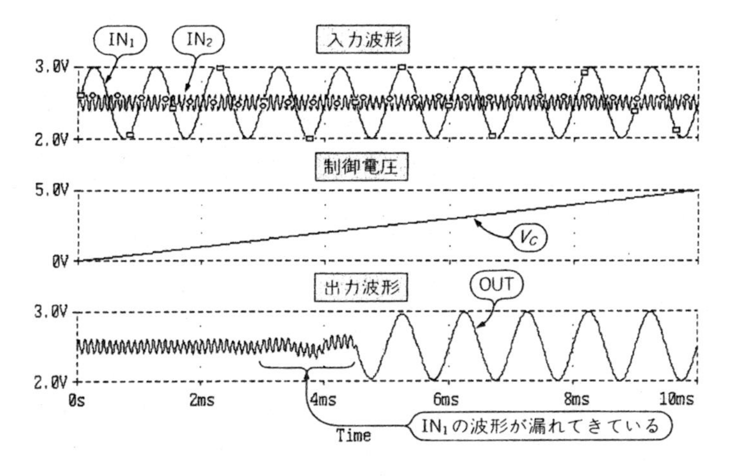

ならないようにする必要があります．ただしこの差が大きすぎると，今度は V_{BE} 逆耐圧オーバで Q_1，Q_2を壊してしまう可能性もありますので，この差は数百 m～1 V 程度がよいでしょう．これは Q_3，Q_4についても同様です．

● シミュレーション

入力バイアス電圧 $V_{BIAS}=2.5$ V として，入力 IN_1に $f=1$ kHz で振幅 1 V，IN_2に $f=2$ kHz で振幅 0.25 V の正弦波を同時に入力し，V_C を 0/5 V で切り替えたときの各波形を，**図7.8**に示します．この波形を見ると，$V_C=0$ では $OUT=IN_1$に，$V_C=5$ V では $OUT=IN_2$ になっているのが確認できます．

さらに V_C を連続的に 0～5 V まで変化させたのが**図7.9**の波形です．$V_C<2$ V では IN_2 が，$V_C>2.5$ V では IN_1の波形が出力に現れていますが，その中間付近($t=3$～4.5 ms)では本来 IN_2の波形が現れるはずなのですが，IN_1が漏れてきて波形がうねっているのがわかります．これはこの範囲では Q_{17}，Q_{18}の両方が ON しているため，Q_1，Q_2および Q_3，Q_4の差動増幅器が両方とも動作してしまっていることによるものです．

(＊3)　Q_{17}のベース電位は，[40 k/{(10 k×24 k)/(10 k+24 k)+40 k}]×5=4.25 V となる．

(＊4)　Q_{17}のベース電位は，[(40 k×24 k)/(40 k+24 k)/{(40 k×24 k)/(40 k+24 k)+10 k}]×5=3 V となる．

7.5　入力信号切り替え回路(2)

● 特徴

この回路も二つの入力信号のいずれかいっぽうをロジック信号で選択して出力するものですが，入出力間に利得をもたせ，等価回路は**図7.10**のようになります．回路図は**図7.11**のようになっており，入力は差動入力とし利得は10倍に設定しています．もちろんエミッタ間抵抗を変えることにより利得を変えることも可能ですし，出力から反転入力に帰還して帰還増幅器にしてもかまいません．入力回路を増やすことにより，3入力，4入力とすることも可能です．

● 回路動作

全体の構成は，Q_1，Q_2およびQ_7，Q_8からなる入力の差動増幅回路，その定電流源となるカレント・ミラーQ_3～Q_5およびQ_9～Q_{11}，カレント・ミラーをON/OFFするQ_6，Q_{12}，Q_{13}，出力のエミッタ・フォロワQ_{14}，それに定電流回路Q_{15}～Q_{21}から構成されています．入力はIN_1，IN_2で，コントロール電圧V_C＝“L”レベルのときIN_1が，“H”レベルのときIN_2が選択されて，出力OUTにはこれらの電圧の10倍の信号が変化分として現れます．

まずV_C＝“L”レベルのときですが，このときはQ_6とQ_{12}がOFFしています．Q_6がOFFなので，Q_3～Q_5のカレント・ミラーはそのまま動作しており，したがってQ_1，Q_2の差動増幅回路も動作しています．いっぽうQ_{12}がOFFしているとQ_{13}はONするので，Q_{19}のコレクタ電流はすべてQ_{13}に流れて，Q_9～Q_{11}のカレント・ミラーは動作せず，このためQ_7，Q_8の差動増幅回路は動作しません．そうするとQ_1，Q_2，Q_{14}で増幅回路を構成していることになり，出力OUTには入力IN_1の電圧が増幅されて現れることになります．

これに対してV_C＝“H”レベルでは，Q_6，Q_{12}はONしています．Q_6がONしていると，Q_{17}のコレクタ電流はすべてQ_6に流れて，Q_3～Q_5のカレント・ミラーはOFFしますの

図7.10　等価回路

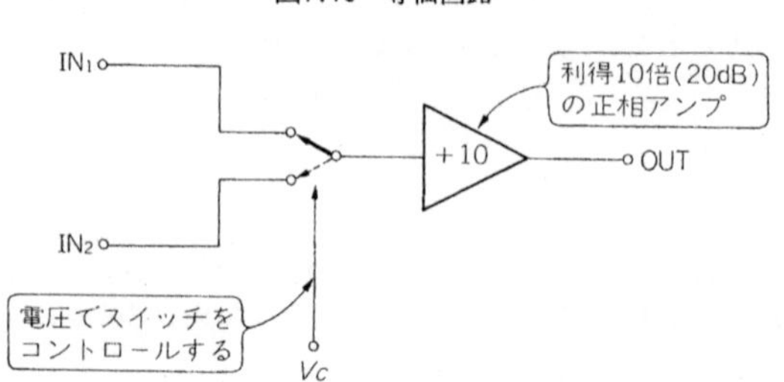

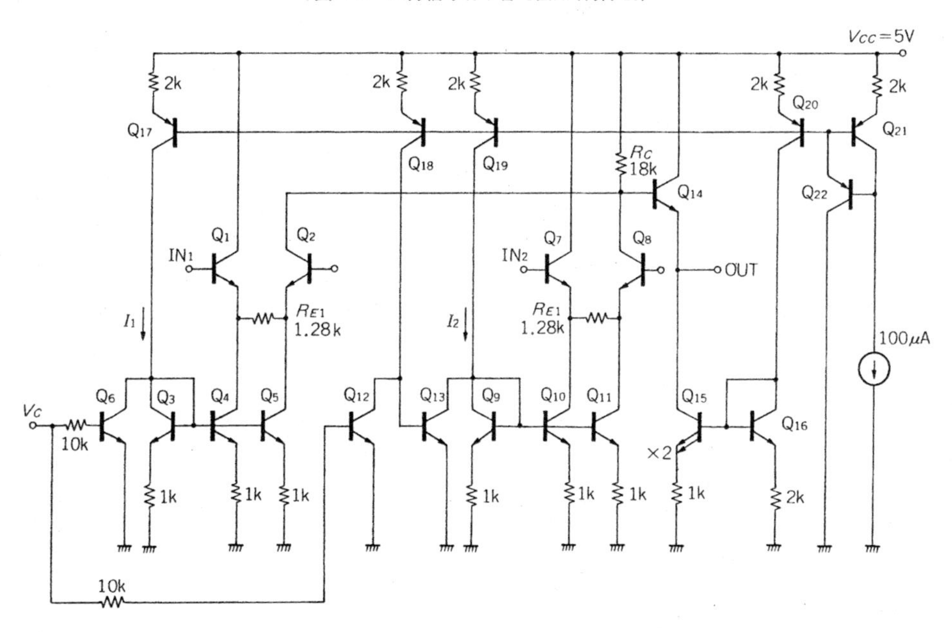

図7.11　入力信号切り替え回路（利得10）

で，Q_1，Q_2の差動増幅回路は動作しません．そうするとQ_7，Q_8，Q_{14}で増幅回路を構成し，OUTにはIN_2の電圧が増幅されて現れることになります．

入力端子から出力端子までの電圧増幅率A_vは，

$$A_v = R_L / (R_{E1,2} + 2\ V_T / I_{1,2})$$

$$= 18\ \mathrm{k} / (1.28\ \mathrm{k} + 2 \times 26\ \mathrm{m} / 100\ \mu) = 10[\text{倍}]$$

となります．R_{E1}とR_{E2}，あるいはI_1とI_2を異なる値にすれば，$IN_1 \rightarrow$ OUTと$IN_2 \rightarrow$ OUTの増幅率を違ったものにすることもできます．

またこの回路では帰還はかけていませんが，OUTよりQ_2のベースとQ_8のベースに帰還をかけることにより，帰還増幅器とすることもできます．その場合A_vは帰還率で決まるので，帰還率をQ_2，Q_8で違った値にしておけば増幅率も違った値になります．

● シミュレーション

入力IN_1に$f=1$ kHzで振幅50 mV，IN_2に$f=2$ kHzで振幅10 mVの正弦波を同時に入力し，V_Cを0/5 Vで切り替えたときの各波形を**図7.12**に示します．この波形を見ると，$V_C=0$ではIN_1が10倍された信号が，$V_C=5$ VではIN_2が10倍された信号がOUTに現

図7.12　入出力波形と制御電圧波形(ステップ変化)

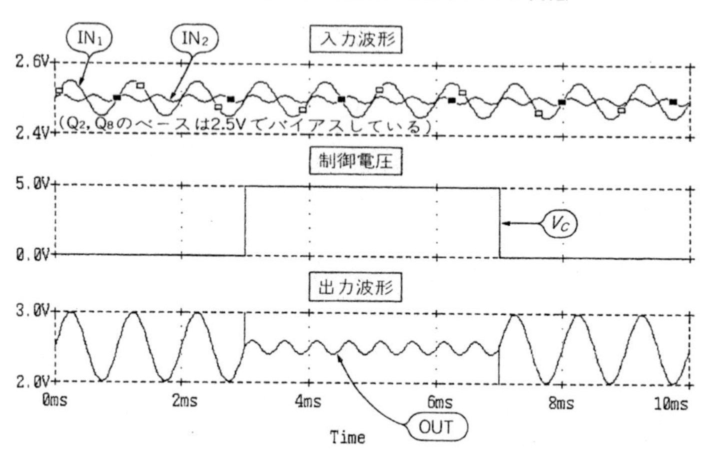

図7.13　入出力波形と制御電圧波形(連続変化)

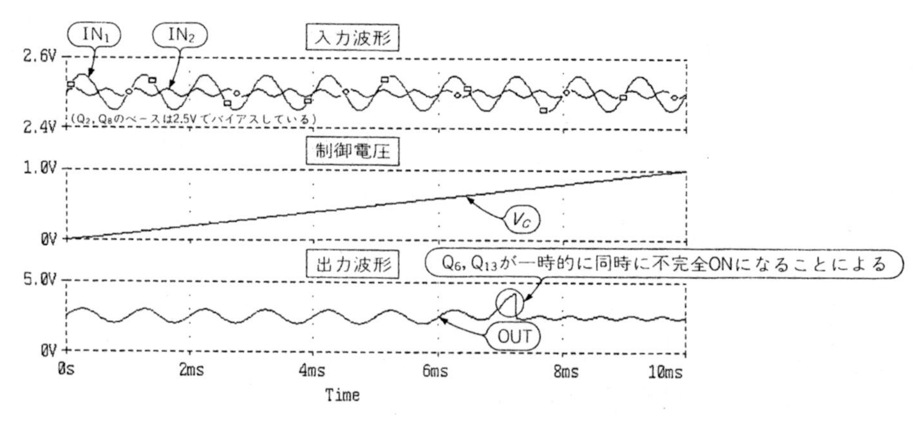

れているのが確認できます．V_C を連続変化させたのが**図7.13**で，切り替わり時に出力が異常に高くなっていますが，これは一時的に Q_6，Q_{13} が同時不完全ONして，R_C に流れる電流が減少するためです．

7.6　位相切り替え回路

● 特徴

この回路はロジック信号により，出力信号の位相を入力信号と同相か逆相かを切り替えるものです．この回路の定数では入出力の利得(絶対値)をほぼ1としていますが，定数変更によりそれよりも大きくも小さくもできます．

● 回路動作

回路図を図7.14に示します．Q_1，Q_2は負荷抵抗 R_1，R_2を有する差動増幅回路，Q_5，Q_6は R_1，R_2の信号を取り出すためのエミッタ・フォロワ，Q_3，Q_4は位相を切り替えるためのコントロール回路，Q_7～Q_{11}は定電流回路です．Q_2と Q_3のベースは，基準電圧 V_{ref}=2.5でバイアスされているものとします．また入力信号 V_{in} は V_{ref} を基準として振れているものとします．

図7.14　位相切り替え回路

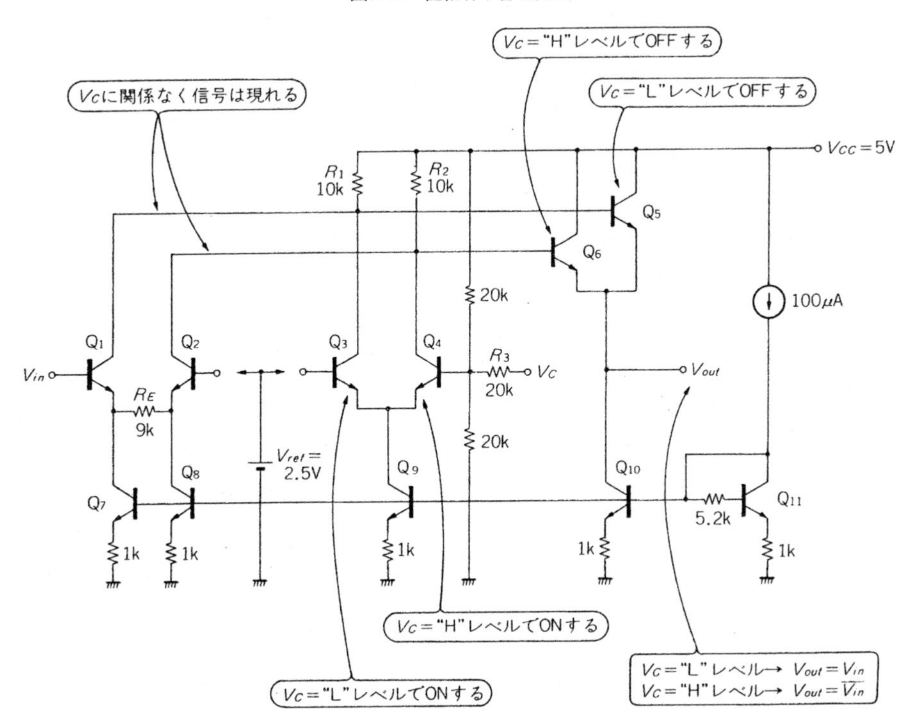

図7.15　入出力波形と制御電圧波形(ステップ変化)

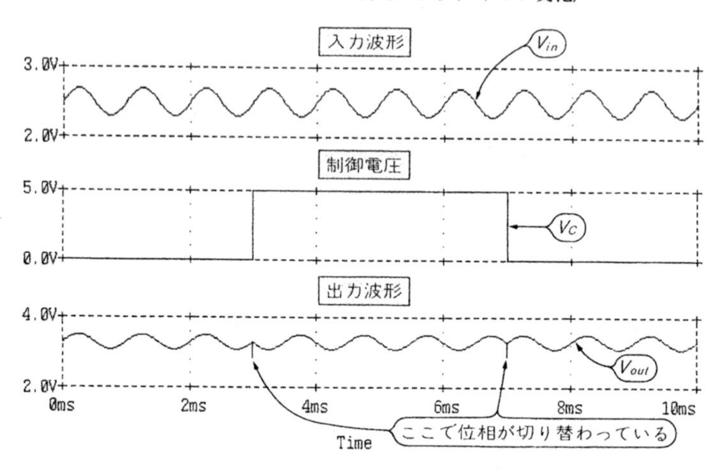

最初にQ_3とQ_4がともにOFFしており，電流が両方とも流れていないない場合(このような状態は存在しないが)を考えてみると，バランス状態($V_{in}=0$)ではQ_5とQ_6のベース電位は等しくなっており，図中の定数では$V_{B(Q5)}=V_{B(Q6)}=4$ Vになっています．このことを知ったうえで実際の動作を考えてみましょう．

コントロール電圧V_Cは0/5 Vが入力されますが，まず$V_C=0$のときを考えてみます．このときはQ_4のベース電位は1.67 Vとなり，Q_3=ON，Q_4=OFFとなるので，Q_9の電流はすべてQ_3に流れます．そうするとR_1の電圧降下が$R_1 I_{C(Q9)}$分(=10 k×100 μ=1 V)だけ大きくなり，その分Q_5のベース電位が下がり，$V_{B(Q5)}=3$ Vとなります．いっぽうQ_6のベース電位は変化ありませんから，$V_{B(Q6)}=4$ VのままなのでQ_5はOFFしてしまい，出力V_{out}はQ_6のベース電位で決まってきます．ここでQ_6のベースにはV_{in}と同相の信号が現れているので，V_{out}にはV_{in}と同相の信号が現れることになります．

つぎに$V_C=5$ VにはQ_4のベース電位は3.33 Vとなっており，Q_3=OFF，Q_4=ONとなるので，Q_9の電流はすべてQ_4に流れます．そうするとR_2の電圧降下が$R_2 I_{C(Q9)}$分(=1 V)だけQ_6のベース電位が下がり，$V_{B(Q6)}=3$ Vとなります．これに対してQ_5のベース電位は変化ありませんから，$V_{B(Q5)}=4$ VのままなのでQ_6はOFFして，出力V_{out}はQ_5のベース電位で決まることになります．ここでQ_5のベースにはV_{in}と逆相の信号が現れているので，V_{out}にはV_{in}と逆相の信号が現れることになります．

回路定数の設定で注意するのは，$V_C=0$のときにQ_3が飽和に入らないようにするとと

図7.16　入出力波形と制御電圧波形(連続変化・過大入力時)

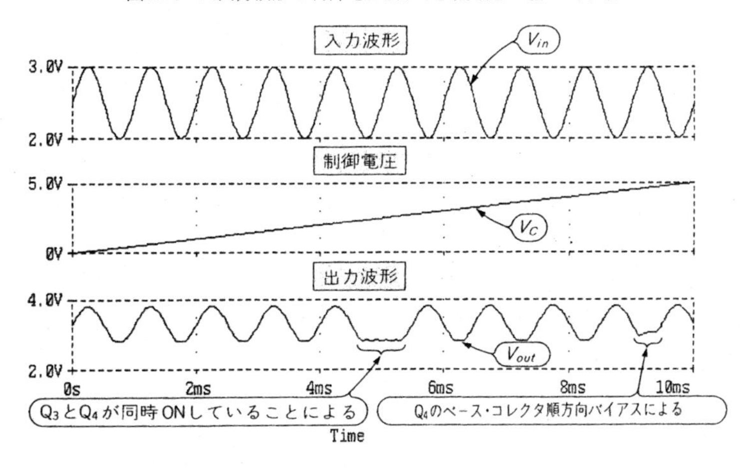

もに，Q_4の V_{BE} 逆耐圧が定格オーバしないこと，$V_C=5$ V のときにQ_4が飽和に入らないようにすることですが，このことは V_{in} に過大入力が入ってきたときでも守られなければなりません．

なお，利得$|G_v|$は以下のように求められます．

$$|G_v|=R_{1,2}/(R_E+4\ V_T/I_{C(Q7,8)})$$
$$=10\ \mathrm{k}/(9\ \mathrm{k}+4\times 26\ \mathrm{m}/100\ \mu)=1\text{倍}$$

● シミュレーション

入力に1 kHz 0.4 V_{p-p}の正弦波を入れたときの各部波形を**図7.15**に示します．V_{out} は $V_C=0$ で V_{in} と同相，$V_C=5$ V で逆相になっているのがわかると思います．切り替え時に若干のヒゲが出ていますが，これは切り替わる瞬間にQ_3とQ_4が同時にONになるからです．

また入力に過大入力を入れ，Q_4のベース電位が適性範囲外になるように故意に$R_3=1$ kΩ としたときのシミュレーション結果を**図7.16**に示します．切り替わるとき($t=5$ ms)で出力波形が下にいっているのは，Q_3とQ_4が同時ONとなり，Q_5とQ_6の両方のベース電位が下がるためです．また V_C が5 V に近づいてきたとき($t=9$～9.5 ms)の下側波形異常は，Q_4のベース電位が高くなりすぎてベース-コレクタ間が順方向バイアスで導通し，Q_6のベース電位が引き上げられるためです．

コラム　アナログ・スイッチ

第7章では「スイッチ回路」ということで，バイポーラ・トランジスタを用いた種々のスイッチ回路について説明してきましたが，ここで紹介するのはアナログ信号を扱えるアナログ・スイッチです．

アナログ・スイッチとして有名なのは，J-FETによるものです．これは**図7.A**のように，コントロール電圧V_C=0VでソースｰドレインがONし，V_C="L"(負電圧)でOFFとなるものです．FETがPchの場合は，ON条件は同じですが，OFFとするにはV_C="H"(正電圧)とする必要があり，さらにダイオードの向きも変える必要があります．小信号しか扱えないのが欠点です．

CMOSを使ったアナログ・スイッチも有名で，記号で表すと**図7.B**のようになります．J-FETのような使いにくさはないのですが，使用する電源電圧や入力電圧により抵抗値が変化してしまうという性質があります．

以上，J-FETとCMOSのアナログ・スイッチについて簡単に述べましたが，これらは通常のバイポーラICの内部では使えないのは当然のことです．

図7.A　FETによるアナログ・スイッチ

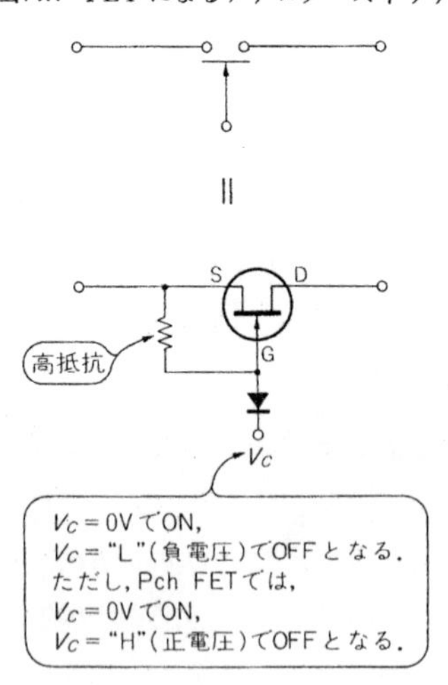

図7.B　CMOSによるアナログ・スイッチ

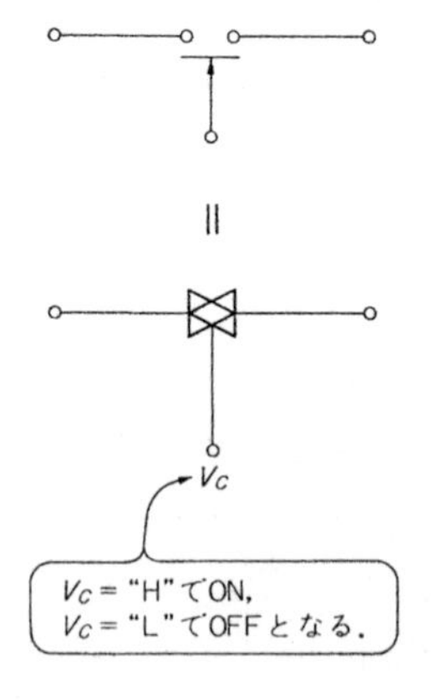

第8章　演算回路

本章で紹介する回路の大半はIC特有の回路で，ディスクリート回路では実現できない回路です．言い換えれば，IC回路らしい回路というのが本章の回路であるということができます．このことは本章の回路を理解すれば，IC回路の動作というものをより理解することができるということです．回路によってはOPアンプや専用のアナログICよりもはるかに簡単な回路で同じ機能を実現することができます．

8.1 引き算回路

● 特徴

この引き算回路は電流の引き算を行うもので，カレント・ミラー回路2組で構成するシンプルな回路です．精度はカレント・ミラーの精度に依存し，カレント・ミラーに高精度タイプのものを使えば，引き算回路としての精度も高くなります．

● 回路動作

電流の引き算では電流の値をそのまま引くことができるので，**図8.1**のように簡単な回路で実現できます．図(a)はもっとも基本的なカレント・ミラーで構成した場合，図(b)は高精度タイプのカレント・ミラーを用いた場合です．

図(a)の回路では，電流 I_B は Q_1, Q_2のカレント・ミラーで折り返され，Q_3のベース・コレクタに接続されます．このため Q_3に流れ込む電流は I_A から I_B を引いたものに等しくなり，したがって Q_4に流れる電流 I_{out} は，

$$I_{out}=I_{C(Q3)}=I_A-I_{C(Q2)}=I_A-I_B$$

　　ただし，$I_A>I_B$ であること

となります．

ただし，この式はアーリ効果やベース電流誤差はないものとしたものです．アーリ効果については Q_3と Q_4の V_{CE} が異なる($V_{CE(Q3)}<V_{CE(Q4)}$)ため，I_{out} が $I_{C(Q3)}$ よりも大きくな

図8.1　引算回路

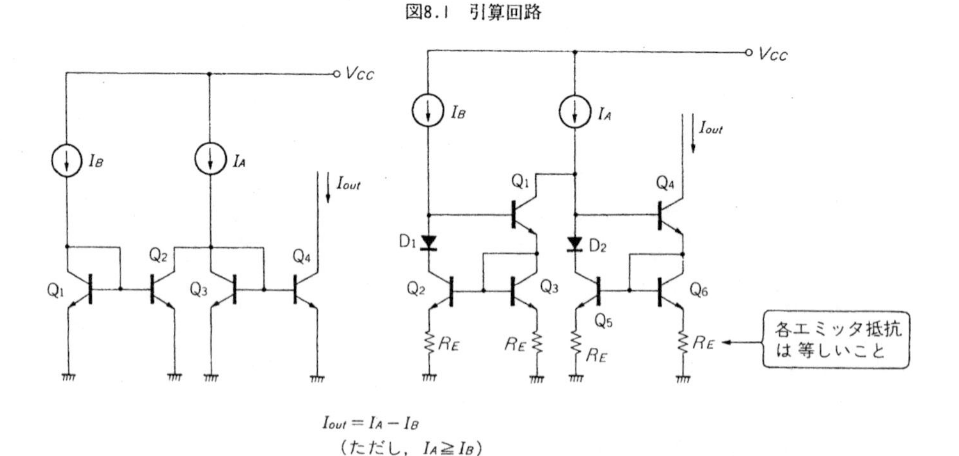

図8.2 入出力電流特性

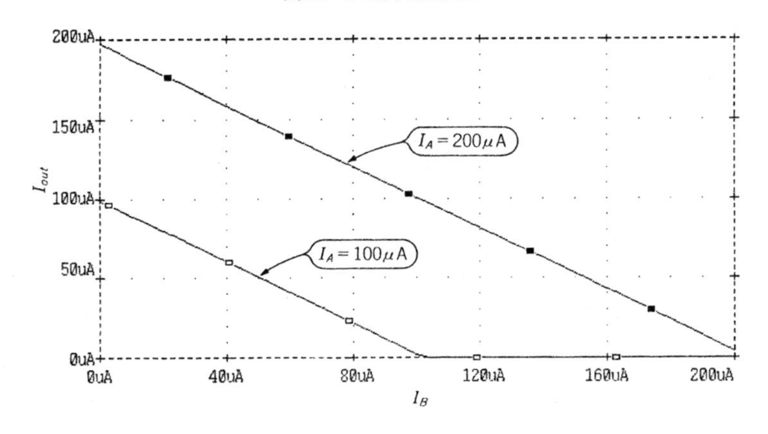

ってしまう可能性があります．それを避けるにはQ_3とQ_4のV_{CE}を等しくしなければなりませんが，そうでない場合は各エミッタに等しい値の抵抗を入れてそのエミッタ抵抗での電圧降下をできるだけ大きくとるようにします(少なくとも100 mV以上)．

またベース電流による影響では，I_{out}はQ_3に流れ込む電流($=I_A-I_B=I_{C(Q3)}+I_{B(Q3)}+I_{B(Q4)}$)よりも，$I_{C(Q2)}$は$I_A$よりも小さくなる可能性があります．

いっぽう，図(b)の回路ではQ_1～Q_3とQ_4～Q_6がそれぞれ一つの高精度カレント・ミラーを構成しています．このカレント・ミラーではペアとなるトランジスタはQ_2とQ_3，およびQ_5とQ_6なので，これらのV_{CE}はすべてV_{BE}となっており，アーリ効果は生じません．またベース電流補償効果ももっているので，ベース電流による誤差もなくなります．Q_6の電流I_{out}の式は図(a)の回路と同じく，

$$I_{out}=I_A-I_B$$

ただし，$I_A>I_B$であること

ですが，アーリ効果やベース電流誤差がない分，こちらのほうが正確な計算結果が得られます．

● シミュレーション

図8.1(a)の回路で$V_{CC}=5$ Vとし，$I_A=100\ \mu/200\ \mu$AとしてI_Bを0から200 μAまで変化させたときのシミュレーション結果を**図8.2**に示します．これを見ると，I_{out}にはほぼI_AからI_Bを引いた電流が流れていることが確認できます．わずかなずれは，カレント・ミラーの比が正確に1：1になっていないことによるものです．

8.2　乗除算回路

● 特徴

ディスクリート回路で乗除算回路を組もうとするとけっこう複雑な構成になってしまいますが，ICでは図8.3のように簡単に実現することができます．ただしこれはICのように特性がそろっているトランジスタだからできる回路であり，ディスクリート・トランジスタで同じ回路を作ってもとてもまともな特性はでません．

● 回路動作

トランジスタの特性が揃っている場合，V_{BE} の和が等しければコレクタ電流の積が等しいという性質があります．この性質を利用して V_{BE} のループを組み，そこで演算を行おうというものです．

Q_1～Q_3の V_{BE} の和と Q_4～Q_6の V_{BE} の和が等しいことから，

$$I_{C(Q1)}I_{C(Q2)}I_{C(Q3)}=I_{C(Q4)}I_{C(Q5)}I_{C(Q6)}$$

という関係が得られますが，ベース電流を無視すると，

$$I_{C(Q1)}=I_{C(Q4)}$$

$$I_{C(Q2)}=I_A,\quad I_{C(Q3)}=I_{out}$$

$$I_{C(Q5)}=I_C,\quad I_{C(Q6)}=I_D$$

という関係があるので，これらの式より，

図8.3　乗除算回路

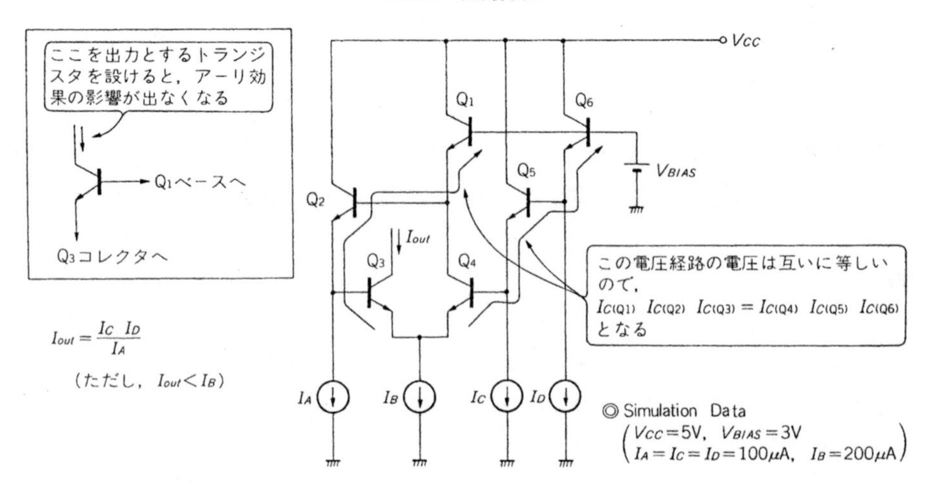

図8.4 入出力電流特性

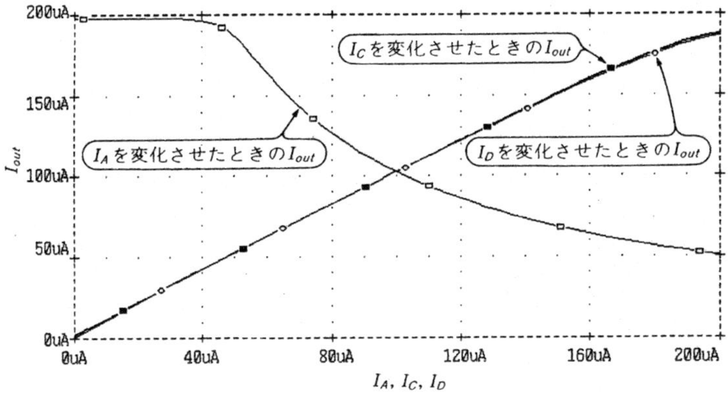

$$I_{C(Q3)}=I_{C(Q5)}I_{C(Q6)}/I_{C(Q2)}$$

したがって，$I_{out}=I_C I_D/I_A$

となります．すなわち，出力電流 I_{out} は入力電流 I_C と I_D の乗算結果を，I_A で割った値であるということです．ここで I_A を一定にしておけば乗算回路，I_C あるいは I_D を一定としておけば除算回路になっていることになります．

ただし，I_{out} の大きさには制限があり，

$$I_{C(Q3)}+I_{C(Q4)}=I_B$$

という関係があるので，I_{out} は I_B より大きくなることはありません．

誤差要因としてはベース電流のほかに，Q_3 と Q_4 の V_{CE} が異なることによるアーリ効果の影響が考えられますが，アーリ効果については新たにトランジスタを1素子設けてこのベースを Q_1 のベースと共通にし，エミッタに Q_3 のコレクタを接続し，コレクタから出力を取り出すようにすれば，$V_{CE(Q3)}=V_{CE(Q4)}$ となり，アーリ効果の影響がなくなります．

● シミュレーション

定常状態で $I_A=I_C=I_D=100\ \mu$A，$I_B=200\ \mu$A に定数設定し，I_A, I_C, I_D をそれぞれ0から200 μA まで変化させたときのシミュレーション結果を**図8.4**に示します．これを見ると I_{out} は I_A に対しては反比例の関係にあり（$I_A<50\ \mu$A），I_C, I_D に対しては正比例の関係になっており，先の関係式が満たされていることが推定できると思います．$I_A<50\ \mu$A で I_{out} が頭打ちになっているのは，I_B による制限によるもので，I_B を大きく設定しておけば I_{out} もそれにともなって大きくなります．

8.3　2乗回路

● 回路動作

先ほどの「乗除算回路」で除算は行わずに，等しい電流で乗算を行うとそれは2乗になることは明白です．このような考え方で2乗回路を構成したのが**図8.5**です．演算部分の基本的な構成は「乗除算回路」の**図8.3**と同じで，Q_1～Q_6の素子番号も同じです．異なるのは電流設定部分だけで，I_AとI_Bに相当する部分を定電流とし，I_CとI_Dに相当する部分に等しい電流を入力電流として与えているものです．

Q_1～Q_6の電流関係は「乗除算回路」より，

$$I_{C(Q3)}=I_{C(Q5)}I_{C(Q6)}/I_{C(Q2)}$$

となりますが，Q_9～Q_{13}のカレント・ミラーから$I_{C(Q12)}=I_1$であり，Q_{14}～Q_{17}のカレント・ミラーから$I_{C(Q16)}=I_{C(Q17)}=I_{in}$なので，

$$I_{out}=I_{in}^2/I_1 \qquad (I_{C(Q3)}=I_{out},\ I_{C(Q5)}=I_{C(Q17)},\ I_{C(Q6)}=I_{C(Q16)},\ I_{C(Q2)}=I_{C(Q12)})$$

となります．つまり出力電流I_{out}は入力電流I_{in}の2乗の形になっているわけです．

図8.5　2乗回路

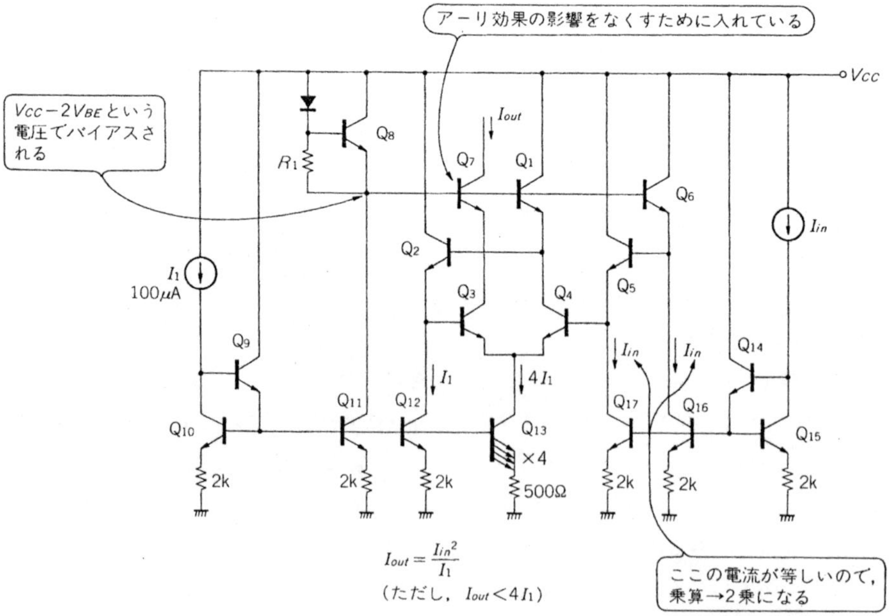

$$I_{out}=\frac{I_{in}^2}{I_1}$$

（ただし，$I_{out}<4I_1$）

8.4　2乗/除算回路(1)

● 特徴

図8.6は入力電流を2乗して出力する2乗/除算回路です．ただし出力電流の最大値が内部のバイアス電流 I_B で制限されるので，大電流を取り出すのには不向きです．

● 回路動作

ダイオード接続した Q_1，Q_2 に電流 I_A を流して，2 V_{BE} を作り出しており，Q_3 のベースがここにつながっています．いっぽう，Q_4(ベース)→Q_4(エミッタ)→Q_5(コレクタ・ベース)→Q_6(ベース)→Q_6(コレクタ)→Q_4(ベース)というループで負帰還がかかっており，Q_3 の有無にかかわらず，Q_6 の電流は I_B となり，これにより Q_5 の電流も I_B に等しくなります．

Q_3 と Q_4 は一見差動増幅回路を構成しているように見えるかもしれませんが，通常の差動増幅回路として動作を考えることはできませんので注意してください．

特性の揃ったトランジスタでは V_{BE} の和が等しければコレクタ電流の積が等しいので，$V_{BE(Q1)}+V_{BE(Q2)}=V_{BE(Q3)}+V_{BE(Q5)}$ より，

$$I_{C(Q1)}I_{C(Q2)}=I_{C(Q3)}I_{C(Q5)}$$

となります．Q_1，Q_2 に流れる電流は I_A なので，

図8.6　2乗/除算回路

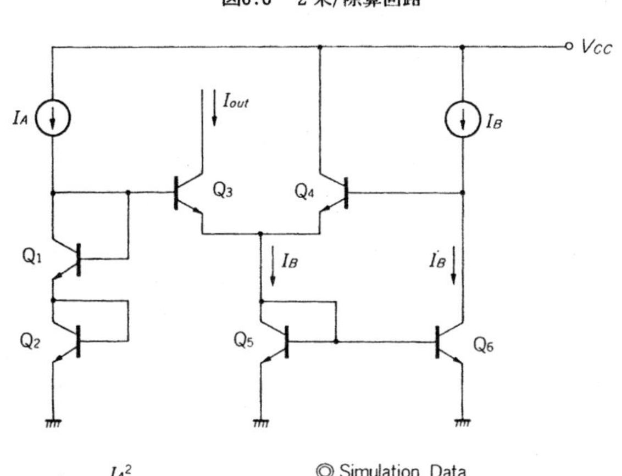

$$I_{out}=\frac{I_A^2}{I_B}$$
(ただし，$I_{out}<I_B$)

◎ Simulation Data
(V_{CC}=5V，I_A=100μA
I_B=100μ/200μ/300μ/400μA)

図8.7　精度を高めた2乗/除算回路

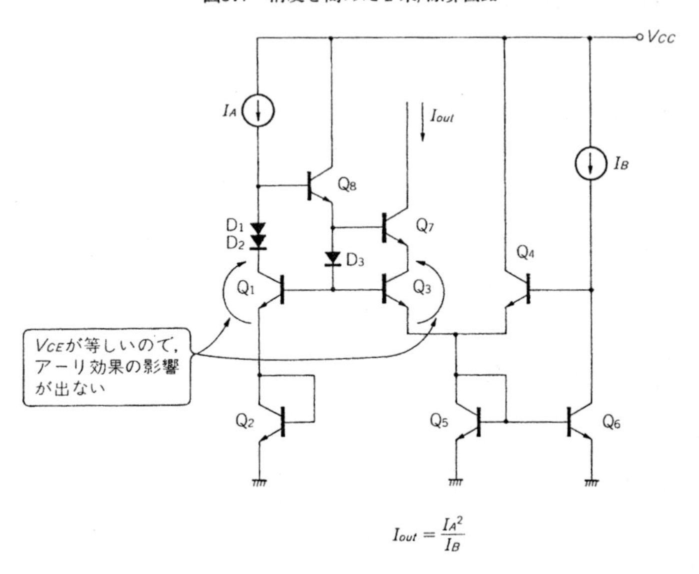

図8.8　入出力電流回路

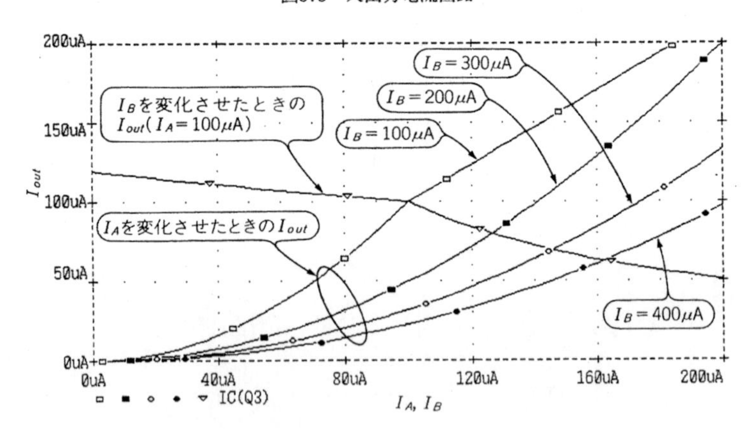

$$I_{C(Q1)}=I_{C(Q2)}=I_A$$

であり，またQ_5とQ_6はV_{BE}が等しいので，

$$I_{C(Q5)}=I_{C(Q6)}=I_B$$

です．これらの式をまとめると，

$$I_{out}=I_{C(Q3)}=I_A{}^2/I_B$$

となり，I_Aについては2乗回路に，I_Bについては除算回路になっていることがわかります．なおこの回路では，

$$I_{C(Q3)}+I_{C(Q4)}=I_{C(Q5)}=I_B$$

なので，$I_{C(Q3)}$すなわちI_{out}がI_B以上になると正常な動作をしなくなります．

誤差要因としてベース電流によるものと，アーリ効果によるものとありますが，これらを対策した回路を**図8.7**に示します．Q_1～Q_6までの素子番号は**図8.6**に対応しています．まずベース電流補償ですが，Q_1とQ_3のベース電流が直接I_Aの誤差となるところを，Q_8を設けることにより誤差を$1/h_{FE}$に抑えています．またアーリ効果については，Q_1とQ_3のV_{CE}を等しくすることにより，その影響をなくしています．

なお，D_1，D_2，D_3はQ_1およびQ_3のV_{CE}をほぼV_{BE}とするためのレベル・シフトに用いているものです．D_1，D_2がなくても多少精度が落ちるだけですが，D_3がないとQ_3が飽和に入ってしまい，正常な動作をしなくなりますので注意してください．

● シミュレーション

図8.6の回路においてI_Bを100/200/300/400 μAとして，I_Aを0から200 μAまで変化させたときと，I_Aを100 μAとしてI_Bを0から200 μAまで変化させたときのシミュレーション結果を**図8.8**に示します．これより2乗特性と除算特性が得られているのがわかると思います．

I_B=100 μAのときのI_A>100 μA，およびI_A=100 μAのときのI_B<100 μA以下でおかしな特性を示しているのは，I_{out}がI_B以上になろうとしているためです．このときは$I_{C(Q6)}$がI_Bよりも大きくなろうとするのでQ_6が飽和に入ってしまい，このためI_{out}のI_Bよりも大きな部分はQ_6のベース電流になり，I_{out}はI_Aの大きさに応じて直線的に増加していくことになります．

8.5　2乗/除算回路(2)

● 特徴

ここで紹介するのは簡単な回路で実現する2乗/除算回路で，特定の電流で出力電流が制限されるようなことはないものです．このため，むだ電流の少ない回路ということができます．

● 回路動作

回路図を図8.9(a)，(b)に示します．図(b)は入力電流の一方がソース方向でもう一方がシンク方向の場合，図(b)は3素子ほどトランジスタが増えますが，両方の入力電流がソース方向にそろえた場合です．

まず図(a)の回路ですが，$V_{BE(Q1)}+V_{BE(Q2)}=V_{BE(Q3)}+V_{BE(Q4)}$ なので，

$$I_{C(Q1)}I_{C(Q2)}=I_{C(Q3)}I_{C(Q4)}$$

という式が成り立ちますが，

$$I_{C(Q1)}=I_{C(Q2)}=I_A,\quad I_{C(Q3)}=I_B$$

なので，

$$I_{out}=I_{C(Q4)}=I_A{}^2/I_B$$

となります．すなわち出力電流 I_{out} は，入力電流 I_A を2乗してそれを I_B で割った値であ

図8.9　出力電流制限のない2乗/除算回路

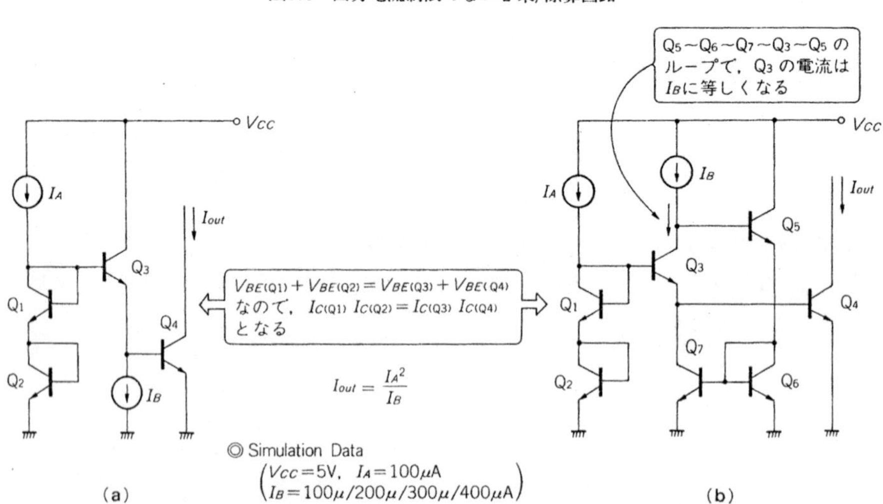

図8.10　入出力電流特性

(a)

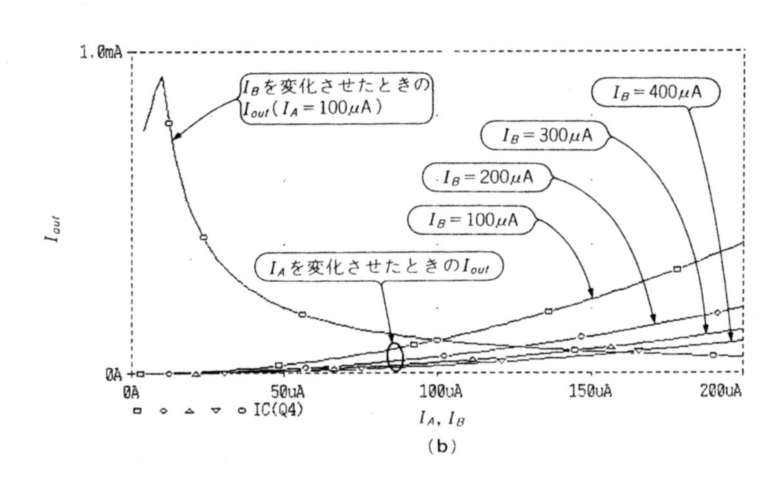

(b)

るということです．ここで I_A を一定と考えれば2乗回路，I_B を一定と考えれば除算回路になっていることになります．

つぎに図(b)の回路ですが，この場合も同様に $V_{BE(Q1)}+V_{BE(Q2)}=V_{BE(Q3)}+V_{BE(Q4)}$ なので，

$$I_{C(Q1)}I_{C(Q2)}=I_{C(Q3)}I_{C(Q4)}$$

という式が成り立ち，

$I_{C(Q1)}=I_{C(Q2)}=I_A$

というところまでは図(a)の回路とまったく同じです．異なるのはQ_3の電流の決まり型ですが，この回路ではQ_5（ベース）→Q_5（エミッタ）→Q_6（ベース・コレクタ）→Q_7（ベース）→Q_7（コレクタ）→Q_3（エミッタ）→Q_3（コレクタ）というループで負帰還回路が形成されており，これによりQ_3の電流はI_Bに等しくなります（$I_{C(Q3)}=I_B$）．

これにより，図(a)の回路と同じように，

$I_{out}=I_A^2/I_B$

が得られ，2乗/除算回路になっていることがわかります．

ところで，図(a)の回路も図(b)の回路も，「2乗/除算回路(1)」のように出力電流がいずれかの電流で制限されるというようなことはありません．I_{out}はh_{FE}だけによって制限されるので，I_A，I_Bを100 μA程度に設定しておけば，I_{out}は1 mA程度までは取り出すことができます(*1)．

● シミュレーション

図8.9(b)の回路において，I_Bを100/200/300/400 μAとしてI_Aを0から200 μAまで変化させたときと，I_Aを100 μAとしてI_Bを0から200 μAまで変化させたときのシミュレーション結果を**図8.10**に示します．(a)，(b)二つのデータがありますが，同じシミュレーション結果の縦軸スケールを変えただけのもので，縦軸を(a)は0～400 μA，(b)は0～1 mAとしたものです．

このデータから2乗特性と除算特性が得られているのがわかります．またI_{out}が少なくとも400 μAまで伸びているのも確認できます．

図8.6の回路と異なり，I_{out2}がI_Bよりも大きくなっても，なんら問題なく動作しています．ただしI_Bを変化させたときのI_Bが約10 μA以下の小さな領域では演算が正常に行われず，I_{out}が低下してきていますが，これはI_Bが小さくなりすぎて，Q_4のベース電流を供給できなくなってしまうためです．

（＊1）　電流が大きくなるとI_C-V_{BE}の式が成り立たなくなってくるので，精度は落ちてくる．

8.6　N 乗/(N−1)乗除算回路

● 特徴

N 乗などというとたいへん複雑そうな回路のように感じるかもしれませんが，IC 回路では意外と簡単に作り出すことができます．原理は「2 乗/除算回路(2)」の 2 乗を N 乗に変えただけです．

● 回路動作

図8.11に 3 乗/ 2 乗除算回路を示します．考え方は「2 乗/除算回路(2)」の**図8.9**(a)とまったく同じですが，いちおう説明しておきます．

Q_1～Q_3の V_{BE} の和と Q_4～Q_6の V_{BE} の和は等しいので電流の積が等しくなり，

$$I_{C(Q1)}I_{C(Q2)}I_{C(Q3)}=I_{C(Q4)}I_{C(Q5)}I_{C(Q6)}$$

となります．ここで，

$$I_{C(Q1)}=I_{C(Q2)}=I_{C(Q3)}=I_A$$

であり，また Q_7～Q_9は入出力電流が等しいカレント・ミラーになっているので，

$$I_{C(Q4)}=I_{C(Q7)}=I_B,\qquad I_{C(Q5)}=I_{C(Q8)}=I_B$$

です．これらの式から I_{out}を I_A と I_B で表すと，

図8.11　3 乗/ 2 乗除算回路

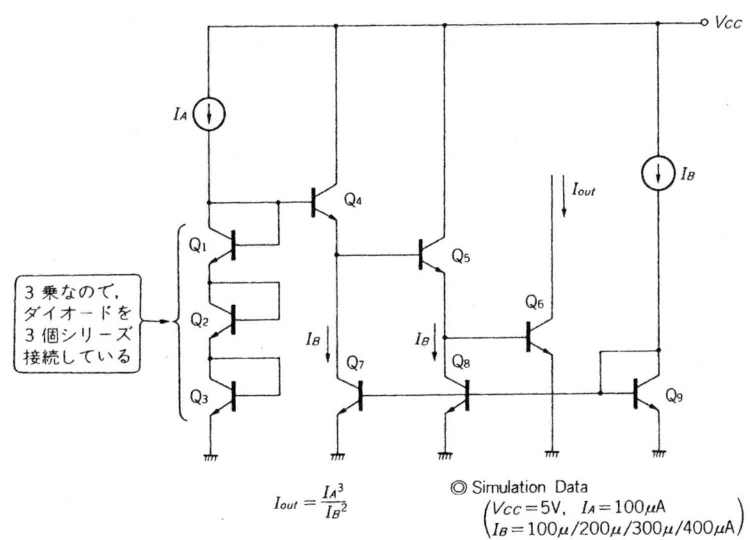

図8.12　N 乗/$(N-1)$乗除算回路

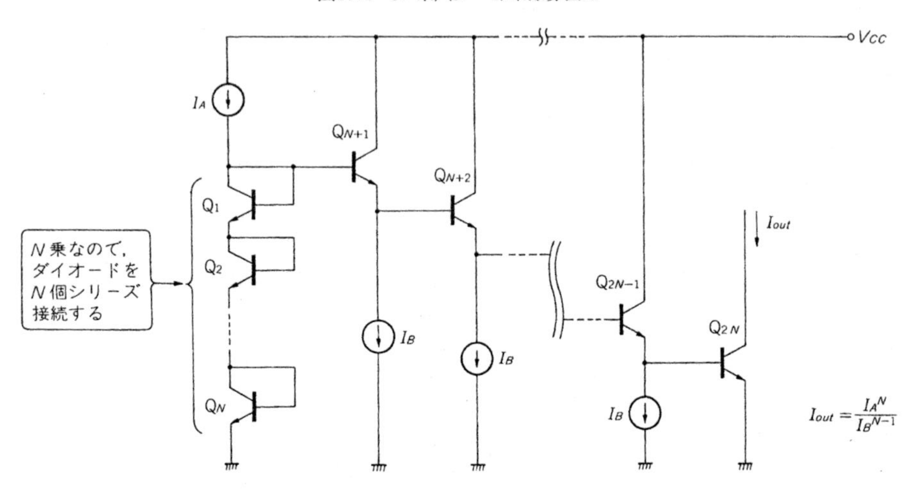

図8.13　アーリ効果対策を施した N 乗/$(N-1)$乗除算回路

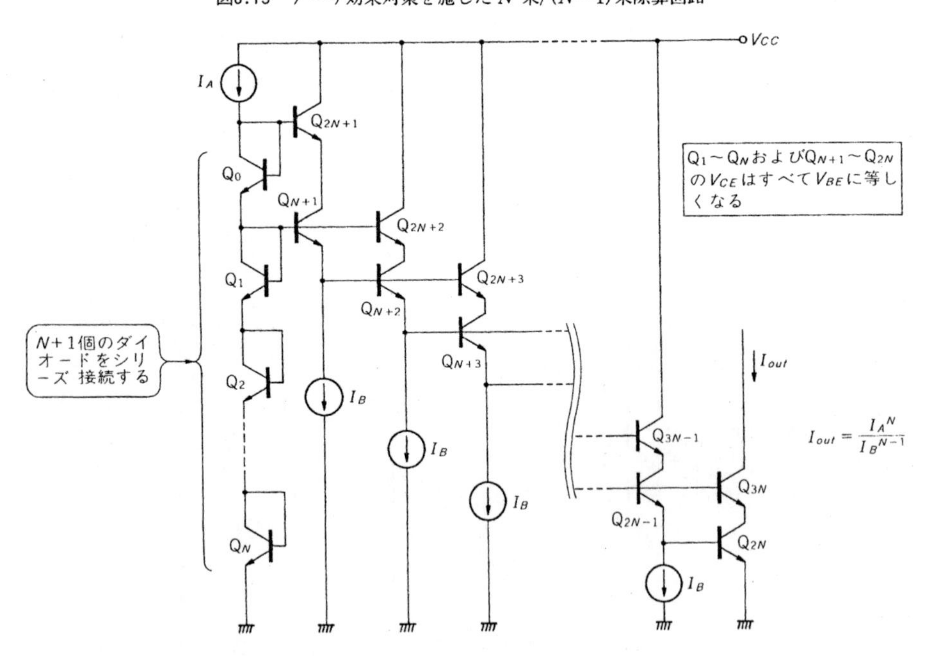

図8.14 入出力電流特性

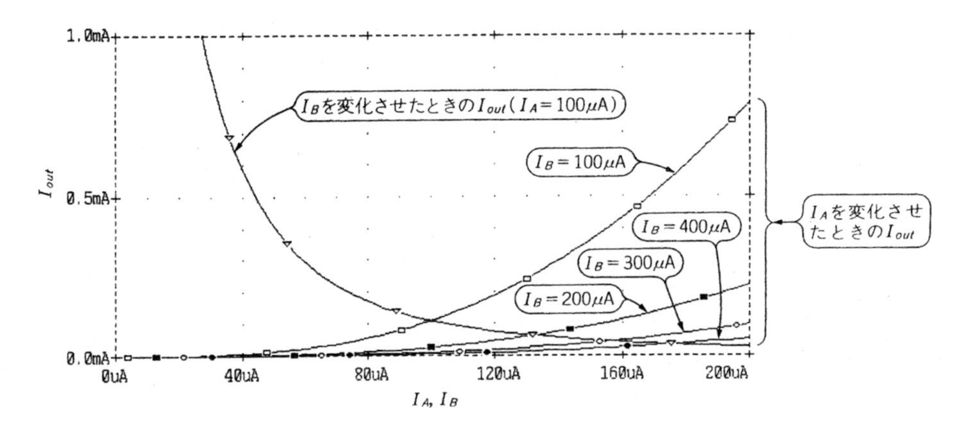

$$I_{out}=I_A{}^3/I_B{}^2$$

となり，I_Aについては3乗，I_Bについては2乗の除算が実現できることになるわけです．

3乗/2乗除算がわかれば N 乗/$(N-1)$乗除算回路は容易に理解できます．3乗/2乗除算回路ではQ_1～Q_3のダイオード・スタックの部分のシリーズ・ダイオード数を3個にしていましたが，N 乗/$(N-1)$乗除算回路ではこれが N 個になります．これを**図8.12**に示します．あとはそれに合わせて同様の回路とすればよいのです．この場合入出力関係は，

$$I_{out}=I_A{}^N/I_B{}^{(N-1)}$$

となり，I_Aについては N 乗しており，I_Bについては$(N-1)$乗で割っていることになります．**図8.13**はアーリ効果対策を行ったもので，演算に関係するトランジスタ(Q_1～Q_{2N})のV_{CE}をすべてV_{BE}として等しくしたものです．

● シミュレーション

シミュレーションは**図8.11**の回路において V_{CC}=5Vのとき，I_BをパラメータにとりI_B=100μ/200μ/300μ/400μAとしてI_Aを0～200μAまでスイープさせたものと，I_A=100μAとしてI_Bを0～200μAまでスイープさせたものを行いました．これを**図8.14**に示しますが，I_Aについてはほぼ3乗になっており，I_Bについては2乗した値で割っていることが確認できます．

なおI_Bを変化させたときに，I_Bが小さくなりI_{out}が大きくなると誤差が生じてきますが，これはQ_6のI_Bの影響で等価的にQ_5の電流が小さくなっていないように働いているからです．

8.7　平方根回路（2乗根回路）

● 特徴

図8.15は平方根回路で，二つの入力電流の積の平方根を出力電流とするものです．図(a)はI_Aがシンク方向でI_Bがソース方向の場合，図(b)はI_A，I_Bともにソース方向の場合です．

● 回路動作

ペア性がとれているトランジスタではV_{BE}の和が等しければコレクタ電流の積が等しいので，**図8.15**(a)，(b)いずれの回路でもQ_2～Q_1～Q_3～Q_4のV_{BE}のループに着目してみると$V_{BE(Q1)}+V_{BE(Q2)}=V_{BE(Q3)}+V_{BE(Q4)}$であることから，

$$I_{C(Q1)}I_{C(Q2)}=I_{C(Q3)}I_{C(Q4)}$$

となります．

ここでQ_3とQ_4の電流について見てみましょう．図(a)の回路でQ_3の電流はエミッタをI_Aで引っ張っており，ほかにつながっているのはQ_4のベースだけなので，Q_3の電流はI_Aになります．Q_4の電流は，I_B→Q_3（ベース）→Q_3（エミッタ）→Q_4（ベース）→Q_4（コレクタ）という負帰還ループにより，I_Bに等しくなります．

図(b)の回路でQ_3の電流は，I_A→Q_5（ベース）→Q_5（エミッタ）→Q_6（ベース・コレクタ）→Q_7（ベース）→Q_7（コレクタ）という負帰還ループにより，I_Aに等しくなります．またQ_4の

図8.15　平方根回路

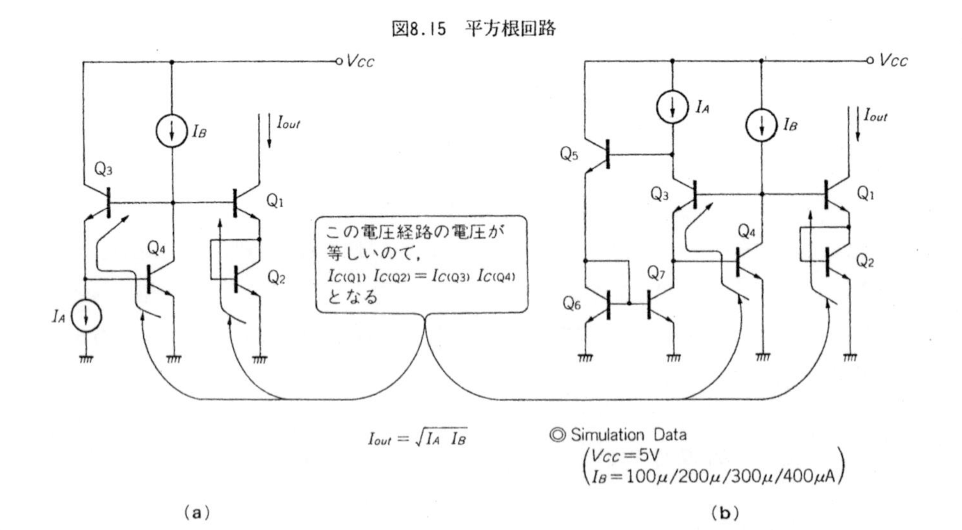

図8.16 入出力電流特性

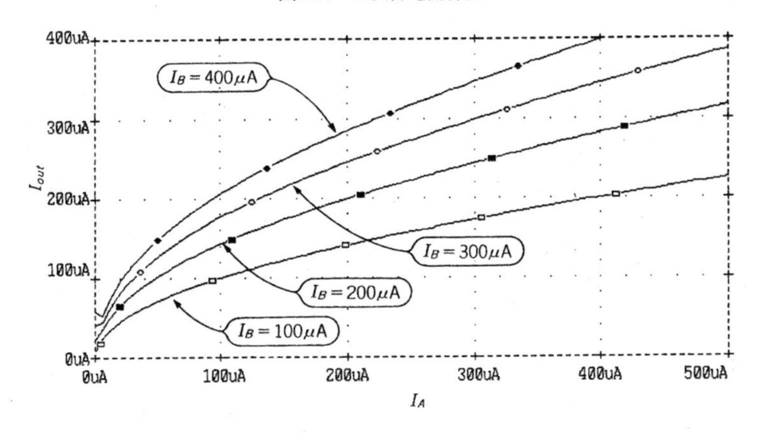

電流は，I_B→Q_3(ベース)→Q_3(エミッタ)→Q_4(ベース)→Q_4(コレクタ)という負帰還ループによりI_Bに等しくなります．つまり，図(a)，(b)いずれの回路でも，

$$I_{C(Q3)}=I_A,\quad I_{C(Q4)}=I_B$$

ということです．また，

$$I_{out}=I_{C(Q1)}=I_{C(Q2)}$$

なので，先の式は結局，

$$I_{out}=\sqrt{I_A I_B}$$

となり，I_{out}はI_AとI_Bの積の平方根になっていることがわかります．またI_Aを一定とするとI_Bの平方根になりますし，I_Bを一定とするとI_Aの平方根になります．

この回路のポイントは，シリーズ接続したQ_1，Q_2に流れる電流を出力電流として取り出し，それとV_{BE}が対をなすトランジスタQ_3，Q_4に流れる電流をI_A，I_Bとなるようにすればよいということです．したがってこの回路に限定せず，上記条件を満たすような回路構成であれば平方根回路を実現することができるということです．

● シミュレーション

図8.15(b)の回路においてI_Bをパラメータとして100/200/300/400 μA に設定し，I_Aを0から500 μA まで変化させたときのI_{out}のシミュレーション結果を**図8.16**に示します．これを見るとI_{out}は先の式のとおり，I_Aの平方根特性を示しているのがわかります．I_Aが非常に小さい領域(5 μA 以下)でおかしな特性になっているのは，Q_4のベース電流を$I_{E(Q3)}$すなわちI_Aが供給できなくなってしまうためです．

8.8　N 乗根回路

● 特徴

2乗回路の応用で N 乗回路が導き出されたように,「平方根回路(2乗根回路)」の応用では N 乗根回路が導き出されます．したがって，動作原理も「平行根回路」と同じです．

● 回路動作

図8.17に3乗根回路を示します．基本的には「平方根回路」の**図8.15**(a)の Q_1, Q_2 の V_{BE} の数を1個増やして3個とし，これにつながる回路の V_{BE} を合わせただけです．

Q_1～Q_3 の V_{BE} の和と Q_4～Q_6 の V_{BE} の和は等しいので電流の積が等しくなり,

$$I_{C(Q1)}I_{C(Q2)}I_{C(Q3)}=I_{C(Q4)}I_{C(Q5)}I_{C(Q6)}$$

となります．ここで Q_4, Q_5 の電流はエミッタを I_1, I_2 で引っ張っているので，この電流に等しくなり，Q_6 の電流は I_3→Q_4(ベース)→Q_4(エミッタ)→Q_5(ベース)→Q_5(エミッタ)→Q_6(ベース)→Q_6(コレクタ)という負帰還ループで I_3 に等しくなるので,

$$I_{C(Q4)}=I_1,\quad I_{C(Q5)}=I_2,\quad I_{C(Q6)}=I_3$$

ということになります．また,

$$I_{C(Q1)}=I_{C(Q2)}=I_{C(Q3)}=I_{out}$$

なので，出力電流 I_{out} は結局,

$$I_{out}=(I_1I_2I_3)^{1/3}$$

図8.17　3乗根回路

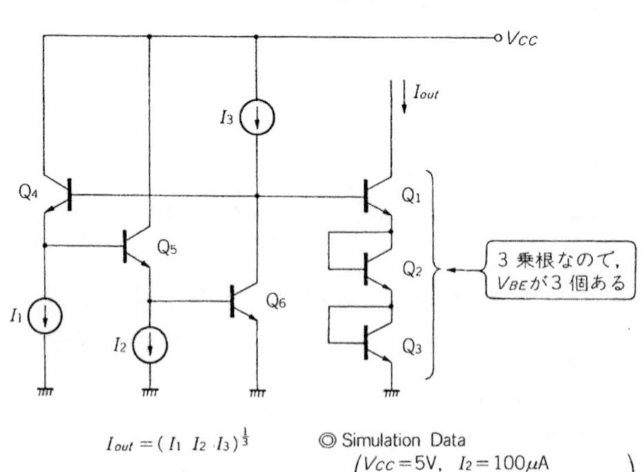

図8.18　変数の数がひとつの3乗根回路

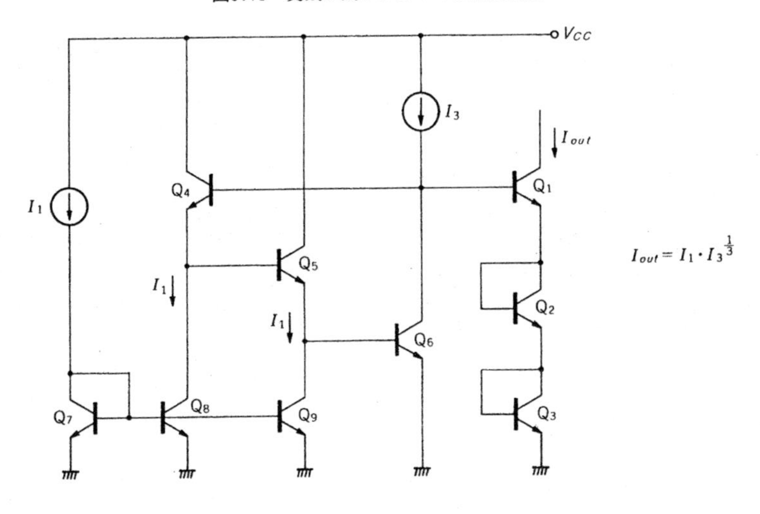

図8.19　N 乗根回路

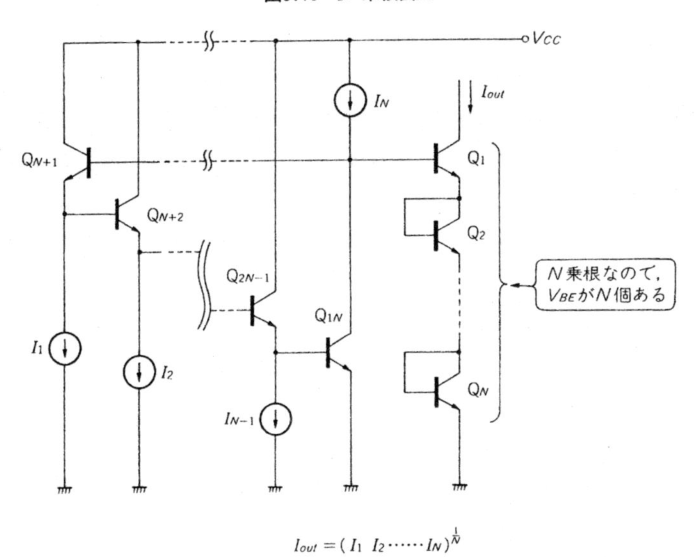

$$I_{out}=(I_1\ I_2\cdots\cdots I_N)^{\frac{1}{N}}$$

図8.20 入出力電流特性

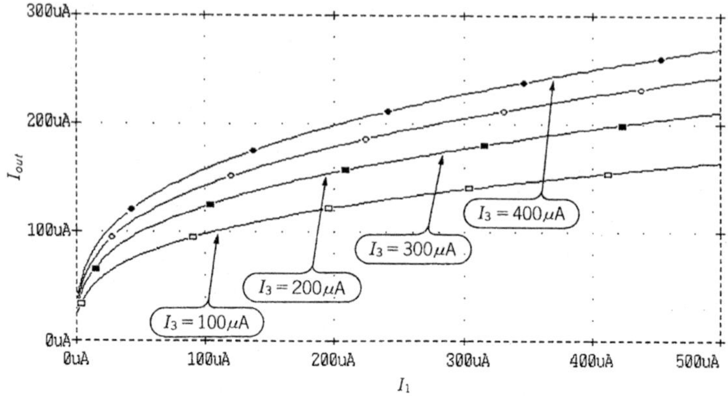

300uA
200uA
100uA
0uA
I_{out}
0uA 100uA 200uA 300uA 400uA 500uA
I_1
$I_3 = 100\mu A$
$I_3 = 200\mu A$
$I_3 = 300\mu A$
$I_3 = 400\mu A$

となり，$I_1 I_2 I_3$の3乗根になっているのがわかります．ここで**図8.18**のようにI_1～I_3のうちの二つの電流を一定にすれば，I_{out}は残り一つの電流の3乗根を計算していることになります．この図の例では，Q_4とQ_5の電流を等しくI_1としています．

3乗根回路では出力電流I_{out}が流れるトランジスタ(Q_1～Q_3)のV_{BE}を3個にしていたので，N乗根にするにはここのV_{BE}をN個にすればよいわけです．こうして得られた回路図が**図8.19**で，出力電流の流れるトランジスタの数はQ_1～Q_NまでN個になっています．この場合，出力電流は3乗根回路の場合と同じ考え方で求めることができ，

$$I_{out} = (I_1 I_2 \cdots\cdots I_N)^{1/N}$$

となります．これを見るとわかるように，出力電流I_{out}はI_1～I_Nまでの積のN乗根になっています．

ここでI_1～I_{N-1}を一定として，I_Nだけを入力電流として可変すれば，I_{out}はI_NのN乗根に比例した電流となります．これを行うには，たとえば多出力型のカレント・ミラー回路を設けて，このカレント・ミラーの出力をI_1～I_{N-1}とするという具合です．

● シミュレーション

シミュレーションは**図8.17**の3乗根回路において$V_{CC}=5$ V，$I_2=100\ \mu$A，I_3をパラメータとして，I_1を0～500 μAまでスイープさせてみました．これを**図8.20**に示しますが，いずれの場合も入力電流の3乗根の計算が行われていることが確認できます．なお，$I_1=0$で$I_{out}=0$とはなっていませんが，これは$I_1=0$となってもQ_5のベース電流によりQ_4の電流が0とならないためです．

8.9　2乗和平均回路(1)

● 特徴

2乗和平均回路とは，二つの変数 x, y があるとき，その出力 z が，

$$z=\sqrt{x^2+y^2}$$

となるような回路をいい，ベクトル加算を行うようなときに用います．ここでは入出力ともに電流で演算を行う2乗和平均回路を紹介します．

● 回路動作

回路図を図8.21に示します．I_A, I_B が入力電流，I_{out} が出力電流です．

この回路でGND～Q_2～Q_1～Q_3～Q_4～GNDという V_{BE} のループに着目してみると，

$$V_{BE(Q1)}+V_{BE(Q2)}=V_{BE(Q3)}+V_{BE(Q4)}$$

となっていますが，V_{BE} の和が等しければ電流の積が等しいので，

$$I_{C(Q1)}I_{C(Q2)}=I_{C(Q3)}I_{C(Q4)}$$

ということになります．

ところでQ_3とQ_4の電流ですが，その前にQ_5とQ_6の電流を知っておく必要があります．Q_5とQ_6は入出力比が1：1のカレント・ミラー回路になっており，$I_{C(Q6)}$が I_B なので $I_{C(Q5)}$

図8.21　2乗和平均回路

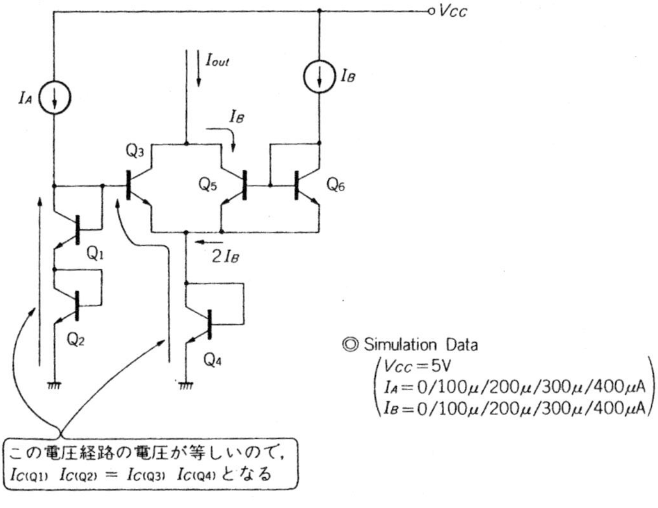
Vcc
Iout
IB
IA
IB
Q3
Q5
Q6
Q1
2IB
Q2
Q4
この電圧経路の電圧が等しいので，
IC(Q1) IC(Q2) = IC(Q3) IC(Q4) となる
◎ Simulation Data
VCC=5V
IA=0/100μ/200μ/300μ/400μA
IB=0/100μ/200μ/300μ/400μA

図8.22(a)　入出力電流特性(I_B 可変)

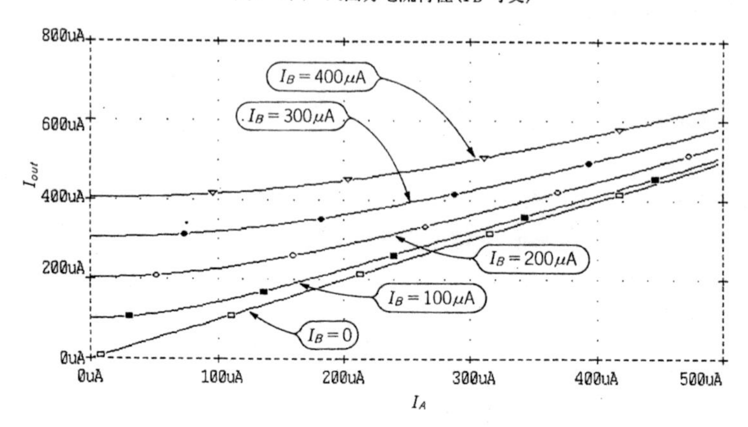

図8.22(b)　入出力電流特性(I_A 可変)

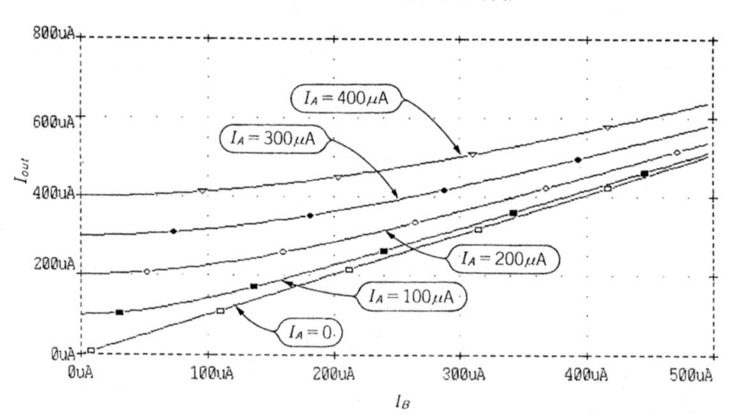

図8.22(c)　入出力電流特性(I_A, I_B 同時可変)

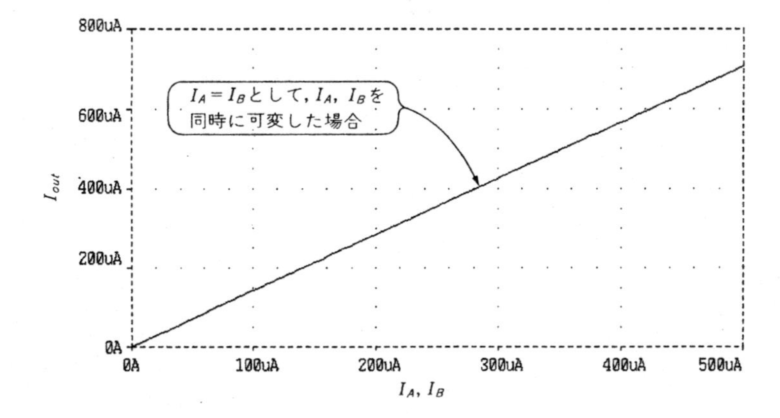

も I_B になります．ここで出力電流 I_{out} は $I_{C(Q3)}+I_{C(Q5)}$なので，

$$I_{C(Q3)}=I_{out}-I_{C(Q5)}=I_{out}-I_B$$

となります．またQ_4の電流については，

$$I_{C(Q4)}=I_{C(Q3)}+I_{C(Q5)}+I_{C(Q6)}=I_{out}+I_B$$

です．

Q_1とQ_2の電流は I_A に等しいので，結局これらの式より，

$$I_{out}=\sqrt{I_A{}^2+I_B{}^2}$$

が得られます．この式より出力電流 I_{out} は，入力電流 I_A と I_B の2乗和平均になっていることがわかります．

● シミュレーション

この式を確かめるために，I_B をパラメータとして I_B=0/100/200/300/400 μA にして，I_A を 0 から 500 μA まで変化させたときのシミュレーション結果が図8.22(a)です．これより I_{out} のシミュレーション結果が先の式に合っていることがわかります．

また同図(b)は I_A をパラメータとして I_A=0/100/200/300/400 μA にして，I_B を 0 から 500 μA まで変化させたときのものです．これを見ると，ほとんど図(a)のシミュレーション結果と同じになっていることが確認できます．

さらに同図(c)は $I_A=I_B$ として，I_A，I_B を同時に可変したものです．この場合，$I_A=I_B$ であることにより，$I_{out}=\sqrt{2}\,I_A$ となりますが，シミュレーション結果でもこれが裏付けられていると思います．

8.10　2乗和平均回路(2)　(多変数型)

● 特徴

ここで紹介する回路は必要に応じて簡単に変数の数を変えることができる2乗和平均回路です．変数の数が N 個ある場合は，

$$z=\sqrt{x_1{}^2+x_2{}^2+\cdots\cdots+x_N{}^2}$$

で表されるものです．

● 回路動作

変数を三つとしたときの回路図を**図8.23**に示します．動作は以下のようになります．

$\mathrm{Loop}_1, \mathrm{Loop}_2, \mathrm{Loop}_3$ において，それぞれ V_{BE} の和が等しければコレクタ電流の積も等しいので，

$$I_{C(Q1)}I_{C(Q2)}=I_{C(Q3)}I_{C(Q10)}$$

$$I_{C(Q4)}I_{C(Q5)}=I_{C(Q6)}I_{C(Q10)}$$

$$I_{C(Q7)}I_{C(Q8)}=I_{C(Q9)}I_{C(Q10)}$$

が得られます．ここで，

$$I_{C(Q1)}=I_{C(Q2)}=I_1$$

$$I_{C(Q4)}=I_{C(Q5)}=I_2$$

図8.23　3入力型2乗和平均回路

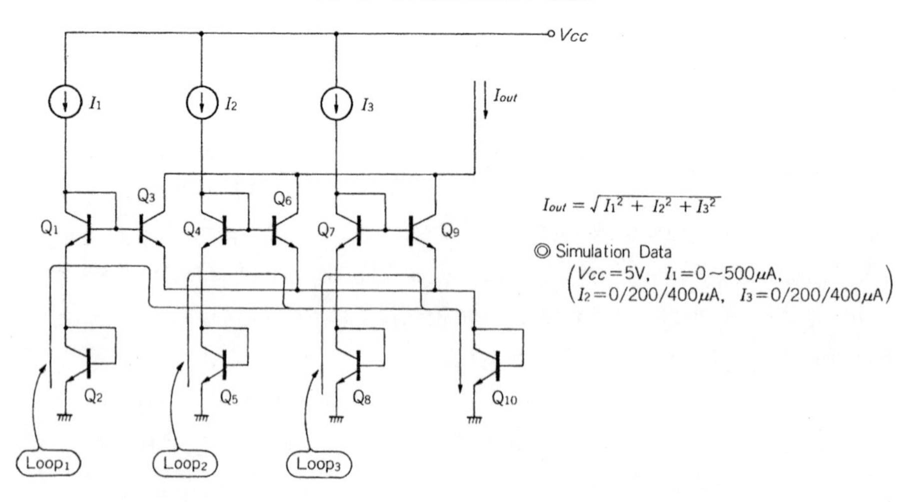

図8.24　N 入力型2乗和平均回路

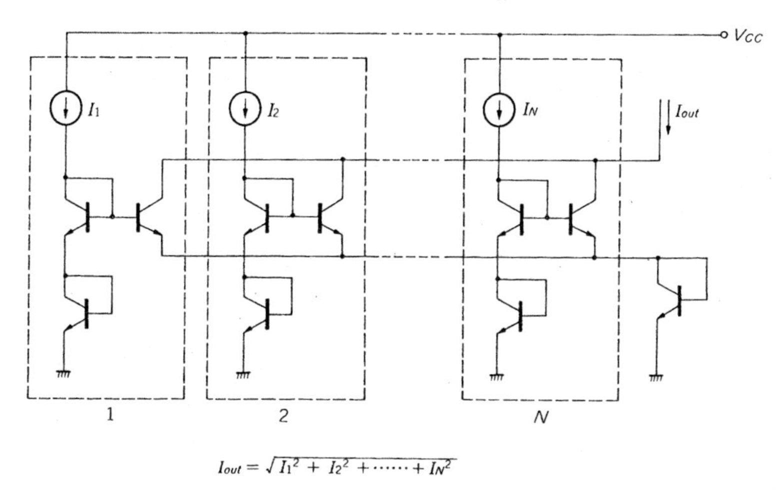

$$I_{out}=\sqrt{I_1{}^2+I_2{}^2+\cdots\cdots+I_N{}^2}$$

図8.25　N 入力型 M 乗和平均回路

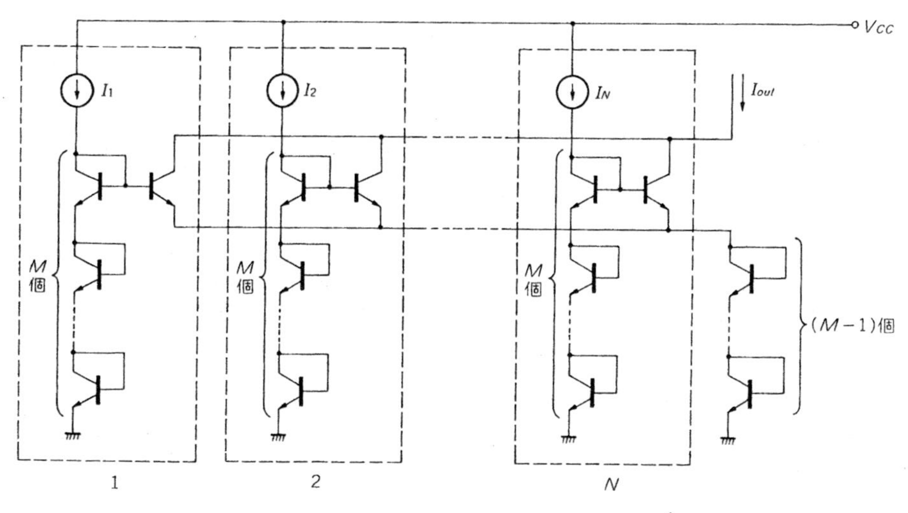

$$I_{out}=(I_1{}^M+I_2{}^M+\cdots\cdots+I_N{}^M)^{\frac{1}{M}}$$

図8.26　入出力電流特性

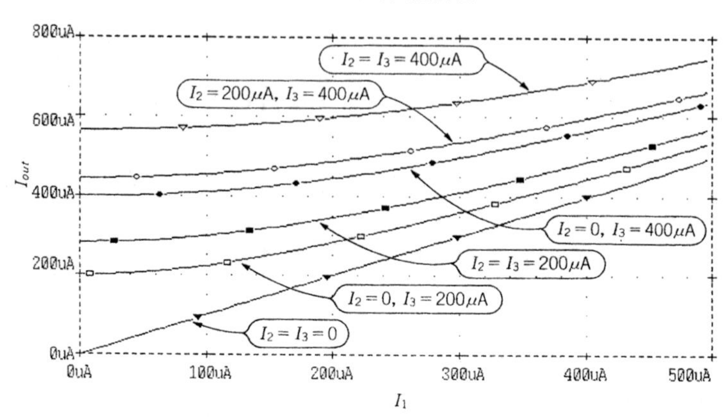

$$I_{C(Q7)}=I_{C(Q8)}=I_3$$

$$I_{C(Q10)}=I_{C(Q3)}+I_{C(Q6)}+I_{C(Q9)}=I_{out}$$

なので，これらの式から I_{out} について求めると，

$$I_{out}=I_{C(Q1)}I_{C(Q2)}/I_{C(Q10)}+I_{C(Q4)}I_{C(Q5)}/I_{C(Q10)}+I_{C(Q7)}I_{C(Q8)}/I_{C(Q10)}$$

$$I_{out}{}^2=I_1{}^2+I_2{}^2+I_3{}^2$$

$$\rightarrow I_{out}=\sqrt{I_1{}^2+I_2{}^2+I_3{}^2}$$

となり，3変数の2乗和平均回路となっていることがわかります．

図8.23では入力変数を I_1, I_2, I_3 の三つとしましたが，点線で囲った部分を**図8.24**のように N 個にすれば入力変数も N 個となり，

$$I_{out}=\sqrt{I_1{}^2+I_2{}^2+\cdots\cdots+I_N{}^2}$$

となります．

さらに**図8.25**のように入力電流および出力電流の流れる V_{BE} の個数を M 個とすれば，

$$I_{out}=(I_1{}^M+I_2{}^M+\cdots\cdots+I_N{}^M)^{1/M}$$

となり，2乗和平均ではなく M 乗和平均回路になります．

なお式のうえでは入力電流は負でもかまいませんが，当然のことながら，入力変数は正でないとこの回路は動作しません．

● シミュレーション

シミュレーションは**図8.21**の回路で I_2, I_3 をパラメータとして $I_2=0/200/400\,\mu\text{A}$, $I_3=0/200/400\,\mu\text{A}$ にして，I_1 を0から500 μA まで変化させてみました．これが**図8.26**で，これより I_{out} のシミュレーション結果が先の式に合っていることがわかります．

8.11 絶対値回路(両波整流回路)(1)

● 特徴

入力信号の符号とは関係なく，その絶対値に対応する信号を出力するのが絶対値回路です．ここでは入力を電圧信号として，出力を電流信号として取り出す絶対値回路を紹介します．入力段を通常の差動増幅回路ではなく差動電流増幅回路を用いれば，入力を電流信号とすることもできます．

● 回路動作

回路図を図8.27に示します．まず定常状態においてどのようになっているか見てみましょう．このときQ_8とQ_9はバランスしているので，電流は等しく$(1/2)I_O$になっています．いっぽうQ_5，Q_6の電流も$(1/2)I_O$なので，Q_8の電流はすべてQ_6から，Q_9の電流はすべてQ_5から流れるので，Q_{10}やQ_{13}には電流が流れません．したがってQ_{11}およびQ_{14}にも電流は流れず，出力電流I_{out}は0となっています．

これが$v_{in}>0$となると$I_{C(Q8)}>(1/2)I_O>I_{C(Q9)}$となるので，$I_{C(Q8)}>I_{C(Q6)}$となり，その差の電流〔$=I_{C(Q8)}-I_{C(Q6)}=I_{C(Q8)}-(1/2)I_O$〕が$Q_{10}$に流れます．そして$Q_{10}$，$Q_{11}$が1：1のカレント・ミラーになっているので，$Q_{11}$の電流も$Q_{10}$の電流に等しくなります．いっぽうこのとき$I_{C(Q9)}<I_{C(Q5)}$となっているので，$Q_{13}$には電流は流れず，したがって$Q_{14}$にも電流は流れません．したがって出力電流$I_{out}$は$I_{C(Q11)}$に等しく，

図8.27 絶対値回路(電流出力型)

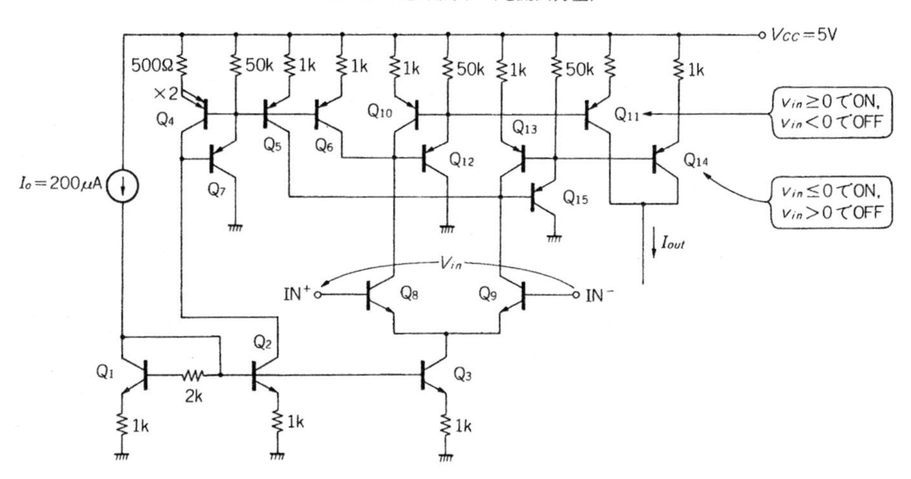

図8.28　入力電圧波形と出力電流波形(f=1 kHz)

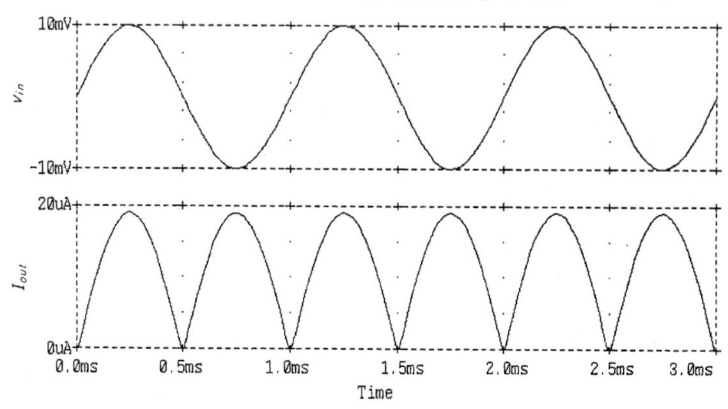

$$I_{out}=I_{C(Q8)}-(1/2)I_O=\varDelta I_{C(Q8)}$$

ただし，$\varDelta I_{C(Q8)}$はQ_8の電流の定常状態に対する増加分

となります．

同様に$v_{in}<0$となると$I_{C(Q9)}>(1/2)I_O>I_{C(Q8)}$となって，

$$I_{out}=I_{C(Q9)}-(1/2)I_O=\varDelta I_{C(Q9)}$$

ただし，$\varDelta I_{C(Q9)}$はQ_9の電流の定常状態に対する増加分

です．ここで$v_{in}>0$のときの出力電流の方向と，$v_{in}<0$のときの出力電流の方向を考えてみるとどちらも同じなので，I_{out}はv_{in}の絶対値となっていることがわかります．

入力電圧v_{in}に対する出力電流I_{out}は，

$$I_{out}=I_{C(Q11)}+I_{C(Q14)}=(I_O/4\ V_T)\,|v_{in}| \qquad (\text{ただし } v_{in} \text{ は微小レベルであること})$$

と表され，入力信号の絶対値に比例した電流が取り出されることになります．回路図中の定数では上式より，

$$I_{out}=\{200\,\mu/(4\times 26\,\mathrm{m})\}\,|v_{in}|=1.92\times 10^{-3}\cdot|v_{in}|$$

となります．

● シミュレーション

入力信号v_{in}に振幅10 mV，周波数1 kHzの正弦波を加えたときの出力電流波形をシミュレーションで求めたものを図8.28に示します．出力電流I_{out}がきれいな両波整流波形になっていることがわかると思います．なおこのようなきれいな両波整流波形が得られるのは，Q_{10}～Q_{15}に横型PNPトランジスタを使う限り数十～数百kHzまでで，それ以上の周波数ではこのままでは使えません．

8.12　絶対値回路(両波整流回路)(2)

● 特徴

この絶対値回路は入力出力ともに電圧信号で，横型 PNP トランジスタを使わずに NPN トランジスタだけで回路を構成することができるので，高速動作が可能です．

● 回路動作

この回路は図 8.29のように，抵抗負荷の差動増幅回路とエミッタ・フォロワを組み合わせただけの簡単なものです．

$v_{in}=0$ の状態では Q_1 と Q_2 はバランスしているので，$I_{C(Q1)}=I_{C(Q2)}$ となっており，したがって Q_3 のベース電位と Q_4 のベース電位は等しくなっています．そうすると Q_3 と Q_4 はエミッタ同士が接続されているので，これらの V_{BE} は等しく，Q_3 と Q_4 の電流も等しくなっています．

これが $v_{in}>0$ となると $I_{C(Q1)}>I_{C(Q2)}$ となり，Q_3 のベース電位のほうが Q_4 のベース電位よりも低くなります．このため Q_3 は OFF する方向に働き，出力電位は Q_4 のベース電位で決まってきて，Q_4 のベース電位よりも V_{BE} だけ低い電圧となります．Q_4 のベース電位は v_{in} と同相ですので，出力 v_{out} も v_{in} と同相になります．つまり $v_{in}>0$ の範囲では，$v_{out}>$

図8.29　高周波まで扱える絶対値回路(電圧出力型)

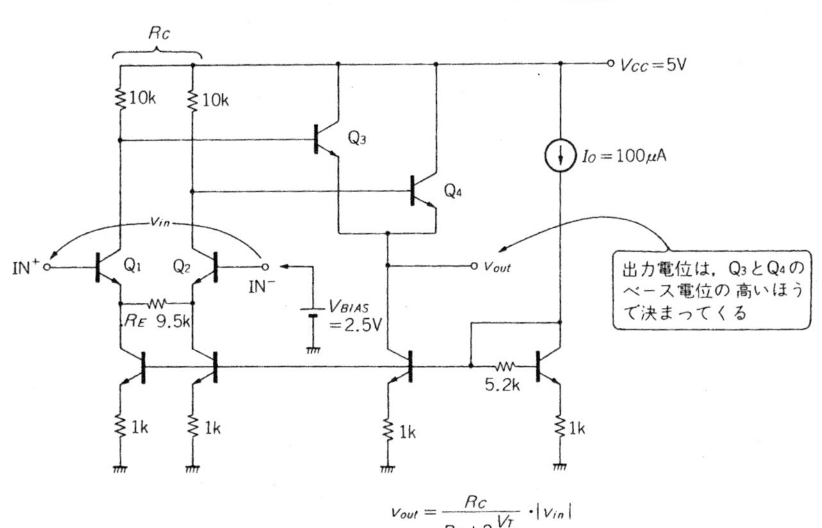

$$v_{out}=\frac{R_C}{R_E+2\dfrac{V_T}{I_O}}\cdot|v_{in}|$$

図8.30(a) 入出力電圧波形($f=1$ MHz)

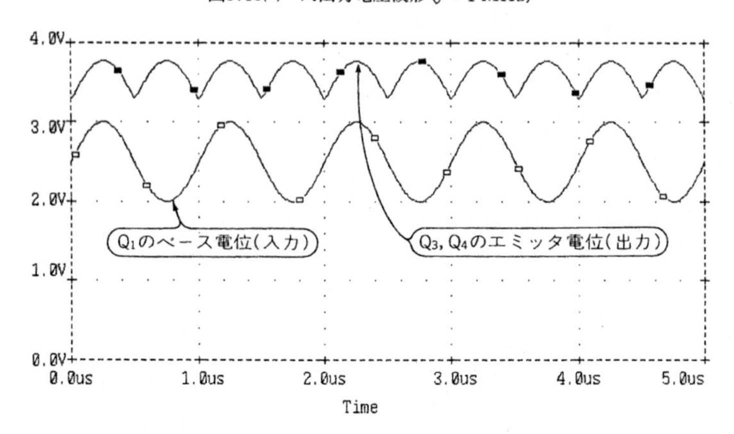

図8.30(b) 入出力電圧波形($f=10$ MHz)

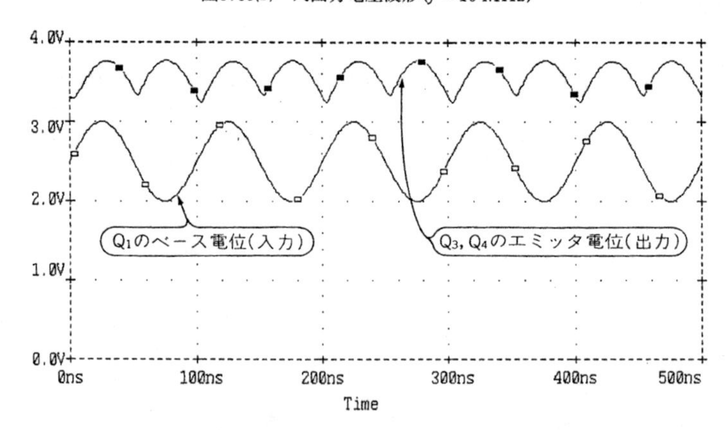

0となるわけです．

$v_{in}<0$ では $I_{C(Q1)}<I_{C(Q2)}$ となり，Q_4のベース電位のほうがQ_3のベース電位よりも低くなります．このためQ_4はOFFする方向に働き，出力電位はQ_3のベース電位で決まってきて，Q_3のベース電位よりも V_{BE} だけ低い電圧となります．Q_3のベース電位は v_{in} と逆相ですので，出力 v_{out} も v_{in} と逆相になります．つまり $v_{in}<0$ の範囲でも，$v_{out}>0$ となるわけです．

これをまとめると $v_{in}>0$ でも $v_{in}<0$ でも，出力 v_{out} は正となっていることになります．さらにQ_1，Q_2の負荷抵抗が等しいので，$v_{in}>0$ と $v_{in}<0$ とで利得が等しく，これより v_{out} は v_{in} の絶対値になっているということができます．

この回路では入出力関係は，

$$v_{out}=\{R_C/(R_E+2\,V_T/I_O)\}\cdot|v_{in}|$$

と表されますので，図中の定数では，

$$v_{out}=\{10\,\mathrm{k}/(9.5\,\mathrm{k}+2\times 26\,\mathrm{m}/100\,\mu)\}\cdot|v_{in}|=|v_{in}|$$

となります．

ここではQ_3，Q_4の電流はQ_9で供給していますが，ここを抵抗に置き換えてもかまいません．また出力にコンデンサを付ければ，両波整流型のピーク検波回路になりますが，その場合は次段の入力インピーダンスを十分に高くする必要があります．なおQ_3，Q_4にはPNPトランジスタを用いていますが，ここにPNPトランジスタのエミッタ・フォロワを用いると，$v_{out}=-|v_{in}|$ と極性が反対になります．ただし，その場合は周波数特性の悪化は否めません．

● シミュレーション

Q_2に2.5Vのベース・バイアスを与え，Q_1に振幅が0.5Vで周波数が1MHzの正弦波を印加したときのシミュレーション結果を**図8.30**(a)に，同様に周波数が10MHzのときのシミュレーション結果を同図(b)に示します．上段が入力波形，下段が出力波形です．出力波形は入力波形と同振幅(*2)で，極性が絶対値となっているのが確認できますが，$f=10$ MHzでは多少半サイクルごとの波形が変わってきています．さらに周波数を高くしていくと波形ひずみもさらに大きくなっていきますが，これを改善するにはQ_1，Q_2の電流を増やして，R_C を小さくして(それに伴って R_E も小さくする)ミラー効果の影響を小さくするとか，Q_3，Q_4の電流を増やしてやります．

(*2) peak-to-peakではなく，半サイクルごとの波高値．

コラム　乗除算IC：NJM4200

演算回路は，その多くの回路がトランジスタの V_{BE}-I_C 関係を積極的に使ったものです．乗除算ICとしてポピュラなNJM4200(JRC)もそのひとつで，V_{BE} をOPアンプのループに入れることで，外部から扱いやすい形での乗除算を実現しています．

NJM4200の内部ブロック図を**図8．A**に示します．ここで，GND～$V_{BE(Q1)}$～$V_{BE(Q2)}$～$V_{BE(Q3)}$～$V_{BE(Q4)}$～GNDのループに着目して，V_{BE} の式を立てると，

$$V_{BE(Q1)}+V_{BE(Q2)}=V_{BE(Q3)}+V_{BE(Q4)}$$

となります．ここに V_{BE} と I_C の関係式，

$$V_{BE}=V_T\ \ln(I_C/I_S)$$

を代入して計算すると，

$$V_T\ \ln(I_1/I_S)+V_T\ \ln(I_2/I_S)=V_T\ \ln(I_3/I_S)+V_T\ \ln(I_4/I_S)$$

$$\rightarrow I_1I_2=I_3I_4$$

$$\therefore I_3=I_1I_2/I_4$$

となります．すなわち，出力電流 I_3 は入力電流 I_1 と I_2 の積を I_4 で割った形になるわけです．

入出力はすべて電流で処理していますが，**図8．A**からもわかるように，電流はいずれもシンク方向のみです．したがってこのままでは，I_1～I_4 は第1象限の演算しか行えませんが，アプリケーションを工夫することで4象限の演算を行うことも可能です．

図8.A　NJM4200の内部ブロック図

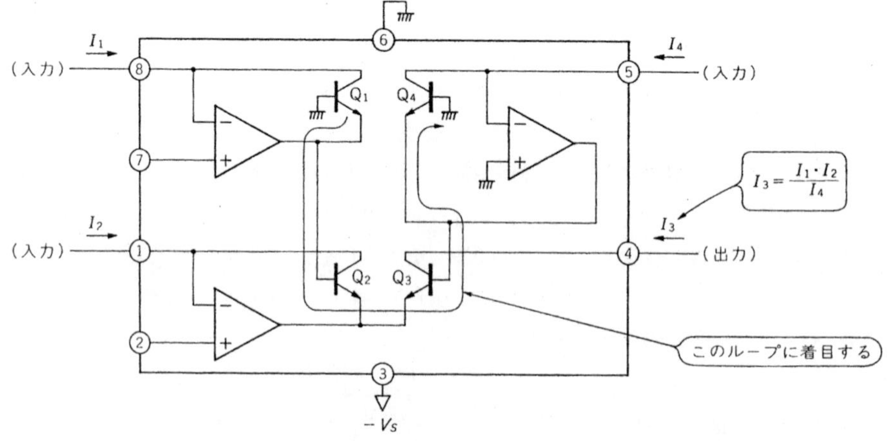

第9章　ロジック回路

リニア回路を扱っていても，その中で一部ロジックを扱うということはよくあることです．しかしIC回路の中でTTLやCMOS ICを使うわけにはいきません．そこでトランジスタを組み合わせてロジック回路を構成することになりますが，本章で述べるようにいろいろなロジック回路を意外と簡単に実現することができます．

9.1 NAND/AND回路

● 特徴

入力トランジスタをシリーズに接続することにより，NAND回路を構成することができます．また，ここでは2入力NAND/AND回路としていますが，原理的には入力トランジスタを増やしていけば入力数もそれに応じて増えていきます．

● 回路動作

図9.1(a)は2入力NAND回路です．まず最初に入力A＝B＝“L”のときですが，Q_1，Q_2はともにOFFしているのでR_3に電流は流れず，出力OUTは“H”レベルになっています．つぎにA＝“L”，B＝“H”のときは，Q_2はONしようとしますが，Q_1はOFFのままな

図9.1　NAND回路

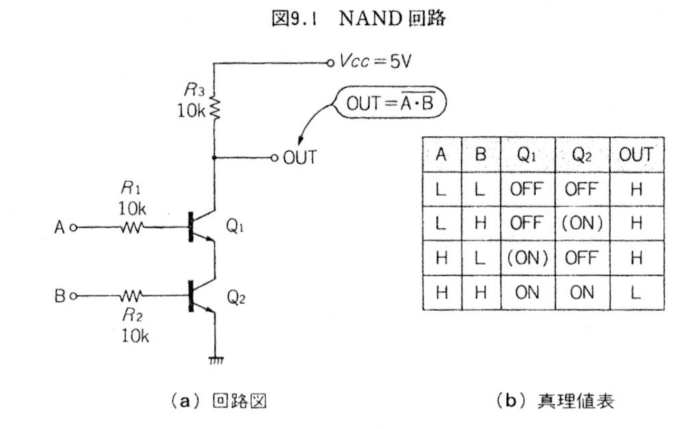

A	B	Q1	Q2	OUT
L	L	OFF	OFF	H
L	H	OFF	(ON)	H
H	L	(ON)	OFF	H
H	H	ON	ON	L

(a) 回路図　　(b) 真理値表

図9.2　AND回路

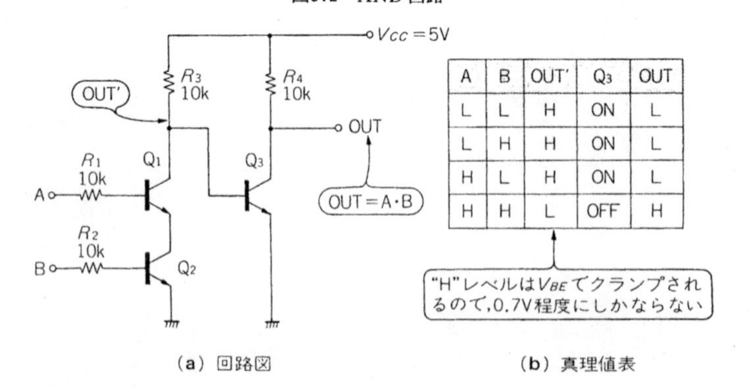

A	B	OUT'	Q3	OUT
L	L	H	ON	L
L	H	H	ON	L
H	L	H	ON	L
H	H	L	OFF	H

(a) 回路図　　(b) 真理値表

図9.3 NAND回路の入出力波形

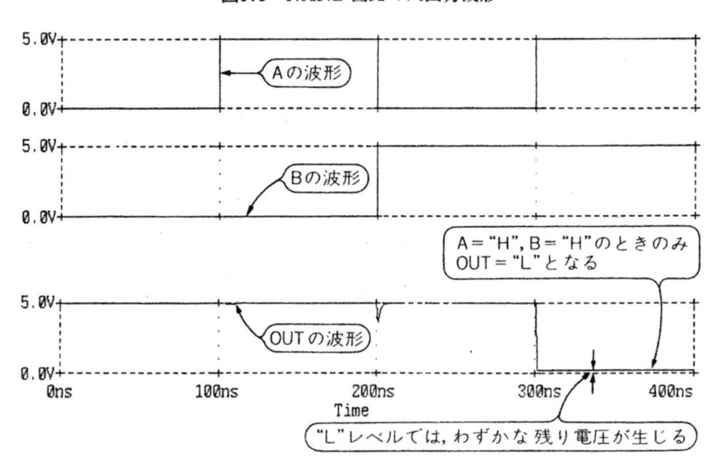

のでQ_2もONすることができず，結局R_3に電流は流れず，OUTは"H"レベルのままです．A＝"H", B＝"L"のときは，先ほどとは反対にQ_1がONしようとしますが，Q_2がOFFのままなのでQ_1はONすることができず，R_3に電流は流れず，OUTは先ほどと同様に"H"レベルのままです．最後にA＝B＝"H"のときですが，このときはQ_1, Q_2ともにONして飽和に入り，OUTは"L"レベルとなります．これらを表した真理値表が**図9.1**(b)で，2入力NANDであることがわかります．

さらに**図9.2**(a)は2入力AND回路です．OUT′まではNAND回路とまったく同じで，NAND回路の出力にQ_3によるインバータを付けた形になっています．OUT′＝"H"ではQ_3はONするので，OUT＝"L"となります．いっぽうOUT′＝"L"ではQ_3はOFFしているので，OUT＝"H"となります．これを表した真理値表が**図9.2**(b)です．ただしOUT′＝"H"というのは，V_{CC}ではなくてV_{BE}です．これはOUT＝"H"というのはQ_1, Q_2がOFFしている状態ですが，このときはR_3を介してQ_3のベースにベース電流が供給され，OUT′はV_{BE}でクランプされるからです．

図9.1(a)の回路では，OUTが"L"レベルとなるときの残り電圧V_{OL}はQ_1, Q_2がONするときなので，出力電圧は2 $V_{CE(\mathrm{sat})}$となり，0.2～0.4V程度になります．また**図9.2**(a)の回路におけるV_{OL}はQ_3の$V_{CE(\mathrm{sat})}$で，0.1～0.2V程度です．またいずれの回路でも"L"レベル出力電流I_{OL}は，出力NPNトランジスタで引っ張られるので，数mA程度は駆動できます．

図9.4　AND回路の入出力特性

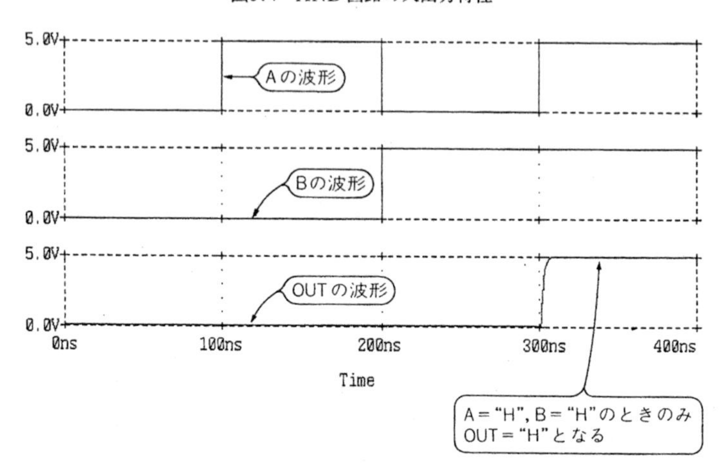

いっぽうOUTが"H"レベルとなるときの出力電圧 V_{OH} は，負荷電流を取り出さなければ $V_{OH}=V_{CC}$ となりますが，負荷電流 I_{OH} を取ると，

$$V_{OH}=V_{CC}-I_{OH}R$$

［**図9.1**(a)では $R=R_3$，**図9.2**(a)では $R=R_4$］

となります．

● **シミュレーション**

図9.3にNAND回路のシミュレーション結果を，**図9.4**にAND回路のシミュレーション結果を示します．両方の図ともに，上側の二つの波形が入力波形，いちばん下の波形が出力波形です．

図9.3では二つの入力波形が"H"レベルのときだけ，出力は"L"レベルになっていますので，NAND演算が行われていることがわかります．また**図9.4**では二つの入力波形が"H"レベルのときだけ，出力は"H"レベルになっていますので，AND演算が行われていることがわかります．

また立ち下がり時間(**図9.3**)と立ち上がり時間(**図9.4**)で立ち上がり時間のほうが長いのは，"H"レベルから"L"レベルに変化するのがトランジスタで引っ張るのに対して，"L"レベルから"H"レベルに変化するのは出力負荷抵抗の放電によるものだからです．

9.2 NOR/OR回路

● **特徴**

入力トランジスタをパラレルに接続し，ベースを入力，コレクタを出力として取り出すことにより，NOR 回路を構成することができます．パラレル接続するトランジスタの数を増やすことにより入力数も増やすことができます．

● **回路動作**

図9.5(a)に 2 入力 NOR 回路を示します．A＝B＝“L”のときは，Q_1, Q_2ともに OFF しているので R_3に電流は流れず，出力 OUT は“H”レベルになっています．これに対して A＝“L”, B＝“H”のときは Q_1は OFF していますが，Q_2が ON するので R_3に電流が流れ，OUT は “L” レベルになります．また A＝“H”, B＝“L” のときは反対に，Q_2は OFF のままですが Q_1が ON するので R_3に電流は流れ，OUT は先ほどと同様に “L” レベルになります．また入力 A＝B＝“H”のときは Q_1, Q_2ともに ON するので，R_3に電流が流れて Q_1, Q_2は飽和に入り，OUT は“L”レベルとなります．これらを表した真理値表が**図9.5**(b)で，2 入力 NOR であることがわかります．

図9.5 (a)の回路では入力は A, B の二つですが，これはトランジスタの数が Q_1, Q_2の二つなので，入力数も二つになっているわけです．たとえば入力数を三つにしたい場合は，トランジスタを 1 素子追加してそのベースを抵抗を介して入力とし，コレクタを Q_1, Q_2のコレクタと接続すれば，3 入力 NOR 回路になります．要するに必要な入力数と同じ数のトランジスタを用意して，ベースを入力とし，コレクタを互いに結んでそこを出力とすればよ

図9.5 NOR 回路

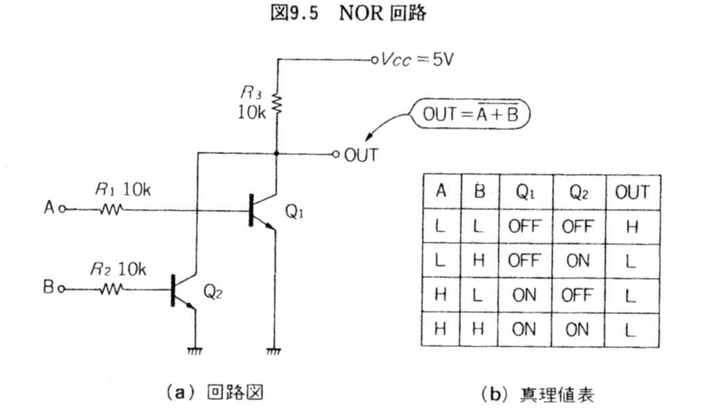

A	B	Q_1	Q_2	OUT
L	L	OFF	OFF	H
L	H	OFF	ON	L
H	L	ON	OFF	L
H	H	ON	ON	L

(a) 回路図　(b) 真理値表

図9.6　OR 回路

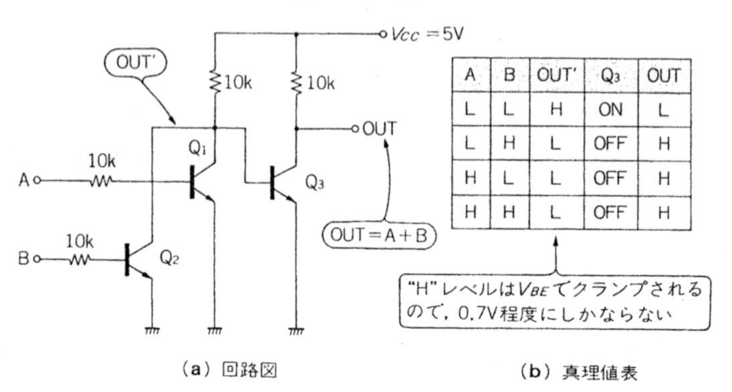

A	B	OUT'	Q3	OUT
L	L	H	ON	L
L	H	L	OFF	H
H	L	L	OFF	H
H	H	L	OFF	H

(a) 回路図　　(b) 真理値表

いのです．

さらに**図9.6**(a)は2入力OR回路です．OUT′まではNOR回路とまったく同じで，NOR回路の出力にQ_3によるインバータを付けた形になっています．OUT′＝“H”ではQ_3はONするので，OUT＝“L”となります．いっぽうOUT′＝“L”ではQ_3はOFFしているので，OUT＝“H”となります．これを表した真理値表が**図9.6**(b)です．ただしOUT′＝“H”というのは，V_{CC}ではなくてV_{BE}となるのは，**図9.2**の場合と同じです．

図9.5(a)および**図9.6**(b)の回路ともに，OUTが“L”レベルとなるときの残り電圧V_{OL}は$V_{CE(sat)}$で，0.1～0.2V程度です．またいずれの回路でも“L”レベル出力電流I_{OL}は，出力NPNトランジスタで引っ張られるので，数mA程度は駆動できます．

いっぽうOUTが“H”レベルとなるときの出力電圧V_{OH}は，**図9.1**や**図9.2**と同様に，負荷電流を取り出さなければ$V_{OH}=V_{CC}$となりますが，負荷電流I_{OH}を取ると，I_{OH}による電圧降下分だけV_{OH}は低くなります．

● シミュレーション

図9.7にNOR回路のシミュレーション結果を，**図9.8**にOR回路のシミュレーション結果を示します．両方の図ともに，上側の二つの波形が入力波形，いちばん下の波形が出力波形です．

図9.7では二つの入力波形が“L”レベルのときだけ，出力は“H”レベルになっていますので，NOR演算が行われていることがわかります．また**図9.8**では二つの入力波形が“L”レベルのときだけ，出力は“L”レベルになっていますので，OR演算が行われていることがわかります．

図9.7 NOR 回路の入出力特性

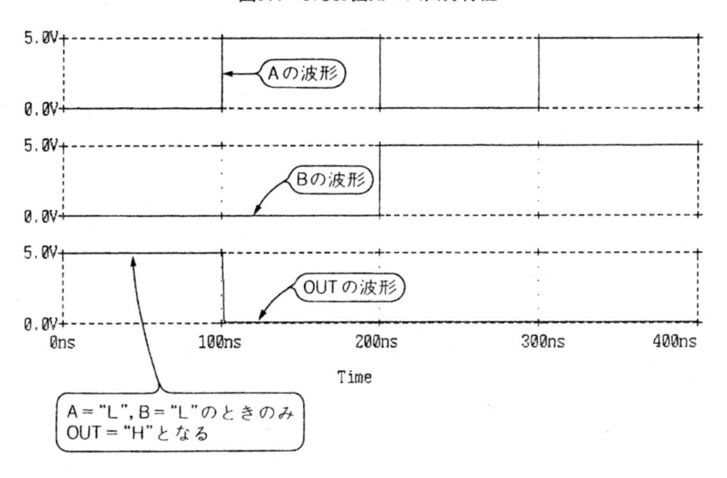

図9.8 OR 回路の入出力特性

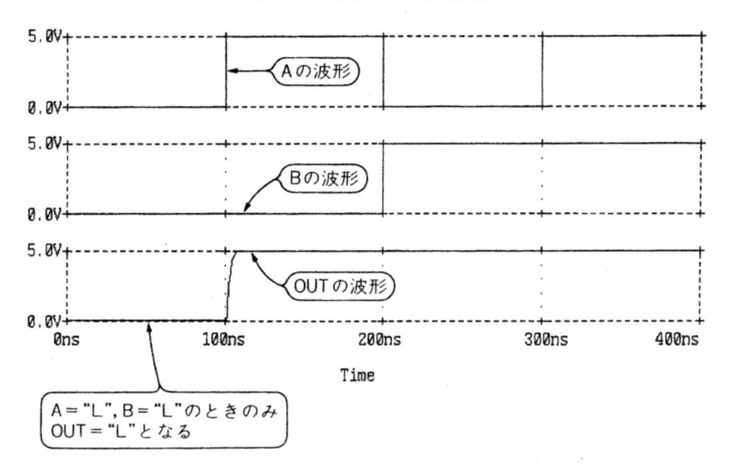

“L”レベルのときの残り電圧 V_{OL} は，**図9.7**,**図9.4**ともに0.1 V程度になっています．また立ち下がり時間(**図9.7**)と立ち上がり時間(**図9.8**)で立ち上がり時間のほうが長いのは，NAND/AND回路のときと同様に“H”レベルから“L”レベルに変化するのがトランジスタで引っ張るのに対して，“L”レベルから“H”レベルに変化するのは出力負荷抵抗(10 kΩ)の放電によるものだからです．

コラム　複合ゲート回路

トランジスタを用いてNAND/AND回路やNOR/OR回路を簡単に作れるのはすでに示したとおりですが，これらを組み合わせると特殊なゲート回路を作ることができます．

図9.Aに示したのは，

$$OUT=\overline{A \cdot B+C \cdot D}$$

を実現する回路で，その真理値表を**図9.B**に示します．

図9.A　$\overline{A \cdot B+C \cdot D}$ を実現する回路

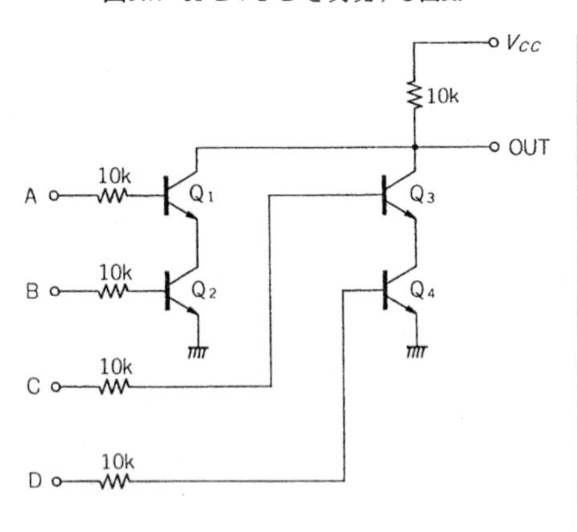

図9.B　真理値表

A，B	C，D	Q1，Q2	Q3，Q4	OUT
A＝B＝“L”	C＝D＝“L”	OFF	OFF	H
	CまたはDのいずれか一方が“L”	OFF	OFF	H
	C＝D＝“H”	OFF	ON	L
AまたはBのいずれか一方が“L”	C＝D＝“L”	OFF	OFF	H
	CまたはDのいずれか一方が“L”	OFF	OFF	H
	C＝D＝“H”	OFF	ON	L
A＝B＝“H”	C＝D＝“L”	ON	OFF	L
	CまたはDのいずれか一方が“L”	ON	OFF	L
	C＝D＝“H”	ON	ON	L

9.3 Ex-OR/NOR 回路

● 特徴

Ex-OR/NOR 回路はロジック回路と同じようにAND/OR 回路などのゲートの組み合わせで実現することができますが，そうすると回路が複雑になりとても実用的ではありません．これをトランジスタ回路で行うと，**図9.9**や**図9.10**のように簡単に実現することができます．ただしPNP トランジスタを使っているので，スピードは遅くなります．

● 回路動作

図9.9(a)にEx-OR 回路を示します．まず入力A=B=“L” のときですが，この場合はQ_1,Q_2ともにOFF しているので，ⓐ，ⓑ点ともに“H” レベル(=V_{CC})になっています．このためQ_3,Q_4の$V_{BE}=0$で，Q_3,Q_4にも電流は流れず，OUT は“H” レベルとなります．またA=B=“H” のときには，Q_1,Q_2は両方ともON し，ⓐ，ⓑ点は“L” レベル(=$V_{CE(sat)}$)になります．このときもQ_3,Q_4の$V_{BE}=0$なのでQ_3,Q_4には電流は流れず，OUT は“H” レベルとなります．

図9.9 Ex-OR 回路

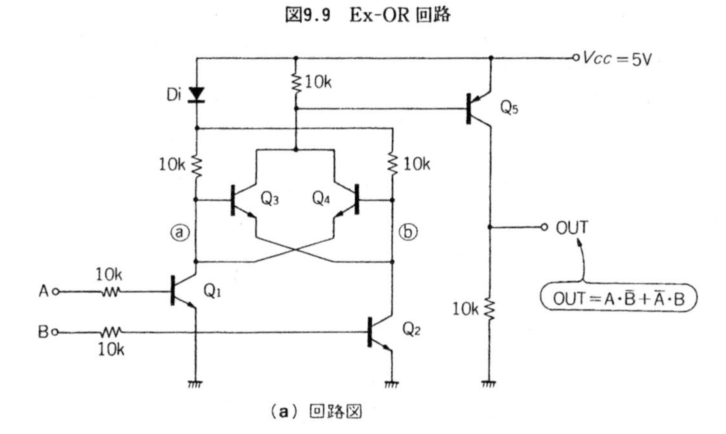

(a) 回路図

A	B	Q_1	Q_2	Q_3	Q_4	Q_5	OUT
L	L	OFF	OFF	OFF	OFF	OFF	L
L	H	OFF	ON	ON	OFF	ON	H
H	L	ON	OFF	OFF	ON	ON	H
H	H	ON	ON	OFF	OFF	OFF	L

(b) 真理値表

図9.10 Ex-NOR回路

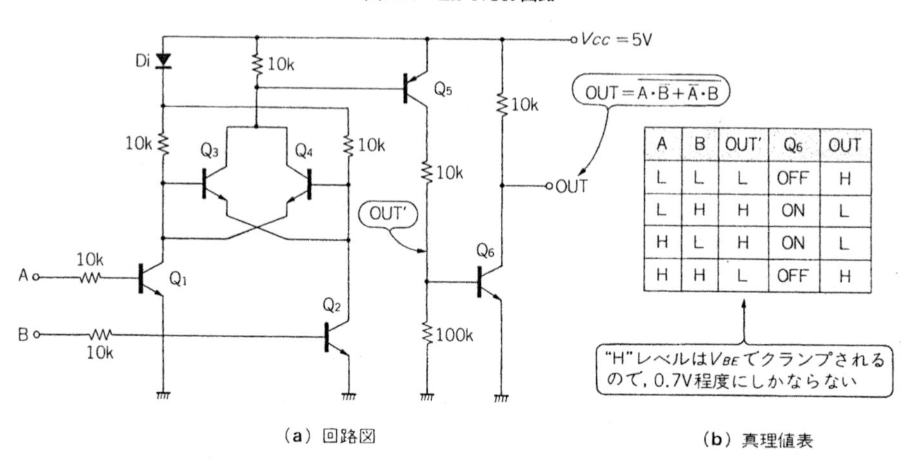

A	B	OUT'	Q6	OUT
L	L	L	OFF	H
L	H	H	ON	L
H	L	H	ON	L
H	H	L	OFF	H

(a) 回路図　　(b) 真理値表

これに対して A＝“L”，B＝“H”のときは，Q_1はOFF，Q_2はONとなるので，ⓐ点は“H”レベル(＝$V_{CC}-V_F$)，ⓑ点は“L”レベル(＝$V_{CE(sat)}$)となります．そうするとQ_4はOFFのままですが，Q_3がONしQ_5をONさせ，OUTは“H”レベルになります．またA＝“H”，B＝“L”のときは，さきほどとは反対にQ_1はON，Q_2はOFFとなり，Q_4がONしてQ_5をONさせ，このときもOUTは“H”レベルになります．

ここでダイオードDiの働きを説明しましょう．たとえばA＝“L”，B＝“H”のときですが，このときⓐ点は$V_{CC}-V_F$，ⓑ点は$V_{CE(sat)}$となるので，Q_3がONします．このときQ_3のコレクタ電位は，Q_5のV_{BE}でクランプされないとすると，$V_{CC}-2V_{BE}+V_{CE(sat)}$となります．ところがDiがないと，ⓐ点の電位は$V_{CC}$，$Q_3$のコレクタ電位は$V_{CC}-V_{BE}+V_{CE(sat)}$となり，たとえ$Q_3$がONしても$Q_5$の$V_{BE}$が$V_{BE(ON)}$となる前に$Q_3$が飽和に入って，$Q_5$をONさせることができないということになってしまいます．つまりDiはQ_3またはQ_4がONしたときのレベル・シフト用ということです．

図9.9(a)のEx-OR回路にNPNトランジスタによるインバータをつけてEx-NOR回路としたのが**図9.10**(a)です．同図(b)にある真理値表を見ると，**図9.9**(b)の真理値表の出力を反転しているものであることがわかります．

図9.9や**図9.10**では横型PNPトランジスタを使っているので，スピードはどうしても遅くなります．高速動作が必要な場合は**図9.11**のようにNPNトランジスタだけで回路を構成することも可能ですが，この場合$V_{OL}=V_{BE}+V_{CE(sat)}$と，通常よりも0.7V程度大きく

図9.11 PNPトランジスタを使わないEx-NOR回路

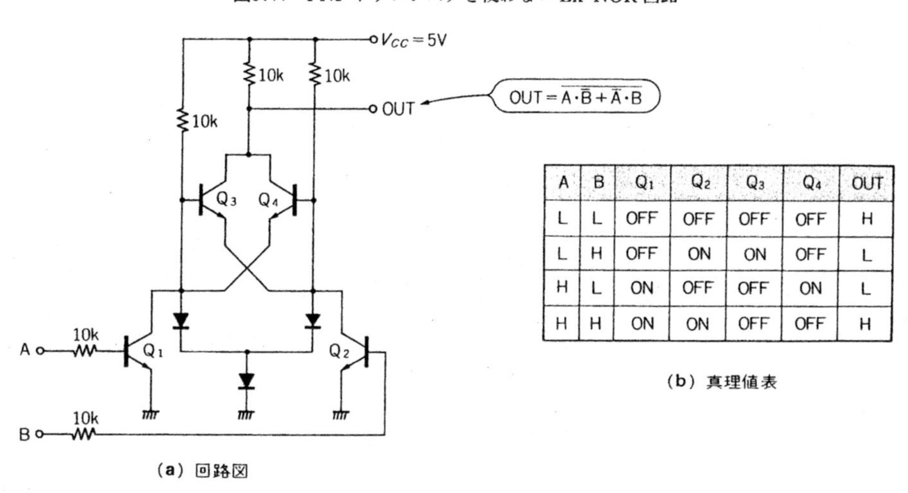

(a) 回路図

A	B	Q_1	Q_2	Q_3	Q_4	OUT
L	L	OFF	OFF	OFF	OFF	H
L	H	OFF	ON	ON	OFF	L
H	L	ON	OFF	OFF	ON	L
H	H	ON	ON	OFF	OFF	H

(b) 真理値表

図9.12 Ex-OR回路の入出力波形

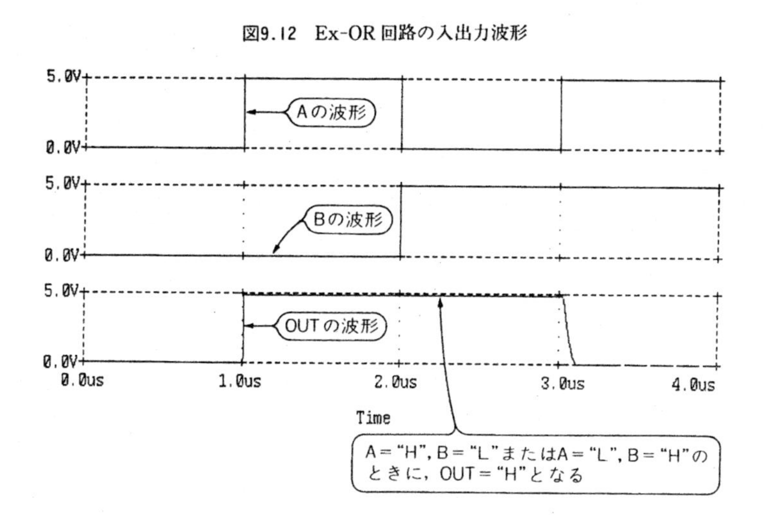

図9.13　Ex-NOR 回路の入出力波形

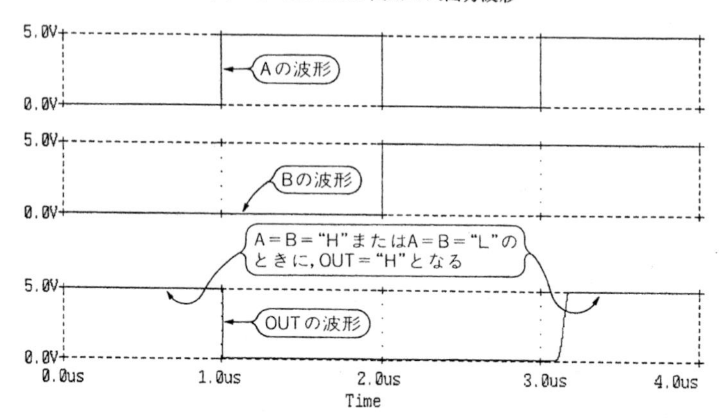

なってしまうので注意が必要です．

● シミュレーション

図9.12に Ex-OR 回路のシミュレーション結果を，**図9.13**に**図9.10**の Ex-NOR 回路のシミュレーション結果を示します．両方の図ともに，上側の二つの波形が入力波形，いちばん下の波形が出力波形です．

図9.12では二つの入力波形のうちのいずれか一方が“L”レベルで，もう一方が“H”のときだけ出力は“H”レベルになり，両方の入力が“H”レベルまたは“L”レベルで等しいときには出力は“L”レベルになっていますので，Ex-OR 演算が行われていることがわかります．

また**図9.13**では**図9.12**とは反対に，二つの入力波形がともに“H”レベルまたは“L”レベルのときに出力は“H”レベルになり，いずれかいっぽうが“L”レベルで，もういっぽうが“H”レベルのときには出力は“L”レベルになっていますので，Ex-NOR 演算が行われていることがわかります．

図9.12では立ち下がり時間，**図9.13**では立ち上がり時間が長くなっていますが，これは横型 PNP トランジスタが ON から OFF になるのに時間がかかっているためです．

9.4　3ステート・インバータ回路

● 特徴

このインバータ回路はイネーブル端子をもち，この端子を制御することにより出力を通常の“H”レベル，“L”レベルのほかに，ハイ・インピーダンスにすることができる回路です．

● 回路動作

回路図を図9.14(a)に示します．Aが入力端子，Eがイネーブル端子です．また出力をハイ・インピーダンスとするために，出力段はトーテム・ポール構成になっている必要があります．抵抗負荷ではハイ・インピーダンスとすることはできません．

まずイネーブル入力Eが“L”レベルのときを考えてみます．このときはQ_4,Q_5ともにOFFしているので，回路動作的にはこれらのトランジスタは無視してもかまいません．

最初にA=“L”のときですが，このときはQ_1はOFFしているのでQ_3もOFFしています．しかしQ_2にはR_1を介してベースがV_{CC}でバイアスされており，Q_2はエミッタ・フォ

図9.14　3ステート・インバータ回路

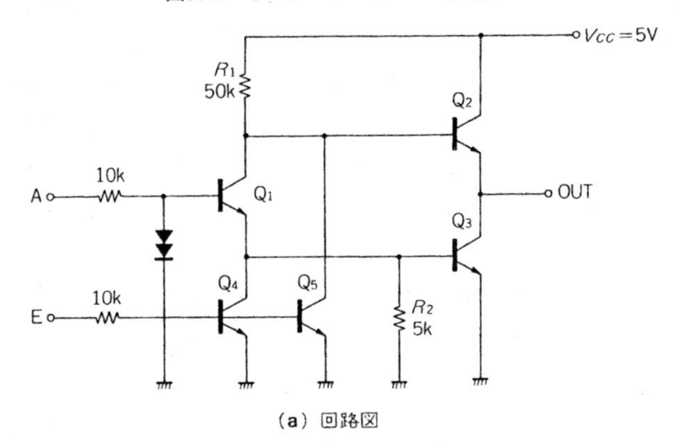

(a) 回路図

E	A	Q_1	Q_2	Q_3	Q_4	Q_5	OUT
L	L	OFF	ON	OFF	OFF	OFF	H
L	H	ON	ON	ON	OFF	OFF	L
H	L	OFF	OFF	OFF	ON	ON	Hi-Z
H	H	ON	OFF	OFF	ON	ON	Hi-Z

(b) 真理値表

ロワとして動作しているので，OUT＝“H”（$=V_{CC}-V_{BE}$）となります．

つぎにA＝“H”ではQ_1のベースは2 V_{BE}となるので，R_2にはV_{BE}なる電圧がかかり，R_2に流れる電流がQ_1, R_1にも流れようとするので，Q_1は飽和に入り，Q_1のコレクタ電位は$V_{BE}+V_{CE(sat)}$となります．したがって，OUTはこれよりもV_{BE}だけ低い電圧が現れ，OUT＝“L”（$=V_{CE(sat)}$）ということになります．このとき注意しなければならないのは，R_1とR_2の抵抗値です．Q_1を確実に飽和に入れるためには，

$$R_1/R_2>(V_{CC}-V_{BE})/V_{BE}$$

という条件を満たしておく必要があり，これが満たされていないと“L”レベルが$V_{CE(sat)}$よりも高くなってしまいます．

これらに対してE＝“H”になるとQ_4, Q_5ともにONし，Q_4はQ_3を，Q_5はQ_2を強制的にOFFさせ，結局$Q_2=Q_3=$OFFで，出力OUTはハイ・インピーダンスということになるわけです．このときQ_1がONかOFFかというのは関係ありません．

これらのようすを示した真理値表が**図9.14**(b)です．イネーブル入力E＝“L”では出力OUTは入力Aをインバートしたものになっていますが，E＝“L”になるとOUTはAには無関係にハイ・インピーダンスとなっています．

ところでこの真理値表を見ると，E＝“L”，A＝“H”のとき，$Q_1=Q_2=$ONとなっていることに気がつきます．そうするとV_{CC}～Q_2～Q_3～GNDの経路に抵抗は入っていないので，ここに大電流が流れると思われるかもしれませんが，そのようなことはありません．この電流は，Q_1のベース-GND間に入っている2本のダイオードによって発生する2 V_Fなる

図9.15　入出力波形

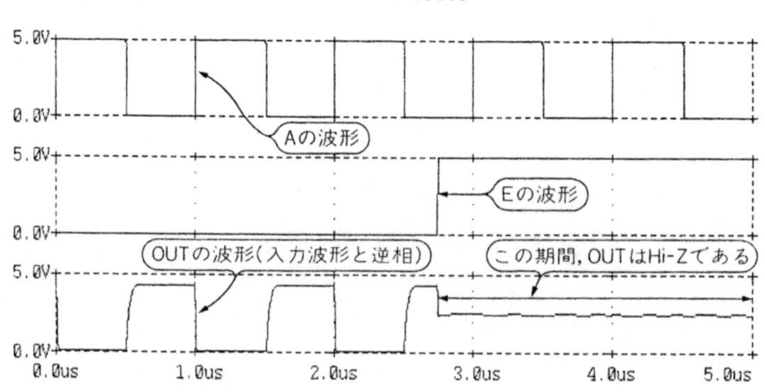

電圧と，$V_{BE(Q1)}$，$V_{BE(Q2)}$の関係で決まってくるもので，簡単な式では表せず，シミュレーションで求めるのが現実的です．

● シミュレーション

シミュレーションは出力がハイ・インピーダンスとなっていることを確認するために，出力を100 kΩの抵抗で2.5 Vにバイアスして行いました．この結果が**図9.15**です．これを見ると，E＝“L”のときOUTはAと逆相波形が現れ，E＝“H”ではAとは関係なくOUTは2.5 Vになっていることがわかります．OUTが2.5 Vになっているのは抵抗を介して2.5 Vでバイアスされているためで，これがなければハイ・インピーダンスであることがわかります．

なおOUT＝“H”時に上側の残り電圧がありますが，これはQ_2のV_{BE}によるものです．また立ち下がりよりも立ち上がりのほうが時間がかかっていますが，これはR_1の50 kΩを小さくすることで速くすることができます．

コラム　インバータ回路

たんなるインバータ，すなわちハイ・インピーダンス出力の不要なインバータならば，きわめて簡単な回路で実現できます．

図9.Cはトランジスタ1石によるもっとも簡単な回路で，簡単である代わりに出力が“H”レベルのときの出力抵抗がR_Cに等しくなるという使いにくい点があります．

図9.Dはその点を改善したもので，出力抵抗は常に小さいのですが，入力が“H”⇄“L”の遷移期間に大電流が流れてしまうという欠点があります．またスピードの点でも，横型PNPトランジスタを使っているので，どうしても遅くなります．

図9.C　もっとも簡単なインバータ回路

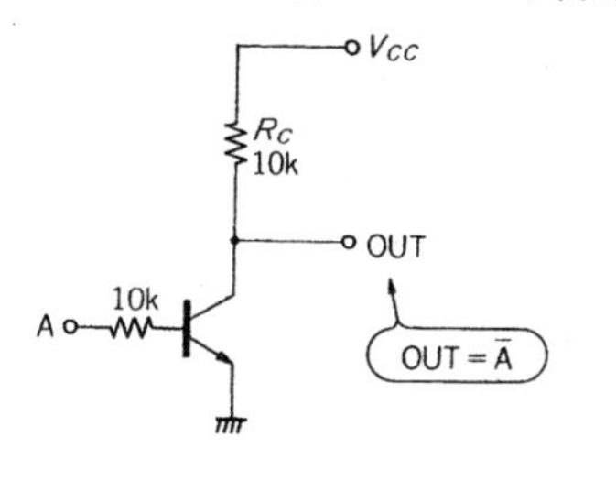

図9.D　出力抵抗を小さくしたインバータ回路

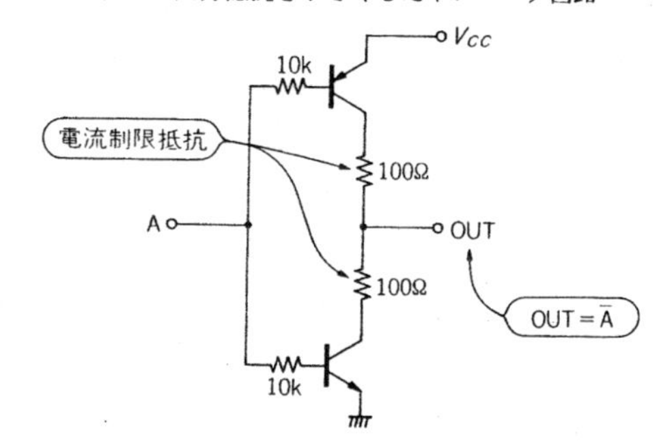

9.5　3ステート・バッファ回路

● 特徴

ここで紹介するのはイネーブル端子により出力をハイ・インピーダンスにすることができる3ステート・バッファ回路で，出力電流が大きくとれるのが特徴です．論理バッファなので，当然アナログ信号のバッファとしては使えません．

● 回路動作

回路図を図9.16(a)に示します．Aが入力端子，Eがイネーブル端子です．また出力をハイ・インピーダンスとするために，出力段はトーテム・ポール構成になっています．

まずイネーブル入力Eが“L”レベルのときを考えてみましょう．このときはQ_5,Q_6ともにOFFしているので，回路動作的にはこれらのトランジスタは無視してもかまいません．

最初にA＝“L”のときですが，このときはQ_1＝OFFなのでQ_2＝Q_4＝ONとなり，またQ_2＝ONであることよりQ_3＝OFFとなります．つまり出力段のトランジスタのQ_3＝

図9.16　3ステート・バッファ回路

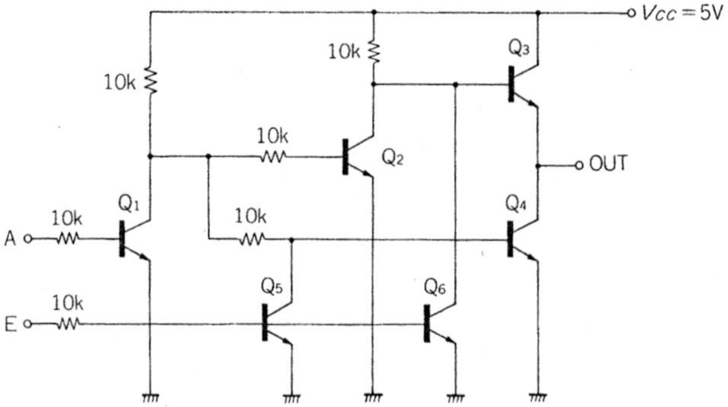

(a) 回路図

E	A	Q_1	Q_2	Q_3	Q_4	Q_5	OUT
L	L	OFF	ON	OFF	ON	OFF	L
L	H	ON	OFF	ON	OFF	OFF	H
H	L	OFF	ON	OFF	OFF	ON	Hi-Z
H	H	ON	OFF	OFF	OFF	ON	Hi-Z

(b) 真理値表

図9.17　入出力波形

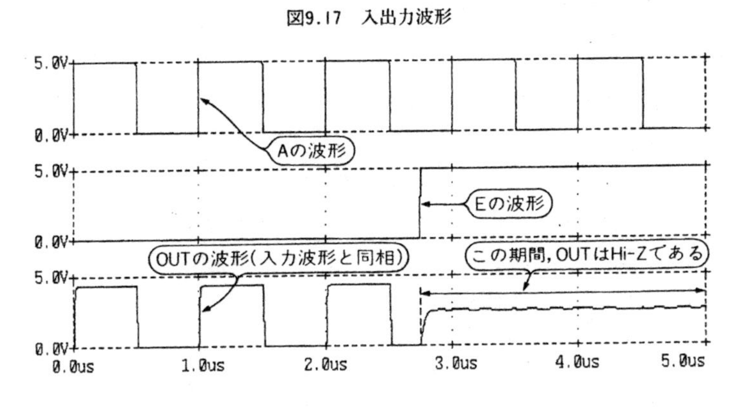

OFF，Q_4＝ON なので，OUT＝“L”（＝$V_{CE(sat)}$）となります．

つぎに A＝“H”では Q_1＝ON となるので，Q_2, Q_4は OFF となりますが，Q_2＝OFF ならば Q_3は V_{CC} から 10 kΩ を介してバイアスされたエミッタ・フォロワとして働くので，出力 OUT は“H” レベル（＝$V_{CC}－V_{BE}$）となります．

これらに対して E＝“H”になると Q_5, Q_6ともに ON し，Q_5は Q_4を，Q_6は Q_3のベースをシャントしてこれらのトランジスタを強制的に OFF させます．出力段の Q_3, Q_4が OFF すれば，出力 OUT はハイ・インピーダンスになります．このとき Q_1が ON か OFF かというのは関係ありません．

これらのようすを示した真理値表が**図9.16**(b)です．イネーブル入力 E＝“L” では出力 OUT は入力 A を同じ論理レベルになっており，E＝“L” になると OUT は A には無関係にハイ・インピーダンスとなっています．

ここで出力電流について考えてみましょう．まず OUT＝“L”のときですが，このときは Q_3＝OFF，Q_4＝ON となっています．この場合，出力電流すなわち Q_4のコレクタ電流はベース電流を h_{FE} 倍した値まで流すことができるので，数 mA までは可能です．さらに Q_4のエミッタ面積を大きく取りベース抵抗を小さくすれば，数十 mA あるいは数百 mA まで大きくすることができます．

また OUT＝“H”のときは Q_3＝ON，Q_4＝OFF となっているので，出力電流すなわち Q_3のエミッタ電流はベース電流の h_{FE} 倍まで流すことができ，この回路定数では数 mA というところです．この場合も先ほどと同じように，Q_4のエミッタ面積やベース抵抗を変えることにより，さらに大電流まで流すことができます．

● **シミュレーション**

3ステート・インバータのときと同様に，出力がハイ・インピーダンスとなっていることを確認するために，出力を100 kΩの抵抗で2.5 Vにバイアスしてシミュレーションを行いました．この結果が**図9.17**です．これを見ると，E＝"L"のときOUTはAと同相波形が現れ，E＝"H"ではAとは関係なくOUTは2.5 Vになっていることがわかります．OUTが2.5 Vになっている期間がハイ・インピーダンス期間です．

なおOUT＝"H"のときに上側の残り電圧がありますが，これはQ_3のV_{BE}によるものです．

コラム　バッファ回路

たんなるバッファ，すなわちハイ・インピーダンス出力の不要なバッファ回路ならば，きわめて簡単な回路で実現できます．

図9.Eはたんなるエミッタ・フォロワでアナログ信号でも扱えますが，出力が"L"レベル時の出力抵抗が大きいという欠点があります．

図9.Fはゼロ・バイアスのSEPPバッファとしたもので，出力が"H"/"L"レベルいずれの場合でも出力抵抗は小さくなります．ただし負荷電流が微小であるときは出力抵抗は大きくなりますが，そのような場合は出力抵抗が大きくても問題になりません．なおこの回路のほうは，**図9.E**と違ってアナログ信号は扱えません．

図9.E　もっとも簡単なバッファ回路

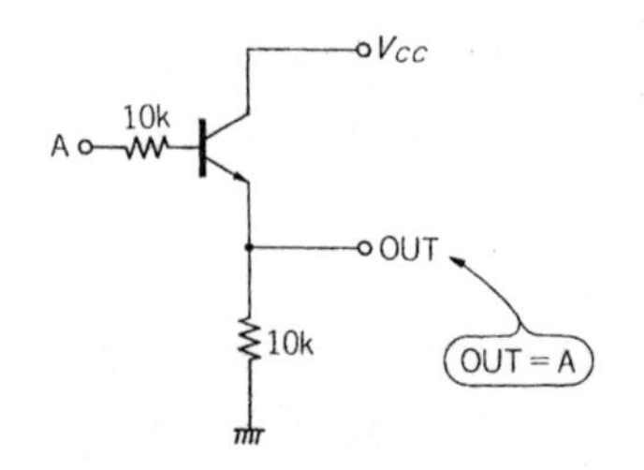

図9.F　出力抵抗を小さくしたバッファ回路

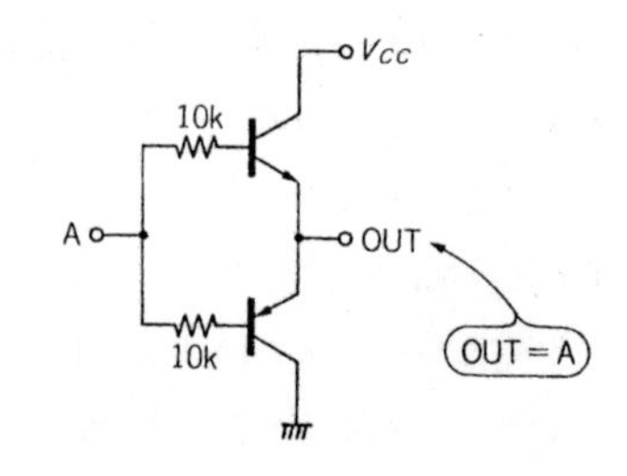

9.6 RS フリップフロップ回路

● 特徴

図9.18の回路はRSフリップフロップ回路ということで，Set入力にパルスが入ると出力は“H”レベルになり，Reset入力にパルスが入ると出力は“L”レベルになるというものです．

● 回路動作

電源を投入した時点では，出力OUTは“H”レベルとも“L”とも断定できず，そのときの条件やタイミングなどで変わってきます．Reset入力，Set入力は通常“L”レベルですが，いまかりにQ_3がONであったと仮定してみましょう．そうするとQ_3のコレクタすなわちQ_2のベースは“L”レベルなので，Q_2はOFFしています．またReset＝“L”なのでQ_1もOFFしており，結局Q_1,Q_2のコレクタすなわちQ_3のベースは“H”レベルであり，Q_3はONで安定状態であるということが言えます．このときQ_5のベースは“L”レベルなので，出力OUTは“H”レベルです．

いっぽうQ_2がONであったと仮定してみると，Q_2のコレクタすなわちQ_3のベースは“L”レベルなので，Q_3はOFFしています．またSet＝“L”なのでQ_4もOFFしており，結局Q_3,Q_4のコレクタすなわちQ_2のベースは“H”レベルであり，Q_2はONで安定状態であるということがいえます．このときQ_5のベースも“H”レベルなので，出力OUTは“L”レベルです．すなわちこの回路では，Set入力とReset入力がともに“L”レベルで，Q_1＝Q_4＝OFFであれば，

(1) Q_2＝OFF，Q_3＝ON，Q_5＝OFF → OUT＝“H”レベル

図9.18 RSフリップフロップ回路

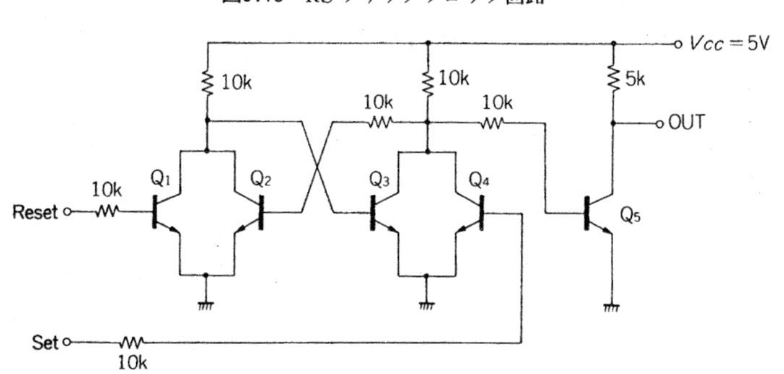

図9.19　入出力波形

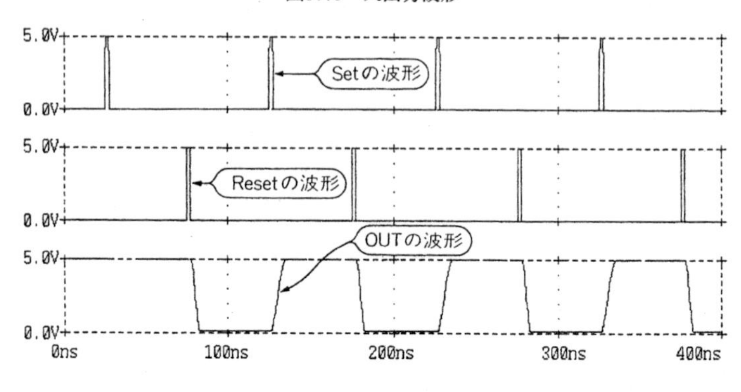

(2) Q_2＝ON，Q_3＝OFF，Q_5＝ON　→　OUT＝“L” レベル

という二つの安定状態が存在するわけです．

(2)の状態でSet入力にパルスがきたとしましょう．そうするとQ_4のベースが“H”になりQ_4がONし，Q_2のベースを“L”レベルにし，Q_2をOFFさせます．Q_1はOFFのままなので，Q_2がOFFになるとQ_3のベースが“H”レベルとなりQ_3がONして，Q_4がOFFになったとしてもQ_2のOFFを保ち続けます．このときはQ_5のベースは“L”レベルなので，OUTは“H”レベルになります．

さらにこの状態で今度はReset入力にパルスがきたとしましょう．そうするとQ_1のベースが“H”になりQ_1がONし，Q_3のベースを“L”レベルにし，Q_3をOFFさせます．Q_4はOFFのままなので，Q_3がOFFになるとQ_2のベースが“H”レベルとなりQ_2がONして，Q_1がOFFになったとしてもQ_3のOFFを保ち続けます．このときはQ_5のベースは“H”レベルなので，OUTは“L”レベルになります．

すなわちSet入力が一度“H”レベルになれば，Reset入力が“H”レベルにならない限り，Set入力が“L”に戻ってもOUT＝“H”レベルであり，またReset入力が一度“H”レベルになれば，Set入力が“H”レベルにならない限り，Reset入力が“L”に戻ってもOUT＝“L”レベルであるということです．

● **シミュレーション**

Set/Reset入力に交互にパルスを入れてシミュレーションを行ったのが，**図9.19**です．これより，Set入力が入るとOUTは“H”レベルになり，Reset入力が入るとOUTは“L”レベルになるのがわかります．

9.7 Dラッチ回路

● 特徴

この回路はDラッチ回路ということで，D入力に信号があってもラッチ入力がアクティブでない限り，出力はそれまでの状態を保持していて変化しないというもので，RSフリップフロップ回路を応用したものです．

● 回路動作

図9.20に回路図を示します．

まずLatch入力が"H"レベルのときを考えてみましょう．このときはQ_6のベースが"H"レベルなのでQ_6はONしており，Q_2とQ_5のエミッタが接地しているのと等価です．そうすると，Q_2～Q_5で構成される部分はRSフリップフロップ回路と同じ構成になっていることがわかります．

そうするとD入力が"H"レベルのときは，Q_1=ONなのでQ_2のベースは"L"レベル

図9.20　Dラッチ回路

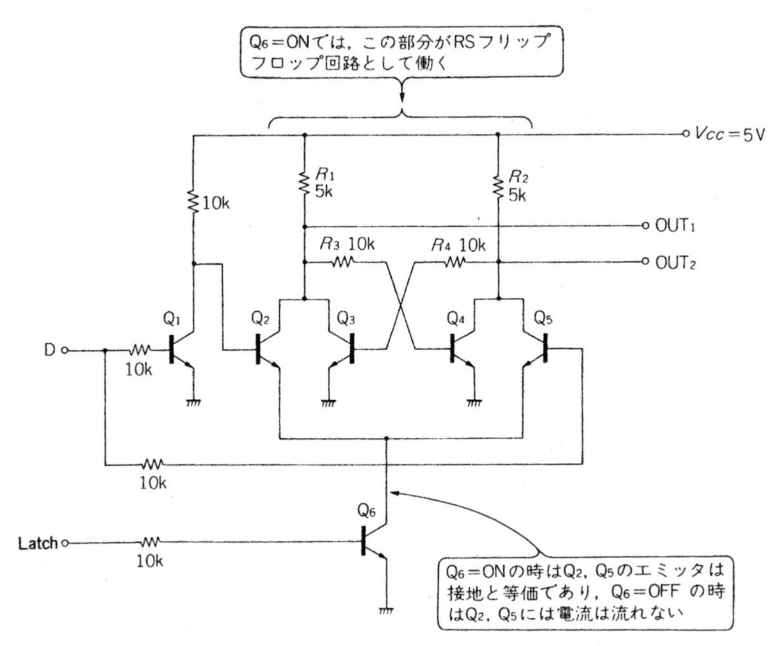

であり，したがってQ_2＝OFF，Q_5＝ON であることから，OUT_1＝"H"，OUT_2＝"L" となっていることがわかります．なおこのとき，Q_3＝OFF，Q_4＝ON です．

いっぽう D 入力が "L" レベルのときは，Q_1＝OFF なのでQ_2のベースは "H" レベルであり，したがってQ_2＝ON，Q_5＝OFF であることから，OUT_1＝"L"，OUT_2＝"H" となっていることがわかります．このときは，Q_3＝ON，Q_4＝OFF です．

すなわち Latch＝"H" であれば，OUT_1＝D，OUT_2＝$\overline{D}$ ということです．

つぎに Latch 入力が"L"レベルのときを考えてみましょう．このときはQ_6は OFF しているので，Q_2,Q_5のエミッタ電流は流れようがなく，Q_2,Q_5のベースが "H" レベルになっても ON することができないということです．そのため D 入力はQ_3,Q_4とは電気的につながっていないことに等しくなり，Q_3,Q_4の状態は変化しないということです．ということは，Q_3,Q_4の ON/OFF 状態はそれまでの状態が保持されるということです．

すなわち Latch＝"L"であれば，OUT_1,OUT_2は Latch＝"H"のときのOUT_1,OUT_2と同じ出力であるということです．

● シミュレーション

D 入力と Latch 入力にそれぞれ信号を入れて，出力を見たときのシミュレーション結果を**図9.21**に示します．これを見ると，Latch＝"H" のときはOUT_1＝D となっており，Latch＝"L" のときはその直前の Latch＝"H" のときのOUT_1のデータが保持されていることがわかります．なおOUT_2は省略していますが，OUT_1を反転した出力が得られています．

図9.21　入出力波形

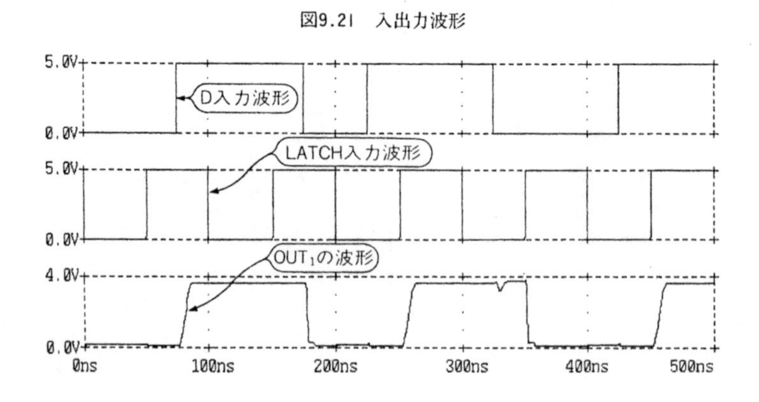

OUT_1の“H”レベル電圧が4V以下しかありませんが，これは$Q_2=Q_3=OFF$で$OUT_1=$“H”のとき，$V_{CC}\sim R_1\sim R_3\sim V_{BE(Q4)}$の経路で$OUT_1$が$V_{CC}$を分圧した形になっているからです．“H”レベル電圧を今よりも高くするためには，R_1, R_2を小さくするかR_3, R_4を大きくするか，あるいは先に述べたように出力にRSフリップフロップ回路の出力の取り出しと同じようにエミッタ接地によるインバータ・トランジスタ(**図9.18**のQ_5)を追加するのがよいでしょう．

立ち上がり時間が立ち下がり時間よりも多くかかっているのは，立ち下がり時はトランジスタで急激に電流を引っ張るのに対して，立ち上がり時は負荷抵抗R_1, R_2による充電だけだからです．

参考文献

(1) P. R. グレイ/R. G. メイヤー共著，永田穣監訳　中原富士朗他訳；超 LSI のためのアナログ集積回路(上)，培風館，初版 1990-11/30，pp.85～120.

(2) 柳井久義/永田穣；集積回路(1)，コロナ社，初版第 1 刷，昭和 54-4/5，改訂第 1 刷，昭和 62-4/30，pp.136～152.

(3) 中野丈編；カラー版　改訂新版　最新図解半導体ガイド，誠文堂新光社，1989-10/2，第 1 版.

索　引

【さ行】

【た行】

【な行】

【は行】

【ま行】

【や行】

【ら行】

【欧文】

【数字・記号】

復刻版 アナログICの機能回路設計入門

1992年 9月20日 初版発行
2015年11月 1日 オンデマンド版発行

著　者　青木英彦
発行人　寺前裕司
発行所　CQ出版株式会社
〒112-8619 東京都文京区千石4-29-14
電話　編集 03-5395-2123
　　　販売 03-5395-2141
振替　00100-7-10665

乱丁・落丁本はご面倒でも小社宛てにお送りください．
送料小社負担にてお取り替えいたします．
本体価格は裏表紙に表示してあります．

ISBN978-4-7898-5236-4

印刷・製本　大日本印刷株式会社
Printed in Japan